# 개인병의원 세무실무

kofe
코페하우스

# 제3판을 내면서

이 책은 당초 개인 병의원 사업자와 병의원 관계자들이 개원 단계에서부터 운영 과정에 있어서 궁금해 하는 세무회계 사항들을 중심으로 언제든지 편리하게 찾아 볼 수 있는 업무 매뉴얼을 만들어 보자는 취지에서 기획되었다.

따라서 각 장의 목차는 병의원에서 발생하는 세무관리 문제와 세무신고를 테마로 구성 하였으던, 목차 순서에 관계없이 궁금한 사항부터 수시로 참조하고 확인 해 볼 수 있게 중요한 내용들은 반복적으로 기술하였다.

이 책의 출간이후 꾸준히 관심을 가져 주시는 병의원 사업자와 병의원 업무담당자, 병의원 컨설팅 관계자 등 여러분들의 관심과 성원에 깊은 감사를 드린다.

최근 의료업계에 대한 국세행정의 변화가 눈에 띄게 달라지고 있다. 그 첫째가 이미 시행되고 있는 연말정산 간소화 제도에 따른 의료비 소득공제자료 제출 제도이고, 둘째로 사업용계좌 사용의 의무화이며, 셋째로 전문직 사업자의 복식부기 의무화, 넷째로 올해 신설된 사업장현황신고불성실 가산세 도입 및 사후관리 강화 등이다

특히, 매년 1월에 신고하는 면세사업자 사업장현황신고에 대해 세무당국은 "5월에 있을 종합소득세 신고를 앞두고 성실신고 여부를 미리 가늠해 볼 수 있는 중요한 신고" 라는 인식하에 신고 종료 즉시 신고 내용을 조기검증하기 위하여 소득세 확정 신고이전까지 사업장현황 조사 및 확인을 실시하기도 하고, 사업장현황신고불성실 가산세를 신

설하여 사업장현황신고의 중요성을 강조하고 있다. 이러한 국세행정의 변화와 개정된 세법 내용들을 꼼꼼히 반영하여 셋째 판을 출간하게 되었다.

이번 셋째 판에서 주요하게 추가하고 보완하여 개정된 내용은 다음과 같다.

첫째, 2008년부터 가산세가 적용되기 시작한 사업용계좌 제도에 대한 설명을 추가하였다. 모든 병의원 사업자는 복식부기의무자에 해당됨으로 개원을 위해 임대차계약을 체결하고 나면 그 임대차계약서로 사업자등록을 한 다음에는 그 사업자등록증으로 반드시 먼저 사업용계좌를 개설하고, 그 사업용 계좌를 가지고 신용카드 및 현금영수증 가맹점으로 등록하는 절차를 반드시 밟아야 한다.

둘째, 신설된 사업장현황신고불성실 가산세 규정을 추가했다. 이는 향후 세무간섭을 받지 않기 위해서는 사업장현황신고시부터 좀 더 정확한 세무관리가 필요하다는 것을 의미한다. 아울러 많은 병의원에서 과세사업(건강식품판매코너, 피부에스테틱, 비만클리닉, 산후조리원 등)을 겸영하는 추세가 있어 병의원 매출액 중 과세부분과 면세부분을 구분하는 예규를 추가로 실었다.

셋째, 최근 병의원에서 관심이 높아진 연봉제 제도에 대한 설명을 추가하고 관련 연봉제근로계약서 양식을 첨부하였다. 아울러 우리나라에서 2010년 이후부터 의무적으로 적용하게 될 퇴직연금제도의 장단점을 비교 설명하였다.

넷째, 개정된 소득세 세율 구조와 다자녀추가공제 신설, 노란우산공제 신설 등 개정된 소득공제 내용을 중심으로 개정된 세법내용을 꼼꼼히 반영하였다.

다섯째, 의료업 사업자에 대한 세무조사가 점점 강조되고 있어 이와 관련하여 세무조사 대처방안 및 세무조사 위험진단 등을 추가 및 보완 설명하였다.

여섯째, 상가건물임대차보호법과 부동산임대차계약 관련 전반적인 내용들을 추가하여 보완하였다.

이 책이 병의원 사업자와 실무자에 조금이라도 도움이 된다면 지은 이로써 큰 보람이겠습니다. 귀 병의원의 성공과 함께 하기를 기원합니다.

Together with your Success !

2009년 2월

세무사 이종갑 · 차동주

# 차 례

## 제1장  세금과 회계  ...19



## 제2장  개인병의원 개원준비와 세무  ...41

## 제3장 개인병의원의 경비지출증빙 ...79

# 제4장 병의원 수입과 비용의 세무회계 ...95

# 제6장 종합소득세의 신고　...189

# 제7장 연말정산과 신고　...294

# 제8장 개인병의원의 절세전략 ...327

# 제9장 개인병의원 세무조사대책 ...341

# 제10장 부동산임대차계약 체크포인트 ...362

# 제1장
# 세금과 회계

# 제1절 세금의 이해

## 1. 세금의 종류

세금은 크게 국세와 지방세로 나뉘는데, 국세는 중앙정부가 부과 징수하는 세금이고 지방세는 지방자치단체가 부과 징수하는 세금이다. 국세를 관할하는 관청은 국세청(세무서)이고 지방세를 관할하는 관청은 도청·시청·구청·군청이다.

국세와 지방세의 종류는 [표]와 같다.

개인사업자가 사업을 영위하는 동안에 납부하여야 하는 주요 세금은 국세 중 부가가치세와 소득세이다. 병의원은 면세 의료보건용역에 해당되어 부가가치세가 면제되므로 소득세가 주요한 세금이 된다. 소득세는 크게 종합소득세·퇴직소득세·양도소득세로 분류하여 과세되며 병의원의 경영으로 얻게 되는 사업소득은 종합소득에 포함되어 종합소득세로 과세된다.

## 우리나라의 현행 조세체계

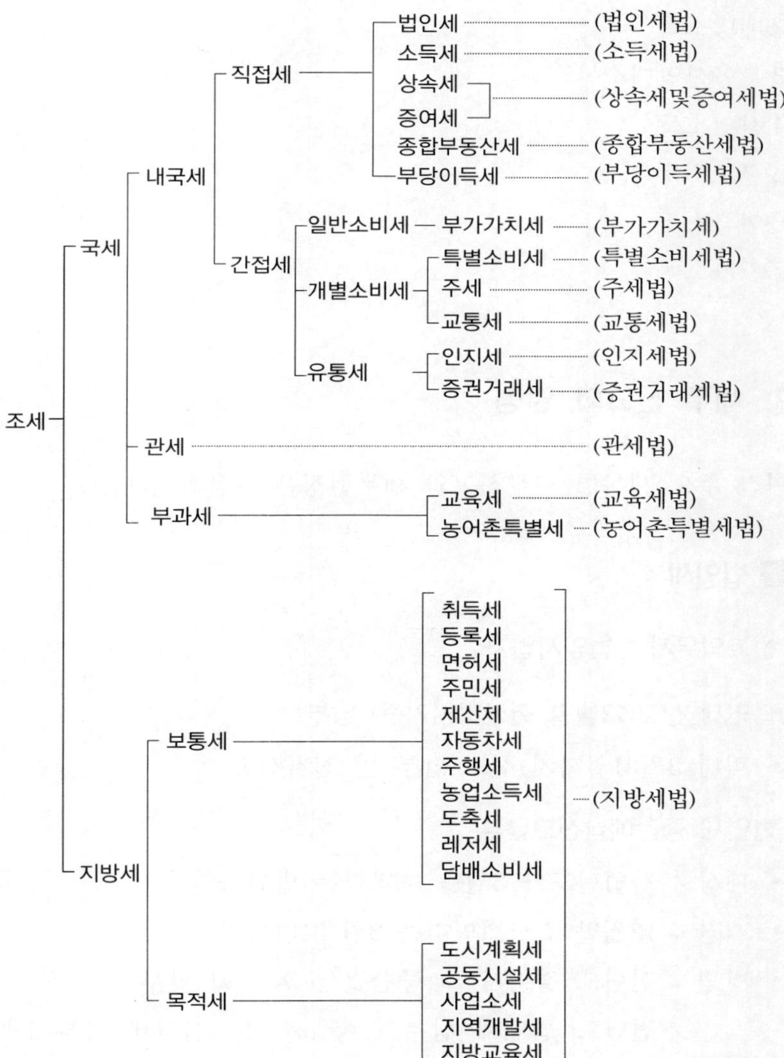

종합소득은 다음의 7가지이다.
①이자소득
②배당소득
③부동산임대소득
④사업소득
⑤근로소득
⑥연금소득
⑦기타소득

## 2. 세무 신고와 일정

연간 주요 세목별 세무신고와 세무일정은 다음과 같다.

### ■ 법인세

① 신고의무자 : 법인사업자

② 법인세 신고(12월말 결산법인기준) 납부

- 익년 3월31일까지 신고 납부 및 전자신고

③ 법인세 중간예납신고납부

- 대상 : 사업년도가 6월을 초과하는 법인사업자
- 기간 : 12월말 결산법인기준 8월 31일까지
- 방법 : 전년도 결손시 ⇨ 중간결산 후 신고 납부
  전년도 법인세 납부시 ⇨ 전년도 법인세 납부세액의
  1/2 납부

## ❷ 종합소득세

① 신고의무자

- 개인사업자 (일반과세자, 간이과세자, 면세사업자)

② 종합소득세 신고 및 납부

- 익년 5월 31일 까지

③ 신고방법

- 외부조정신고의무자 : 복식기장 의무자로서 각 업종별 일정규모 이상 사업장 일체
- 자기신고가능자 : 우 외부조정 신고대상 제외자

④ 소득세 중간예납신고 및 납부

- 중간예납금액 세무서 발송 : 11.1 ~ 11.15일까지 발송 및 11월 30일까지 납부
- 중간예납금액 세무서 발송기준 : 직전년도 종합소득세 납부세액 1/2 상당액
- 중간예납신고 가능 사업자 : 중간예납기간 종료일 현재 중간예납추계액이 중간예납기준액의 30%에 미달하는 경우
- 반드시 중간예납추계액을 신고하여야 하는 경우 : 전년도 소득세로 납부하였거나 납부 할 세액이 없는 거주자가 당해 연도 중간예납기간 중 종합소득이 있는 경우

## ❸ 부가가치세

① 부가가치세 신고 일정

| 구분 | 1기 예정 | 1기 확정 | 2기 예정 | 2기 확정 |
|---|---|---|---|---|
| 신고 대상기간 | 1.1 ~ 3.31 | 4.1 ~ 6.30 | 7.1 ~ 9.30 | 10.1 ~ 12.31 |
| 신고 및 납부기한 | 4월 25일까지 | 7월 25일까지 | 10월 25일까지 | 익년 1월 25일까지 |

② 부가가치세 예정고지 납부

- 해당사업자 : 개인사업자
- 취지 및 목적 : 개인 사업자의 신고의 번거로움 및 신고경비의 절감
- 납부세액 : 직전과세기간의 납부세액의 1/2고지 및 납부

③ 세금계산서 가공자료

- 세금계산서 가공자료라 함은 실지거래관계가 발생하지 않고 세금계산서만 교환되는 것이다.
- 가공자료는 국세청 전산망에 의거 체크됨으로 가공 세금계산서는 주지도 받지도 않는 것이 현명하다

## ④ 원천세 (갑근세 등)

① 매월 신고 · 납부

원천징수세액은 원칙적으로 매월 10일까지 전월의 지급내역 및 원천징수내역을 신고 · 납부한다.

② 반기별 신고 · 납부

10인 미만 사업자가 반기별 납부를 신청하여 승인 받은 경우 매월 원천징수 신고하지 아니하고, 반기별로 1년에 2번 원천징수 신고 · 납부한다.

③ 연말정산 신고 · 납부

계속근로자의 연말정산 신고는 익년 3월 10일까지 사업자가 신고 · 납부한다.

## **5** 부가가치세 면세사업자

- 신고서류 : 사업장현황보고서 및 수입금액 신고
- 신고기한 : 매년 1월 1일부터 31일 까지
- 신고기한 : 사업장의 기본현황, 수입금액(매출액) 결제수단별 구성명세서, 계산서 및 세금계산서 수취금액, 기본경비 등

## **6** 양도소득세 및 증권거래세

① 양도소득세

- 부동산 및 부동산에 관한 권리 등
  양도일이 속하는 달의 말일부터 2월 이내 예정신고 · 납부 시 10% 세액공제
  (예 : 2월 중 양도 시 ➡ 4월 30일까지 신고 · 납부)
- 주식 및 출자 지분
  양도일이 속하는 분기의 말일부터 2월 이내 예정신고 시 10% 세액공제
  (예 : 2월 중 양도 시 ➡ 5월 31일까지 신고 · 납부)

② 증권거래세

주권 또는 지분을 양도하는 달의 다음달 10일까지 신고 · 납부

## ■7 지급조서

① 제출기한

- 익년 2월 말일까지 제출
- 휴업 또는 폐업한 경우에는 휴업일 또는 폐업일이 속하는 달의 다음 달 말일까지 제출

② 일용직 지급조서 제출기한

- 제출대상

  1일 또는 시간으로 급여를 계산하여 받는 근로자로서 동일 고용주에게 3개월 이상 계속 고용되지 않는 근로자.

- 제출기한

  4월말 (1월~3월분)

  7월말 (4월~6월분)

  10월말 (7월~9월분)

  1월말 (10~12월분)

## ❽ 월별 세무일정

| 날짜 | | 신고내용 | 비고 |
|---|---|---|---|
| 1월 | 10일 | 소규모사업자 원천세 반기별 납부<br>원천징수분 법인세, 소득세, 주민세 납부<br>국민연금, 건강보험료 납부 | 직전년 7월~12월분<br>직전년 12월분<br>직전년 12월분 |
| | 25일 | 직전년 제 2기 부가가치세 확정신고 납부기한 | (법인은 10-12월) |
| | 31일 | 면세사업자 사업장현황신고<br>특별소비세 자진신고납부기한 | 직전년 1.1-12.31<br>직전년 12월 거래분 |
| 2월 | 10일 | 원천징수분 법인세, 소득세, 주민세 납부<br>국민연금, 건강보험료 납부 | 1월분 |
| | 28일 | 지급조서 제출(근로소득자 연말정산) | 직전년 귀속분 |
| 3월 | 10일 | 원천징수분 법인세, 소득세, 주민세 납부<br>국민연금, 건강보험료 납부 | 2월분 |
| | 31일 | 12월말 결산법인 법인세 신고납부<br>고용보험, 산재보험료(개산, 확정)자진 신고납부 | 12월말 결산법인<br>직전년 1.1-12.31 |
| 4월 | 10일 | 원천징수분 법인세, 소득세, 주민세 납부<br>국민연금, 건강보험료 납부 | 3월분 |
| | 25일 | 제1기 부가가치세 예정신고 납부기한<br>(개인사업자는 세무서에서 고지. 단, 신규사업자나<br>전기납부세액이 없거나 환급자는 신고) | 1/4분기분 |
| | 30일 | 12월말 결산법인 법인세할 주민세 신고납부기한<br>12월말 결산법인(일반) 법인세 분납기한 | 12월말 결산법인 |
| 5월 | 10일 | 원천징수분 법인세, 소득세 주민세 납부<br>국민연금, 건강보험료 납부 | 4월분 |
| | 15일 | 12월말 결산법인(중소) 법인세 분납기한 | 12월말 중소기업 법인 |
| | 31일 | 종합소득세 및 소득할 주민세 신고납부기한 | 직전년도 분 |
| 6월 | 10일 | 원천징수분 법인세, 소득세, 주민세 납부<br>국민연금, 건강보험료 납부<br>부가가치세 주사업장 총괄납부 승인신청, 포기신고 | 5월분 |
| | 20일 | 간이과세 포기신고 | |
| | 30일 | 자동차세 납부<br>소규모사업자 원천별 반기별 납부 승인 신청 | 1월-6월 고지분<br>연평균10인이하 |

| 날짜 | | 신고내용 | 비고 |
|---|---|---|---|
| 7월 | 10일 | 원천징수분 법인세, 소득세, 주민세 납부<br>국민연금, 건강보험료 납부<br>소규모사업자 원천세 반기별 납부 | 6월분<br><br>1월~6월분 |
| | 15일 | 종합소득세 분납기한 | |
| | 25일 | 부가가치세 제 1기 확정신고 납부기한 | 상반기 |
| | 31일 | 재산세 납부<br>사업소세(재산할) 신고납부 | 건출물, 주택의1/2 |
| 8월 | 10일 | 원천징수세액 신고납부기한 | 7월분 |
| | 31일 | 12월말 결산법인 법인세 중간예납 | 상반기 |
| 9월 | 10일 | 원천징수 법인세, 소득세, 주민세 납부<br>국민연금, 건강보험료 납부 | 8월분 |
| | 30일 | 12월말 결산법인(일반) 법인세 중간예납 분납기한<br>재산세 납부 | 상반기<br>토지, 주택의1/2 |
| 10월 | 10일 | 원천징수분 법인세, 소득세, 주민세 납부<br>국민연금, 건강보험료 납부 | 9월분 |
| | 15일 | 12월말 결산법인(중소)법인세 중간예납 분납기한 | 상반기 |
| | 25일 | 부가가치세 예정신고 납부기한<br>(개인사업자는 세무서에서 고지되나 전기 환급자나 무실적자 및 당기 신규사업자는 신고 납부함) | 7월-9월분 |
| 11월 | 10일 | 원천징수분 법인세, 소득세, 주민세 납부<br>국민연금, 건강보험료 납부 | 10월분 |
| | 15일 | 고용보험, 산재보험료(개산)분납 | |
| | 30일 | 종합소득세 중간예납세액 납부 | 상반기 |
| 12월 | 10일 | 원천징수분 법인세, 소득세, 주민세 납부<br>부가가치세 주사업장 총괄납부 승인신청 및 포기신고<br>국민연금, 건강보험료 납부 | 11월분<br>익년 상반기<br>11월분 |
| | 15일 | 종합부동산세 신고납부 | |
| | 20일 | 간이과세 포기신고 | 익년 상반기 |
| | 31일 | 자동차세납부<br>소규모사업자 원천세 반기별 납부 승인 신청 | 7월~12월고지분<br>연평균 10인 이하 |

## 3. 세무 관련 증명서

| 증명종류 | | 내 용 |
|---|---|---|
| 납세증명<br>(체납액이 없음을 증명) | | 밀린 세금이 없다고 확인하는 증명<br>(구. 납세완납증명) |
| 사업자등록증명 | | 발급일 현재 사업자 등록 여부에 관한 증명 |
| 폐업사실증명 | | 사업부진 등 사유로 사업을 폐지한 사실 증명 |
| 휴업사실증명 | | 일시적 사유로 일정기간 사업을 중단하고 있음을 증명 |
| 납세사실(실적)증명 | | 세금을 언제, 얼마를 납부하였는가에 대한 증명 |
| 소득<br>금액<br>증명 | 종합소득세<br>신고자 | 매출(매상)에서 비용(원가)를 뺀 금액에 대한 증명 |
| | 연말정산한<br>근로자 등 | 급여 또는 수입금액에서 사용 경비를 뺀 금액에 대한 증명 |

## 4. 세무 관련 용어

| 세무용어 | 내                 용 |
|---|---|
| 공급가액 | 부가가치세가 포함되지 않은 매출(매상)액<br>(예 : '부가가치세 별도'라고 표시된 가격) |
| 공급대가 | 부가가치세가 포함된 매출(매상)액<br>(예 : 신용카드로 결제된 금액은 모두 부가세가 포함된 공급대가 임) |
| 과세사업자 | 부가가치세가 과세되는 물품 또는 서비스를 취급하는 사업자로 일반과세자, 간이과세자가 해당됨 |
| 면세사업자 | 부가가치세가 과세되지 않는 물품(농수산물 등) 또는 서비스(의료, 교육 등)를 취급하는 사업자 |
| 일반과세자 | 1년간 공급대가 4,800만원 이상 사업자 |
| 간이과세자 | 1년간 공급대가 4,800만원 미달 사업자<br>단, 제조·도매 등 사업자는 업종, 규모, 지역 등을 감안하며 일반과세자로 분류됨 |
| 사업장소재지 | 사업행위를 하는 영업장소 |
| 사업장 구분 | 자가 : 점포주인이 자신의 건물에서 직접 사업을 하는 경우<br>타가 : 상가를 임대하여 사업을 하는 경우(월세, 전세 등) |
| 세목 | 세금의 종류(예 : 소득세, 부가가치세, 법인세 등) |
| 수입금액 | 매출(매상) 금액 |
| 유형전환 | 일반과세자 ↔ 간이과세자로 바뀌는 것 |
| 업태 | 영업형태(제조업, 도·소매업, 서비스업, 의료업 등) |
| 종목 | 취급품목(출판, 화장품, 세무사, 내과, 정형외과 등) |

# 제2절 회계의 이해

## 1. 회계란

회계란 경제실체의 경제활동에 관한 정보를 측정하여 그 실체의 이해관계자가 경제적 의사결정을 합리적으로 할 수 있도록 전달하는 과정 또는 기능을 말한다.

회계는 그 목적에 따라 재무회계, 관리회계, 세무회계 등으로 구분된다.

### 1 재무회계

재무회계의 목적은 경제실체 외부의 불특정 이해관계자의 경제적 의사결정에 유용한 정보를 제공하는 것을 그 목적으로 한다. 이때 재무회계의 최종생산물로서 재무보고의 수단이 되는 것이 재무제표이다. 재무제표는 대차대조표, 손익계산서, 현금흐름표 등을 말한다.

의료기관 회계기준규칙 제11조에 의하면 100병상 이상의 병원의 장은 매 회계연도 종료일부터 3월 이내에 의료기관회계기준에 따라 작성된 다음의 서류를 첨부한 결산서를 보건복지부장관에게 제출하여야 한다. 다만, 300병상 이상의 종합병원은 2004년도분부터, 200

병상 이상 300병상 미만의 종합병원은 2005년도분부터, 100병상 이상 200병상 미만의 종합병원은 2006년도분부터 적용된다.
  ① 대차대조표와 그 부속명세서
  ② 손익계산서와 그 부속명세서
  ③ 기본금변동계산서(병원의 개설자가 개인인 경우에는 제외)
  ④ 현금흐름표

### ❷ 원가관리회계

원가관리회계의 목적은 내부 경영자의 경영의사결정에 필요한 적합한 정보를 제공하는 것을 그 목적으로 한다.

### ❸ 세무회계

세무회계는 과세소득 내지 과세표준을 계산하기 위한 회계를 말한다. 세무회계는 재무회계와 다른 별도의 과정이 아니라 재무회계와 세법과의 차이를 조정하는 과정이다. 그러므로 재무회계가 전제됨으로써 가능한 것이다.


## 2. 재무제표의 이해

재무회계의 최종생산물로서 재무보고의 수단이 되는 것이 재무제표이다. 재무제표는 대차대조표, 손익계산서, 현금흐름표 등을 말한다.

### ▨ 대차대조표

대차대조표는 일정시점에 있어서 병의원 등 경제실체의 재무상태를 보여주는 재무제표이다. 재무상태란 자산, 부채, 자본의 상태를 말한다. 다음의 대차대조표의 기본구조에서 오른쪽(대변)에 기재된 부채와 자본은 자원의 조달원천을 보여주며 왼쪽(차변)에 기재된 자산은 조달된 자원의 운용상태를 보여준다. 이때 「자산=자본+부채」가 항상 성립하여야 하는데 이를 대차대조표 등식이라 한다.

대차대조표의 기본구조

| 차　　　변 | 대　　　변 |
|:---:|:---:|
| 자　　　산 | 부　　　채 |
|  | 자　　　본 |
| 자 산 합 계 | 부채와 자본 합계 |

### ▨ 손익계산서

손익계산서는 병의원 등 경제실체의 일정기간동안의 경영성과를 나타내는 재무제표이다. 즉, 일정기간동안에 실현된 수익과 비용을 대응시켜 순이익 또는 순손실을 산출한 내역을 보여준다. 이때 「수익－비용 = 순이익」이 항상 성립하여야 하는데 이를 손익계산서등식이라 한다.

손익계산서의 기본구조

| 차　　변 | 대　　변 |
|:---:|:---:|
| 비　　용(순이익) | 수　　익 |
| 비용 및 이익합계 | 수익 합계 |

### ▣ 현금흐름표

현금흐름표는 일정기간동안의 현금의 유입과 유출에 관한 정보를 제공하는 재무제표이다. 대차대조표나 손익계산서는 발생주의와 수익비용대응의 원칙에 의하여 만들어진 재무제표로서 현금의 흐름에 관한 정보를 충분히 제공해 주지 못한다. 손익계산서상 순이익이 발생하였는데도 부도가 나는 경우가 있는데 이는 현금동원능력의 부족을 의미하는 것이다. 이와 같이 유동성위기에 대한 대처능력 등에 대한 정보는 현금흐름표를 통하여 알 수 있는 정보인 것이다.


## 3. 장부작성의 흐름

### (회계의 순환과정)

현재의 회계장부 작성실정은 전산에 의해 이루어지는 것이 대부분이다. 그러므로 거래를 정확히 이해하고 분개만 전산입력하면 대부분의 과정은 자동으로 이루어지게 된다.

다만, 전산에 의해 자동으로 이루어지는 경우에도 회계에 대한 지식이 없다면 프로그램의 작동원리를 이해할 수 없고 제대로 된 장부기장을 수행할 수 없다.

회계는 회계연도 단위로 다음과 같은 과정이 계속 반복된다.

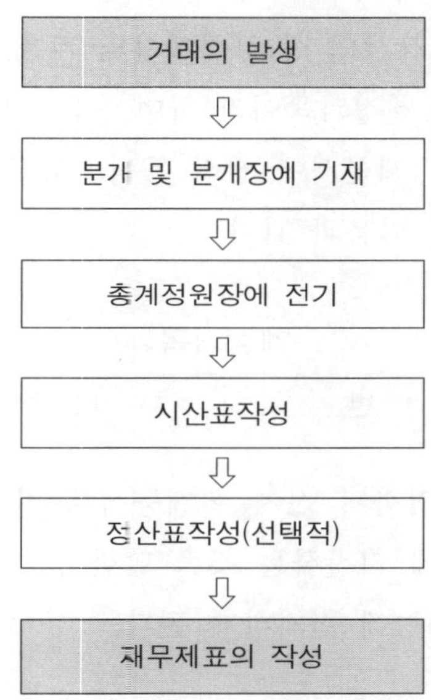


## 4. 거래에 따른 계정과목의 이해

### 회계 상 거래

회계 상의 거래란 기업이 경영활동을 수행하는 과정에서 재무제표의 구성요소에 변화를 가져오는 경제적사상(economic events)을 말한다. 즉 회계상의 거래개념은 일상생활에서의 거래개념과는 상이하다.

## 계정이란

계정이란 자산·부채·자본·수익·비용의 증가와 감소를 개별적으로 기록하기 위한 각각의 항목(회계상의 기록, 계산 단위)들을 말한다. 계정의 명칭을 계정과목이라 하며, 이들 계정과목은 최종적으로 대차대조표나 손익계산서에 정리 목적으로 분류된 것들이다.

계정의 기본구조는 다음과 같다.

계정과목

| 차 변 | 대 변 |
| --- | --- |

분개는 계정에 기입하기 전에 회계등식에 따라 거래를 분석하여 차변과 대변에 동시에 기록하는 것을 말한다. 거래발생순서에 따라 분개를 하고 이를 계정에 전기하게 된다.

## 거래의 8요소

복식부기에 있어서 회계상의 거래가 발생하면 거래의 이중성에 따라 차변요소와 대변요소로 나뉘어 기재된다. 즉, 모든 거래는 거래의 8요소 중 차변요소와 대변요소가 결합하는 형태로 나타나게 된다.

회계상의 거래는 거래의 8요소에 따라 분개하여 이를 계정에 이기하고 결산에 있어서 각 계정의 차변에 잔액이 발생하면 대차대조표상의 자산 또는 손익계산서상의 비용에 기재되며 대변에 잔액이 남으면 대차대조표상의 부채 및 자본 또는 손익계산서상의 수익에 기재된다.

| 구  분 | 차  변 | 대  변 |
|---|---|---|
| 거래의 8요소 | 자산의 증가<br>부채의 감소<br>자본의 감소<br>비용의 발생 | 자산의 감소<br>부채의 증가<br>자본의 증가<br>수익의 발생 |
| 대차대조표 | 자    산 | 부    채<br>자    본 |
| 손익계산서 | 비    용 | 수    익 |

## 주요 계정과목

| 구분 | 차 변 | | | 대 변 | | |
|---|---|---|---|---|---|---|
| 대차대조표 | 자산 | 유동자산 | 당좌자산 | 현금및현금등가물<br>미수금 | 부채 | 유동부채 | 매입채무<br>단기차입금 |
| | | | 재고자산 | 약품<br>진료재료 | | 고정부채 | 장기차입금<br>외화장기차입금 |
| | | 고정자산 | 투자자산 | 임차보증금 | 자본 | | 자본금 |
| | | | 유형자산 | 토지<br>건물<br>차량운반구<br>의료기기 | | | |
| | | | 무형자산 | 영업권<br>창업비 | | | |

| 구분 | 차 변 | | | 대 변 | |
|---|---|---|---|---|---|
| 손익계산서 | 비용 | 의료비용 | 인건비 | 급여<br>퇴직급여 | 수익 | 입원수익<br>외래수익 |
| | | | 재료비 | 약품비<br>진료재료비 | | |
| | | | 관리운영비 | 복리후생비<br>여비교통비 | | |
| | | 의료외비용 | | 의료부대비용<br>이자비용 | | |
| | | 특별손실 | | 재해손실 | | |

## 5. 거래에 따른 분개의 이해

분개의 유형은 차변요소 4개와 대변요소 4개를 조합하여 16개의 유형이 가능하고 그 중에서 주로 발생하는 유형은 다음과 같다.

① 자산의 증가 ↔ 자산의 감소

비품을 2천만원을 주고 현금으로 구입하다.

| (차변) 비품 | 2천만원 | (대변) 현금 | 2천만원 |
|---|---|---|---|

② 자산의 증가 ↔ 부채의 증가

의료기기를 1억원을 주고 외상으로 구입하다.

| (차변) 의료기기 | 1억원 | (대변) 외상매입금 | 1억원 |
|---|---|---|---|

③ 자산의 증가 ↔ 자본의 증가

현금2억원을 출연하여 개원하다.

| (차변) 현금 | 2억원 | (대변) 자본금 | 2억원 |

④ 자산의 증가 ↔ 수익의 발생

진료비 5백만원중 본인브담분 2백만원은 현금으로 수납하고 나머지는 건강보험심사평가원에 청구하다.

| (차변) 현금 | 2백만원 | (대변) 의료수익 | 5백만원 |
| 의료미수금 | 3백만원 | | |

⑤ 부채의 감소 ⟷ 자산의 감소

외상매입금 1억원을 계좌이체하다.

| (차변) 외상매입금 | 1억원 | (대변) 예금 | 1억원 |

⑥ 부채의 감소 ↔ 부채의 증가

약속어음 1천만원을 발행하여 외상매입금을 상환하다.

| (차변) 외상매입금 | 1천만원 | (대변) 지급어음 | 1천만원 |

⑦ 자본의 감소 ↔ 자산의 감소

사업자인 원장이 개인용도로 현금 1천만원을 인출하다.

| (차변) 자본금 | 1천만원 | (대변) 현금 | 1천만원 |

⑧ 비용의 발생 ↔ 자산의 감소

통신비 5십만원을 현금으로 지급하다.

(차변) 통신비          5십만원          (대변) 현금          5십만원

⑨ 비용의 발생 ↔ 부채의 증가

　은행이자 2백만원을 지급기일에 지급하지 못하다.

(차변) 지급이자          2백만원          (대변) 미지급이자          2백만원

# 제2장
# 개인병의원 개원준비와 세무

# 제1절 개원 준비와 절차

## 1. 개원 준비

최근의 국세행정경향으로 미루어 볼 때 이제는 과거처럼 사후적인 대처로서는 적절한 절세를 도모하기 어렵고, 세무당국의 세무행정 및 세무조사기법이 점점 투명화 되고 과학화·전문화되어 가고 있기 때문에 개원을 준비하는 의사도 어느 정도 세무회계에 대한 지식을 습득하여 개원준비 단계에서부터 사전적인 관리를 해나가야 한다.

특히 개원을 앞두고 있는 의사는 개원의 기획단계에서부터 전문가와 상담 등을 통해 개원과정에서 발생하는 모든 거래에 대한 증빙자료 및 건설회사, 인테리어업자, 의료기기상, 리스회사 등 거래업체의 거래관련서류 등에 대하여 항상 세무적 측면을 고려하여 꼼꼼히 챙겨두어야 한다. 이는 개원 후 발생할 수 있는 자금출처조사 및 세무회계처리에 대한 준비과정인 것이다.

## 2. 개원 절차

개원 준비의 사정상 절차가 다소 변경될 수 있지만 대체로 다음과
같이 개원 준비를 하는 것이 일반적이다.

일반적인 개원절차

| | |
|---|---|
| **개 원**<br>**자 금 조 달** | • 병의원규모에 따라 사전준비 |
| ⇩ | |
| **사 업 장 준 비** | • 건물 신축<br>• 사업장 임차 및 구입<br>• 병의원의 양수 및 인수 |
| ⇩ | |
| **개 원 전**<br>**사 업 자 등 록** | • 선택사항 |
| ⇩ | |
| **시 설 공 사**<br>**의 료 기 기 구입** | • 인테리어공사<br>• 의료기기 등 구입<br>• 기타 비용 지출 |
| ⇩ | |
| **의 사 및 간 호 사**<br>**모 집** | • 근로계약체결 |
| ⇩ | |
| **사 업 자 등 록** | • 원칙 |
| ⇩ | |
| **개 원** | • 병의원 개원준비 완료 |
| ⇩ | |
| **신 고 및 가 입** | • 의료기관 개설신고<br>• 요양기관 등록<br>• 4대보험의 가입 |

# 제2절 개원자금 조달과 세무

## 1. 자금 조달과 세무

개원자금의 자금조달내역이 명확하지 않다면 관할 세무서로부터 자금출처조사를 받아 증여세를 추징당하거나 그동안 내지 않았던 소득세와 함께 가산세를 추징당할 수 있으므로 주의하여야 한다.

## 2. 금융기관에서 차입하는 경우

| 은행 등 금융기관 | 자금조달 (본인 또는 병의원 명의) ←→ 향후 이자비용지급 (전액경비인정됨) | 병의원 |
| --- | --- | --- |

- 자금의 차입시에 본인이나 병의원의 명의로 차입을 하는 것이 차입금 사용의 업무관련성을 증명하기가 좋다.
- 향후 지급하는 이자비용은 세무상 경비로서 전액 인정된다.
- 대출을 받는 시점이 각종 대금을 지급하는 시점보다 빠른 것이 사업과 관련하여 사용되었음을 입증하기가 좋을 것이다.

## 3. 개인 등으로부터 차입하는 경우

친족 등이나 주변사람들로부터 자금을 차입하는 경우 이 금액을
세무상 인정받기 위해서는
첫째, 금전소비대차계약서를 작성한다.
둘째, 이자를 지급할 때에 소득세를 원천징수하여 신고납부 해야
한다.

### 채무와 이자비용을 세무상 인정받는 방법

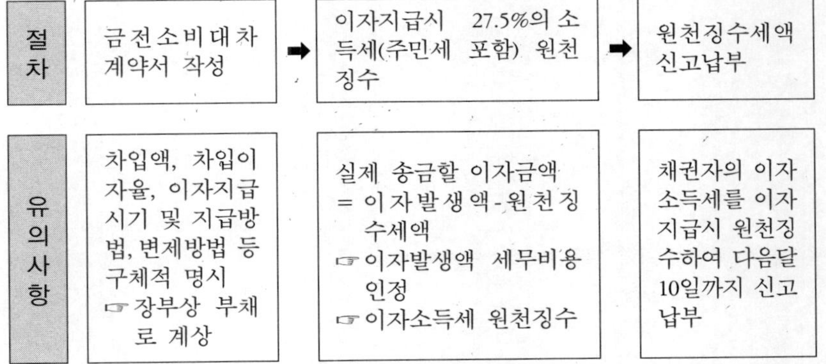

| 절차 | 금전소비대차 계약서 작성 → | 이자지급시 27.5%의 소득세(주민세 포함) 원천징수 → | 원천징수세액 신고납부 |
|------|------|------|------|
| 유의사항 | 차입액, 차입이자율, 이자지급시기 및 지급방법, 변제방법 등 구체적 명시<br>☞ 장부상 부채로 계상 | 실제 송금할 이자금액<br>= 이자발생액 - 원천징수세액<br>☞ 이자발생액 세무비용 인정<br>☞ 이자소득세 원천징수 | 채권자의 이자소득세를 이자지급시 원천징수하여 다음달 10일까지 신고납부 |

※ 금전소비대차계약서 내용대로 이행하고 차입금이 사업과 관련하여 사용
  되었음을 전제로 함.

### 절세효과

만일 채권자 쪽에서 이자소득이 드러나는 것에 대해서 동의하고
채권자의 연간소득(당해 이자소득 포함)이 병의원의 연간소득보다는
적은 경우에는 실제이자를 지급하고 원천징수를 하여 비용처리를 하
는 것이 유리하다(이는 구체적인 세무상담이 필요한 사항이다).
단, 2005년 신고분부터 금융소득 종합과세제도의 개정으로 앞으

로는 그 절세효과가 크지 않을 것으로 판단된다.

### 주의사항

친족간에 너무 낮은 이자율로 계약하거나 무이자로 약정하는 경우 국세청에서 정한 적정이자율과의 차이에 대해서 증여세 부담이 발생할 가능성이 있다. 2002년 1월 1일 이후 현재까지 국세청장이 고시한 적정이자율은 9%이다.

# 금전소비대차계약서

“채권자”(이하 “갑”이라 함)
    주       소 :
    성       명 :
    주민등록번호 :

“채무자”(이하 “을”이라 함)
    주       소 :
    성       명 :
    주민등록번호 :

“갑”과 “을” 사이에 다음과 같이 금전소비대차에 관한 약정을 체결한다.

1. “갑”은 “을”에게 을의 개원 준비자금으로 200  년    월    일까지 을이
   지정한 통장으로 일금 *****원정을 송금함으로써 금전을 대여해 주기로
   한다.

2. “을”은 위 1.의 대여금에 대하여 “갑”에게 200  년    월    일부터 계산하
   여 매 월 말일 연(   )%로 계산한 이자상당액을 갑이 지정한 통장으로 송
   금하여야 하며, 이때 세법이 정한 이자소득에 대한 세금을 원천징수하여
   신고.납부하여야  한다.

3. 원금은 200  년    월    일까지 상환하되 부득이 한 경우 상환 기간을 “갑”
   과 “을”이 합의하여 연장할 수 있다.
      후일에 이를 서로 증명하기 위하여 약정서 2통을 작성하여 “갑”과 “을”
   이 각각 나누어 보관하기로 한다.

200   .   .   .

      “갑”                (인)
      “을”                (인)

## 4. 개원자금을 증여받는 경우

부모님이나 배우자로부터 개원자금을 증여 받는 경우 증여세를 납부해야 한다. 10년간 합산한 금액기준으로 배우자로부터 증여받는 경우에는 6억원, 부모님으로부터는 증여받는 경우에는 3천만원의 공제가 있으므로 이를 반영하여 증여자금규모를 산정할 수 있을 것이다.

**재산취득자금 등의 증여추정(국세청사무처리규정/재산제세사무처리규정)**

제54조 【자금출처부족혐의자 유형별 통계 및 증여추정배제기준】
① 전산정보관리관은 전산입력된 자료 중 부동산·주식취득자료 및 신규개업자금 등에 대한 전산분석(자금운용항목과 자금원천항목의 비교)결과를 다음 통계표에 의하여 국세청 개인납세국장 및 조사국장에게 매년 출력하여야 한다.
1. 취득재산규모 및 부족금액 계급별 인원
2. 30세 미만자의 취득재산규모 및 부족금액 계급별 인원
② 취득재산의 금액 및 상환자금이 증여추정배제기준에 미달하는 경우에는 출력에서 제외한다.
③ 재산취득일 전 또는 채무상환일 전 10년 이내에 당해 재산취득금액 및 상환가액이 아래의 기준금액 미만인 경우에는 증여추정규정을 적용하지 아니한다.

## 5. 자기자금으로 조달하는 경우

- 자기자금으로 자금을 조달하게 되면 경영상의 안정성은 높다.
- 일반적으로 병의원의 수익구조상 개원 후 수익의 증가율에 비하여 비용의 증가율이 미미한 편이다. 따라서 개원 초기에는 타인자금을 조달하여 세금을 절감시키고 여유자금으로 투자 등

의 자금운용을 하는 것(재테크&세테크)이 경제적인 측면에서 보다 나은 방법일 수 있다.

- 전액 자기자금으로 개원자금을 조달하는 경우에는 세무서에 신고되었던 소득인지를 검토해볼 필요가 있다. 만일 세무서에 신고한 소득이 아닐 경우에는 자칫 자금출처조사에 따른 증여세 조사나 개인사업자 통합조사 규정에 따라 그동안의 소득세 조사로 이어질 수 있는 위험이 있다.

결론적으로 개원 자금 조달시 여러 가지 방법을 고려하여 최소비용과 절세를 위하여 최적의 자금조달 방식을 택하는 것이 중요하다. 따라서 세무효과를 충분히 고려하고 전문가와의 상담을 통하여 최적의 의사결정을 하는 것이 바람직하다.

✓ **자금조달 사례(참고사항)**

A 의사(세대주, 38세)는 초기개원자금으로 10억 원을 예상하고 있다. 소득세 신고를 해서 입증할 수 있는 자기자금이 2억 원 가량 있고, 나머지 8억 원은 다음과 같이 자금조달을 고려중이다.

① 배우자로부터 6억 원을 증여받는다. ⇒ 배우자증여공제 6억 원으로 증여세 없음.
② 은행에서 1억 원을 연 9%의 이자율로 차입한다. ⇒ 지급이자 세무 상 경비 인정(절세효과 발생).
③ 친족으로부터 5천만 원을 빌립니다. ⇒ 계약서작성, 이자지급 시 원천징수의무 발생.
④ 추가 5천만 원 자금 조달 ⇒ 30세 이상 세대주는 5천만 원 까지 자금출처 조사대상에서 제외.

# 6. 개원자금에 대한 자금출처 세무조사

### 자금출처 조사배제

일정한 경우에 자금출처조사를 배제한다는 국세청의 내부기준을 살펴보면 다음과 같다.

증여추정배제기준

| 구분 | 취득재산 | | 채무상환 | 총액한도 |
|---|---|---|---|---|
| | 주택 | 기타재산 | | |
| 1. 세대주인 경우<br>  가. 30세 이상인 자<br>  나. 40세 이상인 자 | 2억원<br>4억원 | 5천만원<br>1억원 | 5천만원 | 2억5천만원<br>5억원 |
| 2. 세대주가 아닌 경우<br>  가. 30세 이상인 자<br>  나. 40세 이상인 자 | 1억원<br>2억원 | 5천만원<br>1억원 | 5천만원 | 1억5천만원<br>3억원 |
| 3. 30세 미만인 자 | 5천만원 | 3천만원 | 3천만원 | 8천만원 |

(1999.1.1 이후 취득 또는 채무상환하는 분부터 적용)

다만, 상기 금액 이하이더라도 취득자금 또는 상환자금이 타인으로부터 증여받은 사실이 객관적으로 확인될 경우에는 증여세과세대상이 된다(단, 이 경우에는 증여사실을 과세관청이 입증해야 한다).

### 증여세 추징, 이런 경우 자금출처조사 하지 않는다.

신용카드, 직불카드 및 현금영수증 등을 통한 거래의 폭발적인 증가로 공급자와 수요자간 거래행위에 대한 투명성은 대폭 확대되고 있으나, 개인간의 재산 이전 등의 행위는 쉽게 포착되지 않는 측면이 있다. 이로 인해 이를 감시해야 하는 과세당국이나 세금을 조금이라도 줄여 보려는 개인들이나 긴장을 피할 수 없는 형국이 될 수 밖에 없다. 하지만 자금출처조사는 모든 경우마다 다 하는 것은 아님으로 모든 거래에 대해 불안감을 갖고 거래를 할 필요는 없다. 자금출처조사가 배제되는 기준 및 증여세 추징을 피하기 위한 소명기준에 대하여 알아보도록 하자.

"자금출처조사" 란 어떤 사람이 재산을 취득하거나 부채를 상환하였을 때 그 사람의 직업, 나이, 그 동안의 소득세 납부실적, 재산상태 등으로 보아 스스로의 힘으로 재산을 취득하거나 부채를 상환하였다고 보기 어려운 경우, 세무서에서 소요자금의 출처를 제시하도록 하여 출처를 제시하지 못하면 다른 사람으로부터 증여를 받은 것으로 보아 증여세를 추징하는 것을 말한다.

자금출처조사는 모든 경우마다 다 하는 것은 아니며, 10년 이내의 재산취득가액 또는 채무상환금액의 합계액이 증여추정배제기준의 기준금액 미만인 경우에는 자금출처조사를 하지 않는다. 다만, 기준금액이내라 하더라도 객관적으로 증여사실이 확인되면 증여세가 과세된다.

하지만, 자금출처조사 배제기준에 해당되지 않아 자금출처조사 대상자로 선정되거나 세무서에서 자금원천을 소명하라는 안내문을 받은 경우, 이때에는 증빙서류를 제출하여 취득자금의 출처를 밝혀야만 증여세 과세를 피할 수 있다.

취득자금의 80%이상을 소명하지 않으면(취득자금이 10억원 이상인 경우에는 소명하지 못한 금액이 2억원 미만이 되지 않으면) 취득자금에서 소명금액을 뺀 나머지를 증여 받은 것으로 보므로 소명자료는 최대한 구비하여 제출하여야 한다.

자금출처로 인정되는 대표적인 항목과 증빙서류는 다음과 같다.

| 소득구분 | 자금출처로 인정되는 금액 | 증빙서류 | 비고 |
|---|---|---|---|
| 근로소득 | 총급여액 - 원천징수세액 | 원천징수영수증 | |
| 퇴직소득 | 총퇴직금 - 원천징수세액 | 원천징수영수증 | |
| 사업소득 | 소득금액 - 소득세상당액 | 소득세신고서 사본 | |
| 이자,배당,기타소득 | 총지급액 - 원천징수세액 | 원천징수영수증 | |
| 차입금 | 차입금액 | 부채증명서 | |
| 임대보증금 | 보증금 | 임대차계약서 | |
| 보유재산 처분액 | 처분가액 - 양도소득세 등 | 매매계약서 등 | |

## 시사점

자금출처조사는 모든 경우마다 다 하는 것은 아니므로 모든 거래에 대해 불안감을 갖고 거래를 할 필요는 없다. 다만, 기준금액이내라 하더라도 객관적으로 증여사실이 확인되면 증여세가 과세될 가능성은 언제든지 존재하므로 개인 간의 금전거래의 경우에는 거래사실을 인정받기 어려운 사적인 차용증·계약서·영수증 등 보다는 이를 뒷받침할 수 있는 예금통장사본·무통장입금증 등 금융거래 자료를 준비하는 것이 가장 좋은 방법임을 잊어서는 안 될 것이다.

# 제3절 사업장의 취득 및 임차와 세무

## 1. 사업장의 취득과 임차

병의원의 개원시에 사업장을 취득하거나 임차하는  경우 세무상 차이가 발생할 수 있으며, 취득금액과 임차자금의 규모에 따라 절세효과는 차이에 대하여 관련사항을 고려하여 유리한 방향으로 의사결정을 해야 한다.

사업장 취득과 임차의 비교

| 구분 | 사업장 취득의 경우 | 사업장 임차의 경우 |
|---|---|---|
| 특 징 | 취득세 등록세의 부담<br>재산세와 종합부동산세의 부담 | 상가임대차보호법에 의한 확정일자 및 전세 등기로서 권리 주장 |
| 세무상<br>경비인정 | • 건물취득가액에 대하여 일반적으로 1/40 금액을 매년 감가상각으로 인정<br>• 토지는 경비인정 안됨<br>• 재산세와 종합부동산세도 경비 인정 | • 매월 지급하는 임차료, 관리비 경비 인정<br>• 보증금은 비용이 아니고 자산이 됨 |

## 2. 사업장을 임차할 때 주의할 점

사업장을 임차할 때 주의할 점은 다음과 같다.

① 임대차계약시 임대인(건물주)과 실제 임대차계약서를 작성 할 때 임대인이 실제금액보다 낮은 금액으로 이중계약서 작성을 요구하는 경우가 종종 있다.

② 이는 임대인이 자신의 세금을 줄이고, 상가임대차보호법에 따라 담보가치가 떨어지는 것을 방지하기 위한 요구다.

③ 이러한 경우 다툼의 소지나 임차인이 정당한 경비를 인정 못 받는 등 불이익을 받을 수 있으므로 사업자의 과세유형에 따라 세금계산서 및 관련 증빙을 어떻게 받을 것인지를 결정해야 한다.

# 제4절 병의원 인수와 세무

## 1. 사업 양수도와 세무

개원을 준비하는 의사 증에 신설하여 개원을 하지 않고 기존에 운영 중인 병의원을 양수도 방식에 의하여 양수하여 개원을 하는 경우가 종종 있다.

이 경우에 기존의 병의월을 처분하는 자(사업양도인)와 기존 병의원을 인수하는 자(사업양수인)의 입장에서 실물자산과 권리금 등에 대한 세무사항을 검토하면 다음과 같다.

### 병의원 양도 양수 시 검토사항

| 구분 | 사업의 양도인 | 사업의 양수인 |
|---|---|---|
| 실물자산(보증금, 의료기기, 비품, 의약품 등) | 실물자산의 처분이익은 과세되지 않음(개인사업자의 고정자산 처분손익은 총수업금액 및 필요경비에 산입하지 아니함) | • 신규로 개원하는 병의원의 자산이 된다.<br>• 사업상의 경비(보증금은 제외)로서도 인정이 가능 함<br>☞ 사업양수도계약서에 근거해서 회계처리 |

| 구분 | 사업의 양도인 | 사업의 양수인 |
|---|---|---|
| 권리금(기존 병원이 확보하고 있는 환자, 신규개원 시 불확실성과 위험의 감소 등에 대한 무형의 대가) | 권리금(영업권)은 기타 소득으로 과세됨(금액의 80%는 경비로 인정) | 권리금에 대한 부분은 영업권으로서 비용처리가 가능함(5년간 균등액 상각처리). |
| | • 권리금에 대해 사업양수인이 영업권으로 계상하여 비용처리를 할 경우 사업양도인의 영업권양도사실이 세무서에 드러남<br>☞ 따라서 관행적으로 사업양도인이 과세를 막기 위하여 비용처리를 하지 말 것을 요구하는 경우가 일반적임 | |

## 2. 병의원 양수도 관련서류

병의원 양수도 계약에 사용되는 계약서 등 관련 서류는 다음과 같다.

① 사업양도·양수계약서

② 자산목록현황(양수도자산)

③ 부채현황

## 사업 양도·양수 계약서

성명 :           (이하 "갑"이라 한다)
성명 :           (이하 '을"이라 한다)

"갑"이 운영하고 있는 (                                          )
에 주소를 두고 있는 (                          )의 사업에 관한 일체의
권리와 의무를 포괄적으로 양도·양수함에 있어서 다음과 같이 계약을 체결
하고, "갑"과 "을" 쌍방이 날인하여 각각 1부씩 보관한다.

### 제1조 (목적)
 본 계약은 "갑"이 운영하고 있는 사업(업태 :        종목 :        )에 관한
 일체의 권리와 의무를 부가가치세법 제6조에 의하여 포괄적으로 "을"이 양
 수하고자 하는데 그 목적이 있다.

### 제2조 (사업승계)
 사업양수일 현재 "갑"과 거래중인 모든 거래처는 "을"이 인수하여 계속 거래
 를 보장하며, 사업양수일 이전에 발생한 제세공과금(국세 및 지방세 포함)일
 체를 "갑"이 책임지며, "을"은 "갑"의 전종업원 전원을 계속 근무토록 보장
 한다.

### 제3조 (양도·양수자산 및 기준일)
"을"은    년  월  일 현재 "갑"의 장부상 자산총액과 부채총액을 인수하기
로 한다.

### 제4조 (자산·부채의 평가)
 자산·부채는 양도·양수일 현재 기업회계기준에 의하여 계상된 장부가액에
 의한다.

### 제5조 (양도·양수 대금의 지급)
 "을"은 제3조의 규정에 의거 "갑"의   년  월  일의 결산 재무제표상 자산총
 액에서 부채총액을 공제한 간액을 기준으로 하여 대금을 지급한다.

### 제6조 (종업원)
 "을"은 "갑"의 전 종업원을 신규채용에 의하여 전원 인수하여 계속 근무토록
 하여야 한다.

### 제5조 (양도·양수 대금의 지급)
 "을"은 제3조의 규정에 의거 "갑"의   년  월  일의 결산 재무제표상 자

산총액에서 부채총액을 공제한 잔액을 기준으로 하여 대금을 지급한다.

제6조 (종업원)

"을"은 "갑"의 전 종업원을 신규채용에 의하여 전원 인수하여 계속 근무토록 하여야 한다.

제7조 (양도·양수의 효력)

본 계약은    년  월  일에 그 효력이 발생하는 것을 원칙으로 한다.

제8조 (협조의무)

"갑"은 "을"이 사업을 양수함에 따른 제반 절차를 수행하는데 적극 협조하여야 한다.

제9조 (기타)

본 계약서에서 정하지 아니한 사항은 "갑"과 "을"쌍방의 협의에 의하여 정하기로 한다.

200  년    월    일

첨부 : 자산목록 현황 과  부채현황    1부.

(갑) 주 소 :
　　상 호 :
　　대 표 :

(을) 주 소 :
　　상 호 :
　　대 표 :

<table>
<tr><td colspan="5" align="center">자산목록 현황</td></tr>
<tr><td colspan="2">년  월  일</td><td></td><td></td><td align="right">(단위: 원)</td></tr>
<tr><td>품목명</td><td>규 격</td><td>취득년도</td><td>수량</td><td>가 격</td></tr>
<tr><td></td><td></td><td></td><td></td><td></td></tr>
<tr><td></td><td></td><td></td><td></td><td></td></tr>
<tr><td></td><td></td><td></td><td></td><td></td></tr>
<tr><td></td><td></td><td></td><td></td><td></td></tr>
<tr><td></td><td></td><td></td><td></td><td></td></tr>
<tr><td></td><td></td><td></td><td></td><td></td></tr>
<tr><td></td><td></td><td></td><td></td><td></td></tr>
<tr><td></td><td></td><td></td><td></td><td></td></tr>
<tr><td></td><td></td><td></td><td></td><td></td></tr>
<tr><td></td><td></td><td></td><td></td><td></td></tr>
<tr><td></td><td></td><td></td><td></td><td></td></tr>
<tr><td></td><td></td><td></td><td></td><td></td></tr>
<tr><td></td><td></td><td></td><td></td><td></td></tr>
<tr><td></td><td></td><td></td><td></td><td></td></tr>
<tr><td></td><td></td><td></td><td></td><td></td></tr>
<tr><td>합 계</td><td></td><td></td><td></td><td></td></tr>
</table>

<table>
<tr><td colspan="4" align="center">부채현황</td></tr>
<tr><td colspan="2">년    월    일</td><td colspan="2" align="right">(단위: 원)</td></tr>
<tr><td>업체명</td><td>부채내용</td><td>금액</td><td>비 고</td></tr>
<tr><td></td><td></td><td></td><td></td></tr>
<tr><td></td><td></td><td></td><td></td></tr>
<tr><td></td><td></td><td></td><td></td></tr>
<tr><td></td><td></td><td></td><td></td></tr>
<tr><td></td><td></td><td></td><td></td></tr>
<tr><td></td><td></td><td></td><td></td></tr>
<tr><td></td><td></td><td></td><td></td></tr>
<tr><td></td><td></td><td></td><td></td></tr>
<tr><td></td><td></td><td></td><td></td></tr>
<tr><td></td><td></td><td></td><td></td></tr>
<tr><td></td><td></td><td></td><td></td></tr>
<tr><td></td><td></td><td></td><td></td></tr>
<tr><td></td><td></td><td></td><td></td></tr>
<tr><td></td><td></td><td></td><td></td></tr>
<tr><td></td><td></td><td></td><td></td></tr>
<tr><td>합 계</td><td></td><td></td><td></td></tr>
</table>

# 제5절 공동개원과 세무

## 1. 공동개원

개원 및 경영상의 비용을 줄이고 병의원의 진료과목을 추가하여 진료수입을 확대할 수 있어 최근 2인 이상의 의사가 공동으로 개원하는 경우가 많이 늘어나고 있다.

2인 이상의 의사들이 공동으로 개원하는 사업장을 공동사업장이라 하는데, 공동사업장에서 발생하는 소득에 대한 세금을 어떻게 계산하는지는 사례를 통해서 간단하게 알아보자.

---

✔ 사례예시

① 공동개원의           : A, B
② 지분 및 손익분배비율 : A는 60%, B는 40%
③ 총진료수입금액       : 10억원
④ 진료에 필요한 경비   : 5억원

## 2. 소득금액의 계산

- 순이익상당액을 세법적인 용어로는 소득금액이라 한다. 소득금액은 1차적으로 동업자별로 구분하지 않고 공동사업장(공동개업병의원)을 하나로 보아 총진료수입에서 필요경비를 차감하여 병의원전체의 소득금액을 계산해 내게 된다.
- 따라서 소득금액은 5억원(10억원－5억원)이다(소득금액계산 단계까지는 공동사업장을 하나로 보아 계산하는 것임).

## 3. 소득의 배분

- 공동개업병의원(공동사업장)에서 소득의 분배는 동업계약서 상에 명시되어 있는 손익분배비율에 따라 하는 것이나, 별도의 손익분배비율이 규정되어 있지 않으면 출자자의 출자금에 비례하여 분배하는 것이 일반적이다.
- 소득세의 계산은 병의원 전체에 대해서 하는 것이 아니라 구성원인 각 공동사업자에 대해서 각각 하는 것이므로 공동사업장의 소득금액을 각 지분 및 손익분배비율에 따라 분배하게 된다.

| | |
|---|---|
| A씨 : 손익분배비율 60%<br>∴ 분배 된 소득금액<br>　: 3억원(5억원×60%) | 이렇게 배분된 금액에 대해서 각자 자신의 주소지 관할 세무서에 소득세를 신고·납부하게 된다. |
| B씨 : 손익분배비율 40%<br>∴ 분배 된 소득금액<br>　: 2억원(5억원×40%) | |

## 4. 공동사업자와 세무

상기와 같이 결론적으로 소득금액단계까지는 병의원(공동사업장) 전체를 대상으로 계산하게 되고, 이렇게 계산된 공동사업장의 소득금액은 각 동업자에게 각자의 지분 및 손익분배비율에 따라 배분한 후 동업자 각자는 자신에게 배분된 소득금액에 대하여 다른 소득이 있으면 이를 합산하여 각자 종합소득세를 신고·납부하게 되는 것이다.

### 공동사업합산과세 특례

공동사업자 간에 다음의 특수관계가 성립하는 경우로서 공동사업합산과세 사유가 있는 경우에는 공동사업장의 소득을 지분비율대로 분배하지 아니하고, 지분이 가장 큰 자나 지분이 동일한 경우에는 다른 종합소득금액이 많은 자의 소득으로 보아 합산하게 된다.
이는 가족명의를 이용한 소득의 고의 분산을 막기 위해서이다.

> 특수관계 : 과세기간 종료일 현재 생계를 같이하는 동거가족으로서 다음의 관계일 경우
> ① 배우자    ② 직계존비속과 그 배우자  ③ 형제자매와 그 배우자

### 공동사업합산과세사유

① 공동사업자가 종합소득신고시에 제출한 신고서와 첨부서류에 기재한 사업의 종류, 소득금액내역, 지분율, 손익분배비율 및 공동사업자간의 관계 등이 사실과 현저하게 다른 경우
② 공동으로 사업을 경영하는 사업자의 경영참가, 거래관계, 손익분배비율 및 자산·부채 등의 재무상태 등을 감안할 때 조세를 회피하기 위하여 공동으로 사업을 경영하는 것이 확인되는 경우

개원의 A씨가 B씨(생계를 같이 하는 동거 배우자)와 공동사업을 하면 소득금액은?(가정 : 공동사업합산과세 사유에 해당)

| | |
|---|---|
| A씨 : 손익분배비율 60%<br>∴ 분배 된 소득금액 : 3억원(5억원×60%) | 하지만, A씨와 B씨가 특수관계자에 해당하므로 지분율이 큰 A씨의 소득금액으로 합산하여 과세하게 된다.<br>따라서, A씨의 소득금액은 5억원(3억+2억), B씨의 소득금액은 0원이 된다. |
| B씨 : 손익분배비율 40%<br>∴ 분배 된 소득금액 : 2억원(5억원×40%) | |

# 제6절 직원고용과 세무

## 1. 갑근세의 신고

병의원에서 현실적으로 가장 큰 경비는 인건비일 것이다. 지출된 인건비를 세무상 적법하게 경비로서 인정받기 위해서는 매월 인건비 신고를 하면서 갑근세를 원천징수 후 납부해야 하고, 인건비 신고에 따른 4대보험신고 및 보험료납부도 뒤따라야 한다.

## 2. 직원의 채용

직원을 채용하는 경우 일반적으로 급여조건과 근무환경 등을 협의한 후 근로계약서를 작성하면 된다. 이때 급여협상과 근로계약서 작성 시 다음의 사항에 주의하자.

## 갑근세와 4대보험료 부담 문제

| 고용주 부담 | 직원 부담 |
| --- | --- |
| ① 국민연금보험료 · 건강보험료<br>　 : 50%<br>② 고용보험료 중  실업급여 부분<br>　 : 50%<br>③ 나머지 고용보험료 및 산재보험료<br>　 : 100% | ① 갑근세 및 주민세<br><br>② 국민연금보험료 · 건강보험료<br>　 : 50%<br>③ 고용보험료 중 실업급여 부분<br>　 : 50% |

일반적으로 직원 입장에서 세금과 보험료의 부담을 회피하려는 경향이 있으므로 사전에 충분히 협의를 해야 한다.

## 퇴직금 지급

- 일반적으로 연봉제의 경우에도 법적으로는 퇴직금을 지급하도록 되어 있다. 퇴직금 역시 당연히 세무상 경비로 인정되는데, 퇴직금 지급시 퇴직소득세를 계산하여 퇴직금에서 원천징수하고 차액을 지급하고 원천징수한 퇴직소득세는 다음달 10일까지 세무서에 신고 납부해야 한다.

- 근로계약서에 퇴직금에 대한 지급규정을 명확히 정해놓지 않아 직원 퇴직시 퇴직금 지급 문제로 종종 다툼이 일어나는 것을 볼 수 있다. 따라서 최초 채용시부터 근로계약서를 작성하고 퇴직금 지급에 관한 사항을 명문으로 명확하게 밝혀 놓는 것이 좋다.

- 연봉제로 계약했을 경우, 연봉총액을 13등분하여 12개월간 균등하게 지급 후 1개월치 추가 지급분을 퇴직금 명목으로 지급하는 것이 일반적인 방법이다.

**참고**

근로계약시 약정 연봉 : 26,000,000원(퇴직금, 식대, 제수당 등이 포함된 금액으로 합의함)

- 매월 지급액 = 2천6백만원 ÷ 13 = 2백만원
- 근속연수 1년이 되는 달의 급여 지급시 2회분의 급여 상당액인 4백만원 지급
- ☞ 이 중 1회분 해당액 2백만원은 퇴직금으로 처리하여 퇴직정산 신고를 함

---

- 근속연수 1년 이상의 근로자가 퇴직금의 중간정산을 요구하는 경우에는 노사합의 하에 근속기간 중에도 이를 지급 할 수 있다. 퇴직금 중간정산을 한 근로자에 대해서는 중간정산을 한 시점부터 새로이 근속연수를 계산하게 된다.

## 3. 4대보험의 가입

근로계약서가 체결되고 급여액이 결정되면 직원 채용과 함께 개원의 본인 및 직원들에 대하여 4대보험(국민연금, 건강보험, 고용보험, 산재보험)에 가입할 의무가 발생한다.

## 4. 급여지급과 세금

급여는 갑근세와 주민세를 원천징수하고, 4대보험료 중 근로자 본인 부담분을 차감한 금액을 지급하는 것이 원칙이다.

# 제7절  사업자등록

## 1. 개원절차와 주요서류

| ① 의료기관개설신고<br>(보건소) | ② 사업자등록<br>(병의원소재지관할세무서) | ③ 요양기관지정신청<br>(심사평가원) |
|---|---|---|
| • 개설자의 의사면허증사본(봉직의를 두는 경우에는 봉직의 면허증사본)<br>• 건물평면도 및 그 구조설명서<br>• 진료과목 및 진료과목별 시설 및 정원등의 개요설명서<br>• 병원의 경우는 사업계획서와 의료보수표 | • 임대차계약서 사본 1부 (분양을 받은 경우에는 분양계약서 사본)<br>• 상가임대차보호법상의 확정일자를 받을 경우에는 임대차계약서 원본과 사업장 도면(건물의 일부를 임차한 경우)<br>• 의료기관 개설신고(허가)필증 사본1부<br>• 공동사업시 사실을 증명할 수 있는 서류(동업계약서 등 - 인감증명서 첨부) | • 의료기관개설신고(허가)필증 사본 1부<br>• 사업자등록증 사본 1부<br>• 요양기관현황통보서 |

## 2. 사업자등록 신청 시 유의사항

- 신규 개원의는 사업개시일로부터 20일이내에 사업자등록신청서를 병의원소재지 관할세무서에 제출하여야 한다(면세사업자로 등록).
- 사업자등록은 병의원 경의의 통장과 기업카드를 발급받고 세금계산서의 수취 및 금융기관 등의 대출을 위하여 가능한 빨리 하는 것이 좋다.
- 사업자등록은 본인이 직접 가지 않아도 할 수 있으며 대리인이 가는 경우에는 사업자등록 신청서에 사업자의 자필서명을 하여야 한다.
- 공동사업을 할 경우에는 동업계약서에 "지분비율 및 손익분배 비율"과 동업자별 구체적인 출자액이 명시되어야 한다. 또한 공증을 받거나 인감증명서를 첨부하면 좋다.

## 3. 의료기관 개설신고 전 사업자등록 신청

사업장임차 및 인테리어공사 그리고 의료기기 구입 등을 위한 자금조달을 위해 금융기관에 대출신청을 할 때 의료기관개설신고 전에 사업자등록증이 필요한 경우가 있다.

이런 경우 사업장임대차계약서와 함께 의료기관개설신고신청서 사본이나 사업계획서를 작성, 의사면허증을 첨부하여 사업자등록신청을 하면 의료기관개설신고전 이라도 사업자등록증을 받을 수 있다.

[별지 제3호서식]                                                    (앞 쪽)

| 접수번호 | 사업자등록신청서(개인사업자용)<br>(법인이 아닌 단체의 고유번호 신청서) | 처리기간 |
|---|---|---|
|  |  | 7일<br>(보정요구시 14일) |

> 귀하의 사업자등록 신청내용은 영구히 관리되며 납세성실도를 검증하는 기초자료로 활용
> 됩니다. 아래 해당 사항을 사실대로 작성하시기 바라며 신청서에 본인이 자필로 서명하여 주
> 시기 바랍니다.

## 1. 인적사항

| 상호(단체명) |  | 전화번호 | (사 업 장) |  |
|---|---|---|---|---|
| 성명(대표자) |  |  | (자    택) |  |
|  |  |  | (휴대전화) |  |
| 주민등록번호 |  | FAX번호 |  |  |
| 사업장(단체)<br>소 재 지 |  | E-Mail주소 | @ |  |

## 2. 사업장현황

| 업 종 | 주업태 |  | 주종목 |  | 주업종코드 | 개업일 | 종업원수 |
|---|---|---|---|---|---|---|---|
|  | 부업태 |  | 부종목 |  | 부업종코드 |  |  |

| 사업장구분 | 자가 | 타가 | 사업장을 빌려준 사람(임대인) | | | 임대차 내역 | | |
|---|---|---|---|---|---|---|---|---|
|  |  |  | 성 명<br>(법인명) | 사업자<br>등록번호 | 주민(법인)<br>등록번호 | 임대차<br>계약기간 | (전세)<br>보증금 | 월 세 |
|  | ㎡ | ㎡ |  |  |  |  | 원 | 원 |

| 인허가<br>사업여부 | 신고( )   등록( )<br>허가( )   해당없음( ) | 주류면허 | 면허번호 | 면허신청 |
|---|---|---|---|---|
|  |  |  |  | 여( ) 부( ) |

| 특별소비세<br>해당여부 | 제조( )  판매( )  장소( )  유흥( ) |
|---|---|

| 사업자금 내역<br>(전세보증금 포함) | 자기자금 | 원 | 타인자금 | 원 |
|---|---|---|---|---|

| 연간 공급대가<br>예상액 |  | 원 | 간이과세 적용<br>신고 여부 | 여( ) 부( ) |
|---|---|---|---|---|

| 그 밖의<br>신청사항 | 확정일자<br>신청여부 | 공동사업자<br>신청여부 | 사업장소 외<br>송달장소<br>신청여부 | 사업자단위<br>신고·납부사업자의<br>종된 사업장 신설여부 |
|---|---|---|---|---|
|  | 여( ) 부( ) | 여( ) 부( ) | 여( ) 부( ) | 여( )  부( ) |

(앞 쪽)

## 3. 사업자등록신청 및 사업시 유의사항(아래 사항을 반드시 읽고 확인하시기 바랍니다)

가. 귀하가 다른 사람에게 사업자명의를 빌려주는 경우 사업과 관련된 각종 세금이 명의를 빌려
    준 귀하에게 나오게 되어 다음과 같은 불이익이 있을 수 있습니다.
  (1) 소득이 늘어나 국민연금 및 건강보험료를 더 낼 수 있습니다.
  (2) 명의를 빌려간 사람이 세금을 못내게 되면 체납자가 되어 소유재산의 압류·공매처분,
      체납내역의 금융기관 통보, 여권발급제한, 출국규제 등의 불이익을 받을 수 있습니다.

나. 귀하가 실물거래 없이 세금계산서 또는 계산서를 교부하거나 수취하는 경우 「조세범처벌법」
    제11조의2에 따라 해당 법인 및 대표자 또는 관련인은 3년 이하의 징역이나 공급가액 및 그
    부가가치세액의 2배 이하에 상당하는 벌금에 처하는 처벌을 받을 수 있습니다.

다. 신용카드 가맹 및 이용은 반드시 사업자 본인명의로 하여야 하며 사업상 결제목적 이외의
    용도로 신용카드를 이용할 경우 「여신전문금융업법」 제70조제2항에 따라 3년 이하의 징역
    이나 2천만원 이하의 벌금에 처하는 처벌을 받을 수 있습니다.

---

신청인의 위임을 받아 대리인이 사업자등록신청을 하는 경우에는 아래 사항을 기입하여 주시기 바랍니다.

| 대리인<br>인적사항 | 성 명 | 주민등록번호 | 전화번호 | 신청인과의 관계 |
|---|---|---|---|---|
|  |  |  |  |  |

---

위에서 작성한 내용과 실제 사업자 및 사업내용 등이 일치함을 확인하며, 「부가가치세법」 제5
조 제1항·제25조 제3항, 동법 시행령 제7조 제1항·제74조 제4항, 동법 시행규칙 제2조 제1항
및 「상가건물임대차보호법」 제5조 제2항에 따라 사업자등록 [□일반과세자 □간이과세자 □면
세사업자 □그 밖의 단체] 및 확정일자를 신청합니다.

년 월 일

신 청 인　　　　　　　(서명)
위 대리인　　　　　　　(서명)

세무서장 귀하

---

구비서류

1. 사업허가증 사본·사업등록증 사본 또는 신고필증 사본 중 1부(법령에 따라 허가를 받거나 등
   록 또는 신고를 하여야 하는 사업인 경우에 한합니다)
2. 임대차계약서사본(사업장을 임차한 경우에 한합니다) 1부
3. 「상가건물임대차보호법」이 적용되는 상가건물의 일부분을 임차한 경우에는 해당 부분의 도
   면 1부

---

사업자등록 신청시 다음과 같은 사유에 해당하는 경우 붙임의 서식 부표에 추가로 기입하여
주시기 바랍니다.
① 공동사업자에 해당하는 경우
② 종업원을 1인 이상 고용한 경우
③ 사업장 이외의 장소에서 서류를 송달 받고자 하는 경우

[별지 제3호서식 부표]

<table>
<tr><td colspan="9" align="center">□ 공 동 사 업 자 명 세<br>□ 종 업 원 현 황<br>□ 서 류 를 송 달 받 을 장 소</td></tr>
<tr><td>상호(단체명)</td><td colspan="8"></td></tr>
<tr><td>성명(대표자)</td><td colspan="8"></td></tr>
<tr><td>주민등록번호</td><td colspan="8"></td></tr>
<tr><td>사업장(단체)<br>소 재 지</td><td colspan="8"></td></tr>
</table>

### 1. 공동사업자 명세

| 출자금 | | | | 원 | 성립일 | | | |
|---|---|---|---|---|---|---|---|---|
| 성 명 | 주민등록번호 | 지분율 | 관계 | 성 명 | 주민등록번호 | 지분율 | 관계 | |
|  |  |  |  |  |  |  |  | |
|  |  |  |  |  |  |  |  | |
|  |  |  |  |  |  |  |  | |
|  |  |  |  |  |  |  |  | |
|  |  |  |  |  |  |  |  | |

### 2. 종업원 현황

| 번 호 | 성 명 | 주민등록번호 | 비 고 |
|---|---|---|---|
|  |  |  |  |
|  |  |  |  |
|  |  |  |  |
|  |  |  |  |
|  |  |  |  |

### 3. 서류를 송달받을 장소

「국세기본법」 제9조 및 동법 시행령 제5조에 따라 사업장 이외의 다음 장소에서 서류를 송달받고자 합니다.

<table>
<tr><td rowspan="2">송달받을 장소</td><td>□ 주소</td></tr>
<tr><td>□ 전화번호 등 (                              )</td></tr>
<tr><td>사 유</td><td></td></tr>
</table>

## 4. 사업용계좌의 개설과 사용의무

복식부기의무자에 해당하는 병의원사업자는 사업과 관련하여 재화 또는 용역을 공급받거나 공급하는 거래의 경우 다음의 어느 하나에 해당하는 때에는 사업용계좌를 사용하여야 한다.

기타의 거래에 대하여는 사업용계좌외 거래명세서를 작성 및 보관하여야 한다. 단, 신용카드, 현금영수증, 3만원 이하 거래분 제외한다.

① 거래의 대금을 금융기관을 통하여 결제하거나 결제 받는 때.

② 인건비 및 임차료를 지급하거나 지급받는 때(신용불량자 등 제외).

사업용계좌는 1개의 계좌를 2 이상의 사업장에 대한 사업용계좌로 신고할 수도 있고, 사업장별로 2개 이상 계좌를 개설할 수도 있다.

복식부기의무자에 해당하는 과세기간의 개시일(사업개시와 동시에 복식부기의무자에 해당되는 경우에는 사업자등록증 교부일)부터 3월 이내에 사업용계좌를 개설하고 해당 사업자의 사업장관할세무서장에게 신고하여야 한다.  사업용계좌를 변경하거나 추가로 개설하는 경우 사업장현황신고기한 내에 이를 신고하여야 한다.

### 사업용계좌 미사용 가산세 (2008년부터 적용)

① 사업용계좌를 사용하지 아니한 때 : 사업용계좌를 사용하지 아니한 금액×0.5%

② 개설 또는 신고하지 아니한 때: 다음 금액 중 큰 금액

　　가. 사업용계좌를 개설 또는 신고하지 아니한 각 과세기간의 총 수입금액×0.5%

나. 사업용계좌를 사용하여야 할 거래금액의 합계액×0.5%

## 5. 부가가치세법상의 사업자의 구분

### 과세사업자

- 일반과세사업자 : 간이과세자를 제외한 기타 과세사업자(영세율적용 사업자도 포함됨)
- 간이과세자 : 직전 1역년의 공급대가가 4,800만원 미만인 개인사업자

### 면세사업자

면세되는 재화 또는 용역을 공급하는 사업자

### 사업자등록번호의 구성

사업자등록번호는 (×××-××-×××××)와 같이 10자리로 구성된다. 번호의 구성내용은 다음과 같다.

- 최초 3자리 : 사업자가 사업자등록을 최초로 신고한 관할 세무서 코드
- 가운데 2자리 : 개인사업자·법인사업자 구분코드

【 개인사업자 】

- 개인과세사업자 : 특정 동 구별 없이 01부터 79까지를 순차적으로 부여
- 개인면세사업자 : 산업 구분 없이 90부터 99까지를 순차적으로 부여

- 소득세법 제1조 제3항에 해당하는 법인이 아닌 종교단체 : 89
- 소득세법 제1조 제3항에 해당하는 자로서 위 항 이외의 자(아파트 관리사무소 등) : 80

## 【법인사업자】

- 영리법인의 본점 … 81, 86, 87
- 비영리법인의 본점 및 지점 … 82
- 국가, 지방자치단체, 지방자치단체조합 … 83
- 외국법인의 본·지점 및 연락사무소 … 84
- 영리법인의 지점 … 85
- 마지막의 앞 4자리 : 일련번호

과세사업자(일반, 간이), 면세사업자, 법인사업자별로 등록 또는 지정일자 순으로 사용가능한 번호를 0001 ~ 9999를 부여한다. 다만, 비영리법인의 본 지점은 등록 또는 지정일자 순으로 0001 ~ 5999로 부여하고, 법인격 없는 사단, 재단, 기타 단체 중 법인으로 보는 단체는 6000 ~ 9999로 부여한다.

- 마지막 1자리 : 검증번호

전산시스템에 의하여 사업자등록번호의 오류 여부를 검증하기 위하여 부여된 특정 숫자이다.

# 제8절 개원준비와 경비지출증빙

## 1. 정규증빙서류의 수취

개원에 필요한 지출을 하고 정규증빙서류를 받은 경우에만 세무상
비용으로 인정받을 수 있다. 다음은 지출금액에 따라 받을 수 있는
증빙이다.

| 구분 | 3만원 초과 지출시<br>(부가세 포함) | 3만원 이하 지출시<br>(부가세 포함) |
|---|---|---|
| 정규증빙<br>서류 | 세금계산서, 계산서, 신용카드영수증 및 현금영수증을 반드시 수취해야 한다. | 세금계산서, 계산서, 신용카드영수증, 현금영수증 뿐만이 아니라 간이세금계산서(간이영수증) 및 기타 영수증들도 가능 |
| 미수취시<br>제재 | 정규증빙 미수취 금액의 2%<br>가산세 | 없음 |

## 2. 임대차계약서 이중 작성 시 유의사항

임대인의 사업자유형에 따라서 다음의 정규증빙수취여부가 가능한

지 먼저 고려해야 한다.

| 구 분 | 임대료 | |
|---|---|---|
| | 일반과세자 임대인 | 간이과세자 임대인 |
| 정규증빙서류 | 세금계산서 | 온라인 송금하고 송금영수증을 보관 |
| 미수취시 제재 | 임차료를 비용계상시 임차료의 2%를 가산세로 부과 | |

※ 임대차계약시 임대인이 이중계약서 작성을 요구하는 경우 위의 정규증빙 수취여부와 해당 금액 등을 고려해야 한다.

## 3. 세금계산서 수취 시 유의사항

- 인테리어공사나 의료장비를 구매했을 경우 세금계산서를 요구하는 경우에 일반사업자들은 공사대금의 10%에 상당하는 부가가치세를 추가로 요구하는 것이 일반적이다.
- 이러한 부가가치세를 부담하지 않으면서 비용으로 인정받기 위해서는 개원의 명의의 신용카드로 대금을 결제하거나 현금으로 결제시에는 다음의 증빙서류들을 갖추고 있으면 된다.

> 1. 공사계약서나 구매계약서 및 견적서 등
> 2. 공사업체 담당자 명함이나 성명, 연락처 등
> 3. 대금결제에 대한 증빙으로 반드시 금융기관을 통한 송금거래 후 송금영수증 및 계좌이체영수증

- 단, 부가가치세를 부담하지 않기 위해 세금계산서를 받지 않는 경우 다음과 같은 불이익이 있을 수 있다.

1. 세금계산서를 받지 않은 금액의 2%의 가산세가 있다.
2. 세금계산서 없이 가산세를 부담한다면 세무조사대상 선정에 영향을 줄 수 있다.
3. 세무서로부터 세금계산서를 받지 않은 인테리어공사에 대한 소명안내문을 받을 수 있다.
4. 고액의 경우 세무조사시 입증하기가 용이하지 않을 수 있다.

# 제3장
# 개인병의원의 경비지출증빙

# 제1절 개인병의원의 장부작성

## 1. 장부의 종류

모든 사업자는 사업규모에 따라 복식부기장부 또는 간편장부를 비치 및 기장하여야 하고, 이를 이행하지 않으면 여러가지 불이익을 받게 된다.

개인병의원 장부기장

| 구 분 | 직전연도수입금액 |
|---|---|
| 복식부기의무자 | 7천 5백만원 이상 |
| 간편장부대상자 | 7천 5백만원 미만 |

### 복식부기의무자

복식부기의무자란 간편장부대상자를 제외한 모든 사업자를 말한다. 복식부기의무자는 사업의 재산상태와 손익거래 내용의 변동을 빠짐없이 이중으로 기록한 장부를 기록 및 보관하고 이를 기초로 작성된 대차대조표, 손익계산서 등을 신고서와 함께 제출하여야 한다.

**간편장부대상자**

개인병의원의 경우 당해연도에 신규로 사업을 시작하였거나, 직전년도 총진료수입이 7,500만원 미만이면 간편장부로 기장할 수 있다. 간편장부란 수입과 지출 등을 단순하게 기록한 장부를 말한다.

## 2. 장부를 작성하는 경우

장부를 기장하는 경우 결손, 즉 적자가 난 경우 그 사실을 인정받을 수 있다. 그 결손액만큼 다음 해 이후에 발생한 이익에서 공제 받을 수 있다(최대 5년간 이월공제).

> ✓ 간편장부대상자가 기장을 할 경우의 혜택
>
> - 세액의 10%상당액을 연간 100만원 한도로 공제해 준다.
> - 특별한 사유가 없는 한 2년간 세무조사가 면제된다.
> - 기장의 오류나 미비점이 있더라도 장부대로 인정한다.

## 3. 장부를 작성하지 않는 경우

| 복식부기의무자 | 간편장부대상자 |
|---|---|
| 세액의 20% 또는 수입금액의 0.07%에 해당하는 신고불성실가산세를 부담해야 한다. | - 세액의 10%를 공제받지 못한다.<br>- 무기장가산세(세액의 20%)를 부담해야 한다(신규사업자와 수입금액이 4,800만원 미만인 사업자는 제외). |
| 결손이 나더라도 그 사실을 인정하지 않아 다음해의 이익에서 공제 받을 수 없다. | |

## 4. 경비 등 계정과목의 분류

### 대차대조표 계정과목 1

| 계정과목 | 내　　　용 |
|---|---|
| 현금 및 현금등가물 | 현금 : 통화, 수표, 우편환 증서 등<br>현금등가물 : 예금, 당좌예금, 유가증권 등<br>※ 연말 결산때가 아니면 가급적 현금, 예금, 당좌예금, 유가증권 등으로 풀어서 기장하여야 관리가 용이함 |
| 외상매출금 | 제품, 상품 등의 판매대가 |
| 받을어음 | 일반적 상거래에서 발생한 어음상의 채권 |
| 미수금 | 당해 년도에 진료 후 공단에 청구하였으나, 12월 31일 현재 병원통장에 미입금된 공단청구금액 |
| 미수수익 | 수익이 발생하였으나 아직 대금을 못 받은 경우(미수이자, 미수임대료 등) |
| 의약품 | 재고자산으로 당해 구입한 의약품 중 12월 31일 현재 미사용분 |
| 선급금 | 의약품 및 의료기구 등의 구입대금으로 미리 지급하는 금액 |
| 선납세금 | 미리 낸 세금으로 공단 원천징수(3.3%) 금액과 중간예납세액 등 |
| 가지급금 | 금전이 지출되었으나 계정과목이 미 확정적인 것 (업무와 직접 관계없는 지출일 경우 인정이자계산) |
| 전신전화가입권 | 전화, 카폰, 핸드폰가입시 지급한 금액 가입보증금 |
| 임차보증금 | 병의원 건물을 임차했을 경우 전세나 월세의 보증금액 |
| 토지, 건물 | 병의원 건물을 매입하거나 신축했을 경우 영업용 자산으로서 등록세, 취득세, 중개수수료 부대비용과 자본적 지출금액을 포함함 |
| 구축물 | 병의원 건물이외의 기계식 주차시설 등 토목설비 공작물 |
| 의료기기 | 병의원에 설치되어 있는 고정된 의료장비 |

## 대차대조표 계정과목 2

| 계정과목 | 내 용 |
|---|---|
| 차량운반구 | 육상운반구로서 엠뷸런스, 원장님 소유 자동차 등 |
| 공구와기구 | 내용연수가 1년 이상이고 단가가 100만원 이상인 것 |
| 집기비품 | 주로 사무용품, 컴퓨터, 팩스, 전화기, 책상 기타 |
| 외상매입금 | 영업의 주목적으로 구입하는 원재료, 부재료, 상품의 대금중 미지급액 |
| 지급어음 | 일반적 상거래에서 발생한 어음상의 채무 |
| 단기차입금 | 1년이내 만기 도래하는 채무 |
| 미지급금 | 일반적 상거래이외에서 발생하는 채무, 집기비품, 기계장치 등 구입대가 (외상매입금, 미지급비용과 구분할 것) 차량할부금, 고정자산구입비 등 |
| 미지급비용 | 비용으로 미지급된 것 (미지급이자, 미지급임대료 등) |
| 가수금 | 계정과목이 명확치 않은 현금 차입 (차후 적합한 계정대체) |
| 예수금 | 의료보험 및 국민연금 근로자 본인부담분, 갑근세 예수액, 원천 징수세액 등 |
| 장기차입금 | 1년이상 후에 만기 도래하는 채무 등 |

# 손익계산서 계정과목 1

| 계정과목 | 내 용 |
|---|---|
| 인건비 | 종업원의 급여, 상여금 등 |
| 잡급 | 임시적 급여, 일용근로자 급여, 아르바이트 일당 등(주민등록증사본 및 급여 수령확인) |
| 복리후생비 | 일·숙직비, 직원식대 및 차대, 직원야유회 비용, 직원 회식대, 임직원 경조비, 임직원 피복비, 의료보험 회사 부담분 등 |
| 여비교통비 | 시내교통비, 출장여비, 해외출장비, 시외교통비 등 |
| 통신비 | 전화료 및 전신료, 우편료, 정보통신료, 팩스밀리사용료  등 |
| 수도광열비 | 상하수도요금, 도시가스대금, 가스대금, 난방용 유류대 (용접에 사용되는 산소 및 가스는 가스수도비로 처리) |
| 접대비 | 거래처선물대금, 거래처경조사비, 거래처 접대비(신용카드 사용 접대비 중 50만원이상에 대해서는 접대상대방의 인적사항 등을 기록하여야 함.) |
| 세금과공과 | 자동차세, 사업소세, 인지대, 적십자회비, 국민연금 회사 부담분, 협회 및 조합비, 균등할주민세 (취득세, 등록세는 취득건물의 원가에 포함하고 법인세, 소득세, 주민세는 포함하지 아니함) |
| 지급임차료 | 병의원 월임차료, 원장님 차량 리스료, 복사기임차료, 기타 임차료 |
| 수선비 | 건물수선비, 기계수선비, 공기구수선비, 비품수선비, 유지보수료(금액이 100만원 이상인 것은 자본적 지출임) |
| 보험료 | 산재보험료, 자동차보험료, 보증보험료, 책임보험료(의료보험은 해당하지 않음) |
| 차량유지비 | 유류대, 차량수리비, 주차료, 안전협회비, 검사비, 통행료 등 자가운전보조금(월20만원까지는 근로소득으로 보지 않는 비과세임) |
| 경상연구개발비 | 외주연구개발비, 시험재료비, 연구원식대, 연구원급여 |
| 교육훈련비 | 강사초청료, 연수원임차료, 학원연수비, 위탁교육훈련비 |
| 도서인쇄비 | 신문구독료, 도서대금, 인쇄대금, 사진현상대금, 복사대금, 명함인쇄대금 |

## 손익계산서 계정과목 2

| 계정과목 | 내　　용 |
| --- | --- |
| 포장비 | 외주포장비, 박스·포리백 등 포장 재료 구입 대금 |
| 사무용품비 | 장부서식대금, 문구대금 등 |
| 소모품비 | 소모자재대, 기타 소모품비(주로 100만원 미만인 것) |
| 지급수수료 | 세무수수료, 법무사수수료, 특허권사용료, 기술로열티 |
| 보관료 | 창고료, 보관수수료, 보관부대비용 |
| 광고선전비 | TV,신문,인터넷 광고료, 광고물제작비, 카렌다인쇄비, 광고물 배포비, 간판제작비 |
| 기부금 | 불우이웃돕기성금, 장학재단기부금, 수재의연금, 종교단체기부금, 정치기부금 |
| 잡비 | 오물수거료, TV시청료, 방범비, 기타 발생이 빈번하지 않은 비용 |
| 이자비용 | 대출금이자, 연체이자, 사채이자 |
| 의약품비 | 주사약, 마취약, 일반약품 등 치료용 의약품 |
| 의료소모품비 | 검사, 방사선, 치과, 수술재료 등 진료재료와 주사기, 붕대, 가제, 반창고, 환자복 등 소모품 |
| 잡손실 | 교통범칙금, 교통사고배상금, 계약위반배상금, 의료사고 손해배상금, 가산세 |
| 고정자산 처분이익손실 | 토지, 건물, 차량운반구, 기계장치 등 처분시 처분가액과 장부가액의 차액 |
| 수입임대료 | 건물임대료, 주차장 수입 등 |
| 잡이익 | 금액적으로 중요성이 없는 영업외수익으로 일시적 소액인 것 |

# 제2절 정규증빙서류

## 1. 정규증빙서류

법인 또는 개인 사업자가 사업과 관련하여 사업자로부터 재화 또는 용역을 공급받고 그 대가를 지출하는 경우에는 다음에서 규정하는 것 중에서 하나를 증빙서류로 수취하여야 한다(이하 "정규증빙"이라 한다).

☐ 세금계산서(부가세법제16조)

☐ 계산서(법인세법제121조, 소득세법제163조)

☐ 신용카드매출전표(여신전문금융업법)

☐ 현금영수증(조세특례제한법)

### 정규증빙의 수취구분

| 3만원 초과 지출 | 3만원 이하 지출 |
|---|---|
| • 세금계산서<br>• 계산서<br>• 신용카드매출전표<br>• 현금영수증 | 좌동＋간이영수증(간이세금계산서) |

## 2. 정규증빙 미수취시 제재사항

| 3만원 초과 | 3만·원 이하 | 비　　고 |
|---|---|---|
| 증빙불비가산세<br>(미수취금액의 2%) | 가산세 없음 | 3만원 초과 지출시 간이영수증을 받으면 가산세 적용(개인, 법인 모두) |
| • 영수증수취명세서 미제출가산세<br>　: 미제출금액의 1%<br><br>• 제출대상 :<br>　복식부기의무자에 해당하는 개인사업자로서 거래건당 금액이 3만원 초과이고 증빙불비가산세 적용대상자 | | 개인에게만 적용함 |

* 2009.2.4 개정

# 제3절 병의원경영과 지출증빙서류

## 1. 병의원개원과 증빙서류

개원 준비과정에서 의료기기 구입비용, 인테리어비용 등 거액의 자금투자가 발생한다. 이러한 지출은 병의원의 사업소득세를 계산하는 과정에서 지출증빙서류를 수취 및 보관한 경우에 모두 필요경비로 인정받아 세금을 절감할 수 있다.

그러나 많은 병의원 원장은 물론이고 경리담당자들까지 어떻게 증빙서류를 수취하여 필요경비로 인정받을 수 있으며, 증빙서류를 수취하지 않은 경우에 세무 상의 불이익은 없는지 등에 대하여 매우 혼란스러워하는 것이 사실이다.

병의원 개원 시 준비서류 및 갖추어야 할 증빙서류는 다음과 같다.

## 병의원 개원시 준비서류

| 구분 | 서류종류 | 비고 |
|---|---|---|
| 병의원<br>개원시 | ■ 사업자등록증 사본<br>■ 임대차계약서 사본<br>■ 금융기관 대출시에 관련 내역서<br>■ 자동차등록증 사본<br>■ 기타 | 준비서류<br>및<br>증빙서류 |

## 사업장·시설·사무용품 등 소요경비에 대한 증빙

| 구 분 | 내 용 |
|---|---|
| 임대차<br>계약서 | • 보증금은 회사의 자산임<br>• 매월 임차료 지급 시 세금계산서를 수취<br>• 세금계산서를 받을 수 없는 경우에는 건물주 명의 통장으로 송금명세서 첨부 |
| 인테리어<br>비용 | • 시설 장치로 자산임<br>• 지급된 비용에 대하여 세금계산서 수취<br>• 부가세를 요구하는 경우 부가세를 지급하고 세금계산서를 받아야 경비인정 |
| 컴퓨터 및<br>사무집기의<br>구입 | • 세금계산서를 수취하거나 대표자의 신용카드로 구입한 경우에만 지출에 대한 정규증빙으로 인정<br>• 1만 원 초과되는 지출을 하고 세금계산서, 계산서, 신용카드 영수증을 수취하지 않은 경우 수취하지 않은 금액의 2% 상당액 가산세 부과 |
| 기타 소액<br>사무용품의<br>구입 | • 1만 원 이하의 금액을 지불하는 사무용품비는 간이영수증으로도 증빙 가능<br>• 세금계산서 및 신용카드로 결제 가능<br>• 구입가격이 부가세 포함금액이므로 추가로 10% 지불없이 세금계산서 수취 |

## 2. 진료수입과 증빙서류

| 소득세계산<br>항      목 | 세무신고에 필요한 지출증빙서류 | 준비 및 제출<br>시          기 |
|---|---|---|
| 진료수입 | 1. 진료분 의료보험 및 보호 EDI 청구 내역서<br>2. 진료분 보험(산재보험, 자동차보험 포함)<br>   청구 내역서<br>3. 진료분에 대한 신용카드 매출 내역서<br>4. 제약회사 등의 판매장려금<br>5. 병의원외 기타수입에 대한 "근로소득 원천<br>   징수영수증", "사업소득 원천징수영수증",<br>   "기타소득 원천징수영수증" | 매월<br>매월<br><br>매월<br>다음해 초<br>연말 또는 수시 |

## 3. 의약품매입과 지출증빙서류

| 소득세계산<br>항      목 | 세무신고에 필요한 지출증빙서류 | 준비 및 제출<br>시          기 |
|---|---|---|
| 약품 매입 | 해당 의약품에 대한 세금계산서 | 매월 |

## 4. 인건비와 지출증빙서류

| 소득세계산<br>항      목 | 세무신고에 필요한 지출증빙서류 | 준비 및 제출<br>시          기 |
|---|---|---|
| 인 건 비 | 1. 봉직의, 간호사, 근무직원에 대한 주민등<br>   록등본<br>2. 급여대장<br>3. 원천징수영수증<br>4. 원천징수이행상황신고서<br>5. 일용근로소득지급조서 | 채용시<br><br>매월<br>매월<br>매월<br>분기별 |

**원천징수영수증의 종류**

- 근로소득 원천징수영수증
- 퇴직소득 원천징수영수증
- 기타소득 원천징수영수증(상금, 저술료, 강연료 등과 일시적 성질의 급여)
- 사업소득 원천징수영수증(인적용역소득)

## 5. 임차료지급과 지출증빙서류

| 소득세계산<br>항      목 | 세무신고예 필요한 지출증빙서류 | 준비 및 제출<br>시        기 |
| --- | --- | --- |
| 임 차 료 | 1. 임차료 세금계산서<br>2. 임차료 송금내역서(세금계산서가 없을 경우) | 매월<br>매월 |

## 6. 기타경비 등 지출증빙서류

| 소득세계산<br>항      목 | 세무신고에 필요한 지출증빙서류 | 준비 및 제출<br>시        기 |
| --- | --- | --- |
| 기타<br>경비 | 1. 세금계산서~경비 지출하고 수취 시<br>① 인테리어, 의료기기, 가구, 전자제품 등의 비품 구입 시<br>② 각종 비용을 지출하고 세금계산서 수취시<br><br>2. 계산서~식료품 외 부가가치세가 면제되는 물품 구입 시 | 매월<br><br><br>매월 |

| 소득세계산<br>항      목 | 세무신고에 필요한 지출증빙서류 | 준비 및 제출<br>시      기 |
|---|---|---|
| 기타<br>경비 | 3. 신용카드 영수증 또는 월별 신용카드사용내역서<br>　① 3만원 초과 지출시<br>　② 병의원 명의 기업카드 및 개원의 명의의 신용카드<br>　③ 접대비는 1만원 초과 지출시 | 매월 |
|  | 4. 간이영수증(간이세금계산서) 1만원 이하 지출시 | 매월 |
|  | 5. 금융기관 대출시 에는 이자비용 지급 내역서 | 매월 |
|  | 6. 기타 금융기관 송금내역서, 지출결의서 및 위의 증빙 외에 경비지출이 객관적으로 확인되는 서류 | 매월 |

# 7. 접대비의 지출증빙

| 구분 | 13만원 초과<br>접대비 | 3만원 이하<br>접대비 | 비고 |
|---|---|---|---|
| 정규증빙 | • 신용카드영수증<br>• 세금계산서<br>• 계산서 | 좌동+간이영수증<br>(간이세금계산서) |  |
| 직원명의<br>신용카드<br>사      용 | 접대비 지출 인정 안됨.<br>단, 개인병의원에 한하여 인정 됨 | 인정됨 | 임직원명의로<br>신용카드소득<br>공제 안됨 |
| 제재사항 | • 정규증빙 미수취시 접대비인정 안됨<br>• 위장가맹점 명의의 신용카드 사용액은 접대비 인정 안됨~지출시에 신용카드발행 업소의 명의 일치여부를 확인 해야 함. |  |  |
| 접  대  비<br>한  도  액 | 1,200만원(중소기업 1,800만원) +연 매출액의 0.2% |  |  |

# 제4절 경비지출시 유의사항

## 1. 병의원의 필요경비 인정요건

병의원의 사업소득 계산시 재화나 서비스를 구입하면서 지출된 금액을 필요경비로 인정받기 위해서는 다음의 요건들이 갖춰져야 한다.

### 병의원 관련비용

비용의 지출은 반드시 병의원의 개원 및 운영과 관련되어야 한다. 즉, 병의원 사업을 영위하기 위하여 지출한 비용이어야 한다는 것이다.

예를 들어 병원에 비치할 TV를 구입한 경우에는 사업과 관련하여 구입한 재화이므로 당연히 비용으로 인정된다. 반면 집에서 사용할 TV를 구입한 경우에는 개인 가사와 관련된 지출이므로 병의원의 비용으로는 인정되지 않는 것이다.

### 거래사실증명 증빙서류

거래금액이 3만원을 초과하는 경우에 반드시 정규증빙(세금계산서, 계산서, 신용카드매출전표, 현금영수증)을 수취하여야 한다. 그렇지 아니한 경우에는 가산세가 부과된다. 단, 거래금액이 3만원 이하인 경우에는 비정규영수증(영수증((전)간이영수증 등))을 수취하여도 가산세가 부과되지 않으며, 경비의 인정이 가능하다.

## 2. 증빙서류의 보관의무

업무와 관련된 거래임은 과세당국이 입증하는 것이 아니고, 납세자 본인이 입증해야 하는 것이다. 따라서 수취한 증빙서류를 비치·보관하여야 한다.

### 보관의무

소득세신고 시 회계원칙에 따라 거래내용을 요약·정리하여 신고하게 된다. 신고 당시에는 실제 거래임을 세무당국은 확인 할 수 없지만, 이후 세무조사 시 이러한 증빙들을 제출 받아 실제거래 여부를 확인하게 된다. 따라서 증빙서류들은 받아서 잘 비치·보관해 두어야 하는 것이다.

### 보관기간

과세당국은 사업자에게 사기 기타 부정한 행위가 있거나 무신고의 경우를 제외하고는 5년이 지난 후에는 세금을 부과 할 수 없다. 즉 소득세신고를 한 후 5년이 지난 시점에서는 5년 전의 소득세에 대해서 세무조사를 할 수 없다는 것이다. 이러한 이유로 세법은 납세자의 증빙서류의 비치·보관기간을 5년으로 규정하고 있다.

# 제4장
# 병의원 수입과 비용의 세무회계

# 제1절 수입금액과 세무

## 병의원 사업소득금액의 산출구조

| | |
|---|---|
| **총수입금액<br>(진료수입)** | '보험수입 + 비보험수입 + 기타의  수입'의<br>총수입금액의 산정문제 |
| (-) | |
| 의약품 등 원가 | 의약품의 원가 산정 문제 |
| (-) | |
| **판매비와 관리비** · 인건비와 4대보험 | 직원의 고용문제, 고용계약의 체결, 인건비의 지급, 4대보험의 처리 |
| **판매비와 관리비** · 임대료, 지급이자 / 기타 제비용 | 각종 경비지출에 따르는 정규지출증빙의 수취문제 |
| (=) | |
| 순이익 | 올바르고 적절한 순이익의 산정에 따른 절세 대비 |

## 1. 수입금액과 세무신고

> 진료수입   '보험수입+비보험수입+기타의 수입'의 총수입금액의 산정문제

수입금액을 실제보다 낮추어서 신고하게 되면 이에 따른 이익금액이 줄어들게 되어 종합소득세의 납부세액은 줄일 수 있지만 수입금액 누락으로 인한 납부세액 과소는 추후 세무조사 등을 받을 위험성이 커지고, 세무조사시에 수입금액의 역산과 가산세의 부과 등으로 당초보다 오히려 과다한 세액을 추징 할 수 있다.

또한 사회적 비난의 대상이 될 수도 있음으로 수입금액을 누락하는 방법은 바람직하지 않은 것으로 판단되며, 병의원 경영상의 절세대책은 수입금액을 누락시키는 것이 아니라 수입금액은 올바르고 합리적인 수준으로 신고를 하고, 이에 대한 경비 계상과 소득공제·세액공제 등의 방법을 적절히 활용하여 합법적인 절세방법을 찾는 것이 바람직하다. 병의원의 수입금액산정과 세무신고 등에 대하여 살펴보자.

## 2. 수입금액의 종류

병의원의 사업소득세는 총 진료수입에서 병의원 경영에 필요한 경비를 공제한 순이익상당액에 대하여 과세하게 된다.

### 총수입금액

총수입금액이라 함은 세무상의 용어로서 의료업에서는 "총 진료수입"을 말한다. 이는 병의원 사업자가 병의원 경영과 직접 관련하여

벌어들인 보험수입과 비보험수입을 포함한 모든 수입액을 말한다.

### 병의원의 경영외수입

병의원의 경영외수입으로는 다음과 같은 것이 있을 수 있다.

① 이자소득 등

병의원 경영상의 수입을 금융기관 등에 예치하여 수령하는 이자소득 등은 병의원의 총수입금액에 포함하지 않고 병원장 개인의 이자소득 등으로 분류하여 별도로 과세한다.

② 부동산임대소득 등

병의원 사업장의 일부를 임대하는 경우, 병의원의 사업수입이 아닌 별도의 부동산임대소득으로 분류하여 과세한다.

## 3. 총수입금액의 계산

세무신고의 목적에 따라 (보험수입) + (비보험수입) + (기타수입)으로 분류

### 보험수입

보험수입은 환자들로부터 본인부담금(진료비의 일부 또는 면제)을 받고 나머지 진료비를 보험자(보험기관, 건강보험공단 또는 일반 보험회사)가 지급하는 진료수입을 말한다.

따라서 보험수입에 대한 병의원과 환자, 그리고 보험자와의 관계는 다음과 같다.

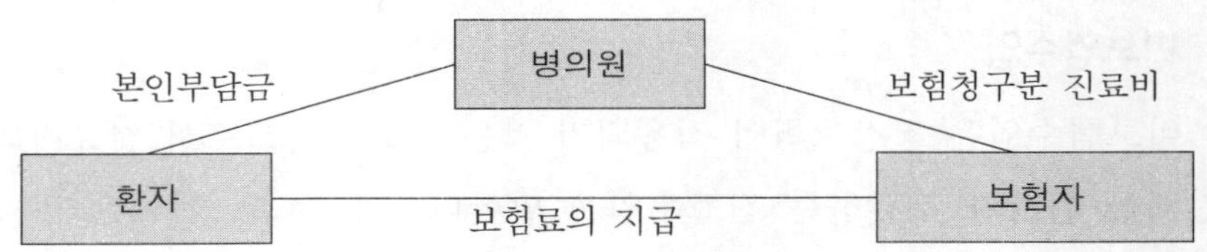


보험자(보험기관, 건강보험공단 또는 일반 보험회사)는 진료비를 병의원에 지급하는 경우, 지급액의 3.3%를 원천징수하여 세무서에 신고·납부하게 된다. 이는 병의원의 기납부세액으로서 소득세신고 시 반드시 반영(기납부세액공제)하여야 한다.

이러한 보험수입은 그 내역이 6개월 단위로 세무서에 자동으로 집계된다.

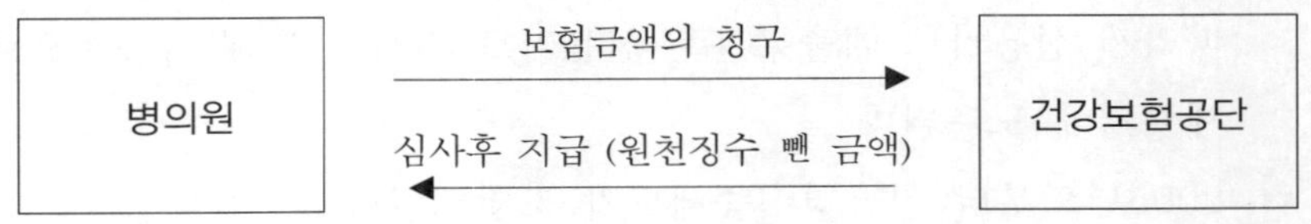


보험수입의 구분은 진료비를 지급하는 주체에 따라서 다음과 같이 분류한다.

### 보험수입 진료비 구분

| 구 분 | 보 험 자 |
| --- | --- |
| 의료보험 | 국민건강보험공단 |
| 의료보호 | 지방자치단체 |
| 산재보험 | 근로복지공단 |
| 자·보 및 상해보험 | 보험기관, 공제조합 등(택시, 버스) |

## 비보험수입

비보험수입은 건강보험이 적용되지 않는 진료수입으로서 진료비의 전액을 환자가 부담하는 진료수입을 말한다.

이는 병의원과 환자와의 양자관계가 성립한다.

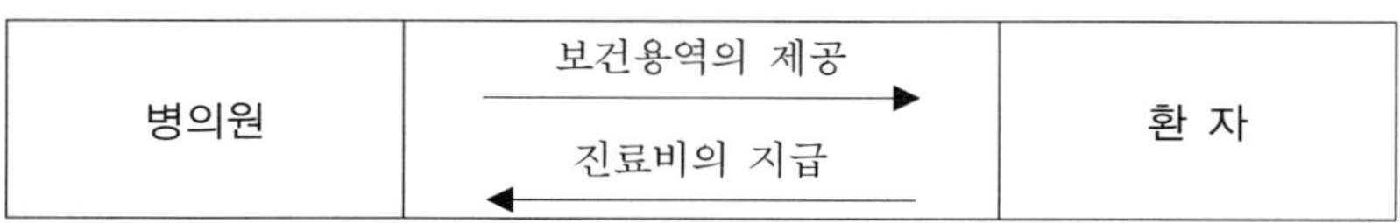


- 비보험수입은 세무서에 직접적으로 노출되지 않는 수입이므로 세무서에서 그 내역을 확인하기가 어렵다.
- 최근에는 환자들이 주로 신용카드로서 진료비를 지급하고 있다. 따라서 신용카드 매출부분은 신용카드 회사를 통해 자동적으로 세무서에 노출된다.
- 2005년도부터 현금영수증제도가 도입되었다.

  환자들이 비보험진료를 받고 현금으로 지출한 후 현금영수증을 요구하면 병원에서는 이를 교부해야 하므로 이 부분에 대한 진료수입은 모두 노출되게 된다.

### 세무조사시 비보험 수입에 대한 산정

환자가 현금으로 결제한 경우에는 세무서에서 자동으로 정확한 금액을 알 수는 없지만 세무조사를 하게 되면 전자차트, 진료기록부, 수입통장 등을 통하여 수입금액을 역추적 할 수 있다.

## 기타의 수입

- 직접적인 진료에 대한 대가로 얻은 수입이 아니라 환자를 진료
  및 치료하는 데 있어 필수적으로 제공되는 서비스에 대한 대가
  로 얻은 수입
  (예) 입원 환자에 대한 식사 제공

## 4. 수입금액의 귀속시기

진료수입은 언제 시점에서 병의원 매출로 잡아야 하는가?
- 보험수입의 경우에는 진료시점과 보험금의 청구시점 그리고 보
  험금을 수령한 시점 중 언제를 매출시점으로 잡아야 하는지 혼
  동될 수 있다.
- 일반적으로 현금을 수령한 시점을 매출시점으로 볼 것 같으나
  세법에서는 "의료용역을 제공한 시점"을 기준으로 매출을 잡
  도록 하고 있다.
- 다만, 의료용역의 제공을 완료하기 전에 그 대가를 미리 받기로
  한 때에는 그 받은 시점에 매출을 계상해야 한다.

참고

**1. 외래환자 vs 입원환자**

- 외래환자의 진료?
  진료시 그 대가를 수납하게 되므로 진료완료시점에 수입을 계상
- 입원환자의 경우?
  퇴원시점이 의료용역의 제공을 완료한 시점이므로 퇴원시점에 수입을 계상
  다만 입원 중 환자에게 진료비 일부를 청구한 경우~청구 시점에 일부 진료비

를 수입으로 계상

## 2. 12월 진료⇒1월 보험금 청구⇒2월 보험금 수령한 경우

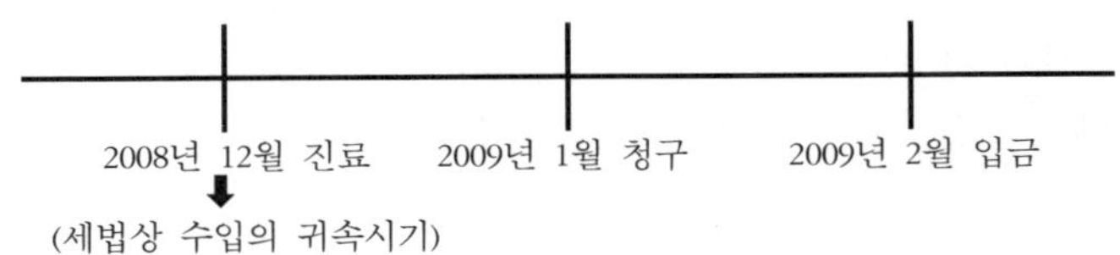



- 비보험수입 & 보험수입 중 환자의 본인부담금
  진료시에 바로 수령하므로 진료시점을 수입시기로 함
- 보험수입중 청구부분
  - 보험공단과 보험회사 등의 보험자가 심사를 거쳐 진료비 지급을 결정하므로
  - 진료시점에서 정확한 수입금액을 결정할 수는 없다.
- 보험수입금액 산정의 순서
  - 진료완료일에 청구액 기준으로 수입을 계상함
  - 추후에 심사를 거쳐 입금액이 확정되면,
  - 미리 산정해 두었던 수입금액과 결정된 정확한 수입금액을 조정함

## 3. 총수입금액의 산정 (2006년 귀속 총수입금액은?)

진명의원의 비보험수입은 5천만 원이고 보험수입중 본인부담금은 6천만 원이다.
보험수입 중 건강보험공단의 보험청구분에 대한 입금내역은 다음과 같다.

단위 : 만원

| 진료시기 | 청구시기 | 청구금액 | 지급시기 | 지급<br>결정금액 | 원천세액<br>(3.3%) | 차감<br>지급액 |
|---|---|---|---|---|---|---|
| 2007.12 | 2008. 1 | 6,000 | 2008. 3 | 5,400 | 178 | 5,222 |
| 2008. 3 | 2008. 4 | 5,000 | 2008. 6 | 5,000 | 165 | 4,835 |
| 2008. 6 | 2008. 8 | 10,000 | 2008.10 | 9,800 | 323 | 9,477 |
| 2008. 9 | 2008.11 | 9,000 | 2008.12 | 8,500 | 280 | 8,220 |
| 2008.12 | 2009. 2 | 8,500 | 2009. 3 | 8,000 | 264 | 7,736 |
| 계 |  | 38,500 |  | 36,700 | 1,210 | 35,490 |

① 보험수입금액 = 본인부담금(6천만원)+2006년도 진료분의 지급결정액
　　　　　　　 = 6천만원+3억 1,300만원 = 3억 7,300만원
② 총수입금액 = 보험수입금액+비보험수입금액
　　　　　　 = 3억 7,300만원+5,000만원 = 4억 2,300만원
따라서 총수입금액은 4억 2,300만원이 되며, 국민건강보험공단에서 원천징수
한 금액(1,032만원)을 종합소득세 신고시 납부할 세액에서 기납부세액으로
차감하여 나머지 부분만 납부를 하게 된다.

## 5. 수입금액의 산정 시 고려사항

진료수입에는 포함되지 않으나 회계장부상에 영업외 수익 등으로
계상하거나, 수입금액 등에서 조정하여야 하는 항목은 다음과 같다.

① 제약회사 등의 판매장려금

제약회사 등으로부터 받은 판매장려금 등은 이 금액을 받은 연도
의 총수입금액에 포함시켜야 한다.

② 의료장비, 시설장치 등을 처분한 이익은 수입금액에서 제외

- 병의원에서 의료장비나 집기 비품 등의 시설장비를 사용하다가
  다른 병의원에 양도하는 경우
- 장부상의 금액보다 처분금액이 크다면 처분에 따른 이익이 발
  생하게 되는데 이 이익은 병의원의 운영에 따른 이익에는 해당
  되지 않는다.
- 마찬가지로 처분손실이 발생하면 이 손실 역시 병의원의 손실
  에 해당되지 않게 된다.

③ 사업과 관련한 자산수증이익과 채무면제이익은 이익에 포함

- 사업과 관련하여 자산을 무상으로 양수하거나 채무를 탕감받은

경우에는 이것은 세무상 이익으로 계상된다.
- 사업과 관련되지 않는다면 이는 증여세의 과세문제가 발생하는 것이나 사업과 관련된다면 이는 사업소득의 구성으로서 소득세가 과세 되는 것이다.

# 제2절 의약품 등 진료원가와 세무

병의원 사업소득금액의 산출구조

| 총수입금액<br>(진료수입) | '보험수입 + 비보험수입 + 기타의 수입'의<br>총수입금액의 산정문제 |
|---|---|

(-)

| 의약품 등 원가 | 의약품의 원가 산정 문제 |
|---|---|

(-)

| 판매비와<br>관리비 | 인건비와<br>4대보험 | 직원의 고용문제, 고용계약의 체결, 인건비<br>의 지급, 4대보험의 처리 |
|---|---|---|
| | 임대료,<br>지급이자 | 각종 경비지출에 따르는 정규지출증빙의<br>수취문제 |
| | 기타 제비용 | |

(=)

| 순이익 | 올바르고 적절한 순이익의 산정에 따른 절<br>세 대비 |
|---|---|

## 1. 의약품과 세무

| 의약품 등 원가 | 의약품의 원가산정 문제 |
| --- | --- |

의약분업 전에는 병의원에서 의약품을 직접적으로 처리해 왔기 때문에 병의원의 진료수입원가와 재고금액의 조정과 그에 대한 관리로서 종합소득세를 적절히 조절할 수 있었으나 의약분업 이후에는 상대적으로 의약품의 매입이 한정되어 있고 총수입금액에서 차지하는 의약품의 비율이 상대적으로 종전보다 미미한 실정이다.

의약품 등 원가는 다른 경비들 보다 금액이 크지 않은 관계로 상대적으로 중요성이 떨어질 수도 있으나 소득세를 줄이려는 의도로 다른 병의원의 평균적인 의약품 원가비율보다 약품을 과다하게 계상하면 가공자료, 비보험 매출 누락 등 세무당국의 의심을 살 수 있는 위험이 있다.

의약품 등 원가의 계상은 동종업종의 평균비율만큼 적절히 계상하는 것이 중요하며, 이에 대해서는 전문가의 구체적인 자문을 받는 것이 바람직하다.

## 2. 의약품의 기장

의약품은 다음과 같이 구분하여 장부에 기록한다.

① 치료용 의약품
- 주사약, 마약, 마취약, 일반약품 등
- 장부상 '의약품비'로 계상
② 의료용 소모품 중 진료재료

- 검사, 방사선, 치과, 수술재료, 혈액 등 기타진료 재료
- 장부상 '의료소모품비' 등으로 계상

③ 의료용 소모품 중 의료소모성재료

- 주사기, 붕대, 가제, 반창고 등의 소모품과 입원환자의 환자복, 침구세트 등
- 장부상 '의료소모품비' 로 계상

④ 급식재료(입원실이 있는 경우)

- 환자급식재료 및 급식용구
- 장부상 '급식비용, 급식재료비' 등으로 계상


## 3. 의약품의 원가산정

> (기초의약품재고+당기의약품 매입액)−기말의약품재고 = 당기의약품원가

① 기초의약품재고액

- 1월 1일 현재의 의약품 재고금액을 말한다.
- 전년도 12월 31일 현재의 재고금액과 일치해야 한다.

② 당기의약품매입액

- 1년동안 제약회사 등으로부터 매입한 의약품의 금액을 말한다.
- 의약품에 대하여 제약회사 등으로부터 1년동안 세금계산서나 계산서를 교부받은 총금액에 해당한다

※ 반드시 세금계산서나 계산서를 받아 두어야 한다.

③ 기말의약품재고액

- 당기 말 12월 31일 현재 의약품 재고금액을 말한다.
- 이는 내년 1월 1일로 그대로 이월되게 된다.

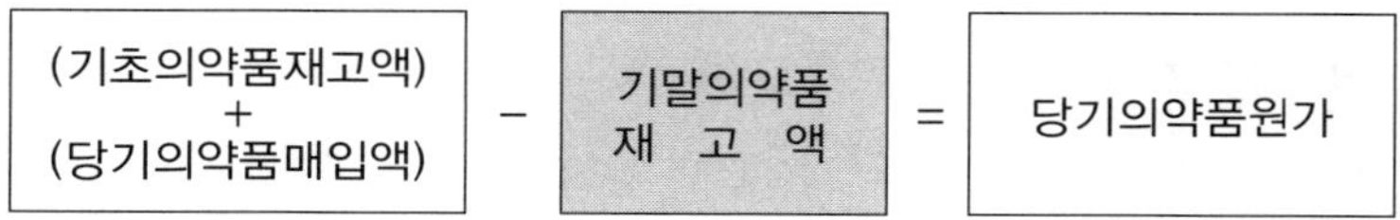



④ 당기의약품원가의 산출

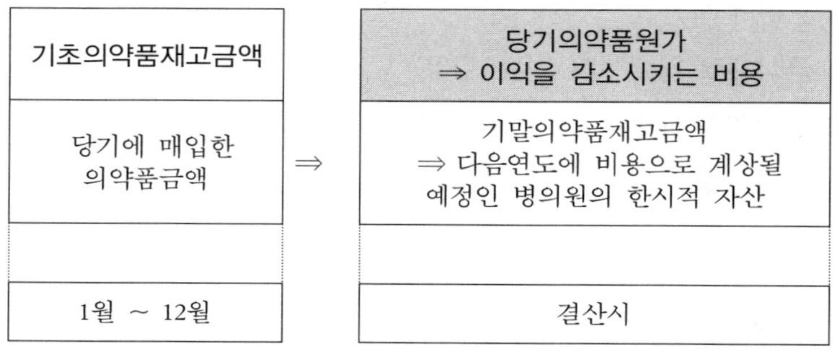



※ 따라서 실제 기말재고 금액을 고려하여 원가를 조절할 수 있고, 이는 최종이익을 산출함에 있어서의 고려사항이 되는 것이다.


## 4. 의약품의 수불관리

의약품은 진료수입에 직접적으로 대응되는 경비이므로 다른 경비와 별도로 각 의약품별로 수불장을 비치작성 관리하는 것이 좋다.

# 제3절 인건비와 세무

병의원 사업소득금액의 산출구조

| 총수입금액<br>(진료수입) | '보험수입＋비보험수입＋기타의　수입'의<br>총수입금액의 산정문제 |
| --- | --- |

(-)

| 의약품 등 원가 | 의약품의 원가 산정 문제 |
| --- | --- |

(-)

| 판매비와<br>관리비 | 인건비와<br>4대보험 | 직원의 고용문제, 고용계약의 체결, 인건<br>비의 지급, 4대보험의 처리 |
| --- | --- | --- |
| | 임대료,<br>지급이자 | 각종 경비지출에 따르는 정규지출증빙의<br>수취문제 |
| | 기타 제비용 | |

(＝)

| 순이익 | 올바르고 적절한 순이익의 산정에 따른<br>절세 대비 |
| --- | --- |

## 1. 병의원의 인건비

| 판매비와 관리비 | 인건비 | 직원의 고용문제, 고용계약의 체결, 인건비의 지급 |
|---|---|---|

　모든 업종은 세무당국에서 기준으로 삼는 총수입금액에 대한 순이익금액이 있다. 이는 병의원의 경우도 마찬가지인데, 일반적으로 병의원 종합소득세를 대비하여 결산을 하다보면 실제 지출한 경비가 세무당국의 표준경비비율 해당 금액보다 부족한 경우가 많다. 경비가 부족하다는 것은 그 만큼 순이익금액이 세무당국의 표준이익보다 높게 되어, 사업자는 결과적으로 평균적인 소득세보다 많은 세금을 내는 결과가 발생할 수도 있다.

　병의원의 경비 지출 상황에 비추어 보면 실제적으로 인건비가 가장 많은 부분을 차지하는 것이 사실이다. 정상적인 인건비 지출금액으로 세무신고를 해주는 것이 소득세의 부담을 줄일 수 있는 길이지만, 인건비의 경비처리는 갑근세의 납부와 4대 보험료의 부담이 있다.

　따라서 지나치게 과다 또는 과소한 인건비 신고를 지양하면서, 합리적인 절세 및 보험료 부담을 도모하는 것이 중요하게 된다. 인건비는 병의원의 사정을 감안하여 전문가의 도움을 받아 처리해야 할 병의원에서 가장 중요한 경비지출항목 중의 하나이다.

## 2. 근로계약의 체결

### 근로계약의 필요성

- 근로계약은 근로자가 사업주에게 근로를 제공하고 이에 대한 대가로 임금을 지급받는 것을 목적으로 하는 계약을 말한다.
- 대개의 경우 추상적이그 애매한 내용, 또는 구두계약으로서 근로계약을 체결하는 경으가 많아서 근로자와의 마찰이 발생하는 경우에는 문서상의 협의사항이 존재하지 않아 분쟁의 소지가 많은 편이다.
- 따라서 병의원의 사업주는 효과적인 직원 관리를 위하여 기본적인 근로규정을 이해하고 분쟁의 소지가 될 만한 부분을 대비할 필요가 있다.

### 근로계약의 체결

- 근로계약이 성립되기 의하여 사업주와 근로자 양자간에 근로계약서를 작성해야 한다. 근로계약서는 2부를 작성하여 사업주가 1부, 근로자가 1부를 브관하도록 한다.
- 일반적으로 구체적인 근무조건(임금, 근무시간 등)은 사업주와 근로자 간의 합의에 의하여 자유롭게 결정하면 된다.
- 우리나라는 근로자의 컵적 지위를 보장해 주기 위하여 최저근무조건을 근로기준법을 통하여 법정하고 있다. 따라서 사업주와 근로자가 체결한 근무조건 등의 내용이 근로기준법에 저촉된다면 그 부분에 한하여 무효가 될 수 있다.

## 근로계약의 내용

근로계약서의 내용은 다음과 같이 기재한다.

### ① 당사자의 인적사항

사업주와 근로자의 인적사항 기재, 계약의 당사자가 누구인지를 명시한다.

### ② 근로계약기간

근로계약기간을 명시한다. 계약기간이 명시되어 있지 않으면 계약직에 해당한다.

### ③ 근로시간과 휴가

법정근로시간은 1일 8시간, 1주에 44시간이다. 그 외 연장근로시간에 대한 서면 합의 및 월차휴가와 연차휴가, 생리휴가 및 산전·후 휴가 등을 합의하여 명시한다.

### ④ 임금의 책정

| 구분 | 연봉제 | 호봉제 |
|---|---|---|
| 정의 | 1년 단위기간으로 사업주와 근로자가 임금협상을 하여 그 액수를 12개월로 나누어 지급하는 방식 | 기업 내의 서열을 직원의 근속연수나 연령 등의 연공에 따라 호봉에 근거하여 임금을 책정하는 방식 |
| 적용 | 기업의 실적에 공헌한 바를 합리적이고 객관적으로 평가할 수 있는 경우에 시행 | 주로 과거의 방식 |
| 특징 | 개인의 능력과 실적에 따른 임금협상. 직원과의 불화를 최소화하고 직원의 능력을 극대화 | 유연한 노동시장에 효과가 떨어짐 |
| 고려사항 | 1. 기본급~정상근무시간에 따른 보수<br>2. 시간외 근무수당, 휴일근무수당 ~ 산정이 어려운 경우 일정액의 제수당 지급 등<br>3. 상여금~상여금 기준금액의 명시 | |

⑤ 퇴직금

퇴직금의 지급조건을 명시해야 한다.

- 퇴직금 지급의 법적요건

  상시 근로자가 5인 이상인 사업장으로서 계속근로년수가 1년 이상인 경우에 적용한다.

- 위의 조건에 해당하지 않더라도 근로계약시 퇴직금 지급을 약정했다면 퇴직금을 지급해야 한다.

- 퇴직금의 중간정산제도

  - 근로자의 요구에 의해 근로기간 중 퇴직금의 일부를 미리 지급하는 것으로 근로자의 동의를 받은 경우에만 유효하며 회사 방침을 근로자가 거부할 수 있다.

  - 따라서 근로자가 퇴직금 중간정산을 원한다는 내용의 서면을 받아둘 필요가 있다.

  - 근무한 기간 중 근로자가 자유롭게 정산기간을 정할 수 있다. 계속근로년수는 중간정산한 기간 이후부터 새롭게 기산하고 중간정산 후 1년 미만의 퇴직자에게도 그에 비례해서 퇴직금을 지급할 수 있다.

⑥ 업무 내용과 장소

근로자의 직책, 업무내용, 근무장소의 명시

⑦ 사업체의 내규(근무수칙, 성실의무 등)

⑧ 해고의 규정

특정한 경우로서 해고사유(근로자의 태만, 경영상의 어려움 등)를 구체적으로 명시하여 해고에 있어서의 분쟁을 대비한다.

# 연봉제 근로계약서

○○병(의)원 (이하 '갑'이라 한다.)과  ○○○ (이하 '을'이라 한다.)은 다음과 같이 연봉제 근로계약서를 체결하고 이를 성실히 이행한다.

제1조 ("을"의 직무) "을'은 "갑"의 근로자로서 정해진 근로조건에 동의하며 제 규정을 준수하고 주어진 업무를 성실히 수행할 의무를 진다.

제2조 (근무장소) "을'은 "갑"의 지시에 따라 업무를 수행하며 직무적성이나 경영상 필요에 의해 직무 및 근무지를 변경할 경우 "'을"은 이에 따라야 한다.

제3조 (고용계약기간) 본 계약은 ○○○○년 ○○월 ○○일부터 ○○○○ 년 ○○월 ○○일까지로 한다. 단, '갑' '을' 양 당사자간 명백한 해지의사표시가 없는 경우 근로계약은 위와 동일한 조건으로 재계약된 것으로 한다.

제4조 (계약해지 및 연장) 계약기간 중 "을'은 "갑"이 정한 복무규정의 각 사항을 준수하여야 하며 이에 반하는 행위를 할 경우 "갑"은 본 계약을 해지할 수 있다.

제5조 (수습기간) 회사의 규정에 의하여 신규 채용자는 3개월의 수습기간을 둘 수 있고 수습기간 중 근무성적이 불량하거나 해당 직무수행이 부적격하다고 인정되는 자는 채용발령을 취소할 수 있다.

제6조 (근무시간 및 휴일) "'을"의 근무시간 및 휴일은 다음과 같다.
　① 근로시간은 　　：　　～　　：　　까지로 한다.
　② 회사는 근로자와 합의하여 1주간에 12시간을 한도로 연장 근로할 수 있다.

제7조 (임금조건)
　① 연봉총액 :　　　　　　　원 (월정급여 :　　　　　원)
　　1. 총연봉은 기본급, 월통상연장수당, 기타제수당, 퇴직금 등을 포함한 금액을 말한다.
　　2. 총연봉의 구체적인 내역은 『별표』 와 같다.
　② 지급방법 : 임금산정기준은 매달 1일에서 말일까지로 하고 익월 10일에 『별표』에 의해 산정된 월정액을 지급한다.
　③ 중도 퇴사자 경우에는 월정액을 기준으로 근무일수에 대하여 일할 계산하여 지급한다.

제8조 (책임배상) "을'이 본 계약을 위반하거나 고의 또는 과실로 인하여 "갑"에게 손해를 끼쳤을 때에는 즉시 이를 배상하여야 한다.

제9조. (퇴직신청)
　① '을'이 퇴직 할 때에는 적어도 30일 전에 퇴직사유를 기재한 퇴직원을 제출하여야 한다.
　② 퇴직원을 제출한 자는 회사의 승인이 있을 때까지 종전의 직무에 종사하여야 한다.
　③ 제1항의 규정에 의한 기간에 미달하는 기간으로 사직서를 제출한 경우에는 '갑'은 그 잔여기간동안 사직서 수리를 유예할 수 있다.

제9조. (퇴직신청)
　① '을'이 퇴직 할 때에는 적어도 30일 전에 퇴직사유를 기재한 퇴직원을 제
　출하여야 한다.
　② 퇴직원을 제출한 자는 회사의 승인이 있을 때까지 종전의 직무에 종사하
　여야 한다.
　③ 제1항의 규정에 의한 기간에 미달하는 기간으로 사직서를 제출한 경우에
　는 '갑'은 그 잔여기간동안 사직서 수리를 유예할 수 있다.
제10조 (계약의 해지)
　'갑'은 계약기간 중이라도 다음 각 호의 사유가 발생한 경우 '을'에게 통지
　하고 계약을 해지할 수 있다. 기타 구체적인 사항은 취업규칙에서 정한 바
　에 의한다.
　　1. '을'의 업무외 상병으로 인한 신체장애가 있어 업무를 수행할 수 없을
　　때
　　2. '을'의 고의 또는 과실로 ''갑'이 재산상 손해를 입었을 때
　　3. '갑'의 명예를 훼손하거나 해사행위를 하였을 때
　　4. 기타 '을의 중대한 귀책사유로 더 이상 근로관계를 지속시킬 수 없을 때
제11조 (계약내용의 확인) '갑'과 '을'은 이 계약의 내용을 충분히 숙지하고 이
　　계약에 따른 모든 권리와 의무를 이해하고 동의하며 본 계약서를 작성하
　　고 서명 날인한다.
제12조 (기타사항) 본 계약서에서 정함이 없는 사항은 '갑'의 취업규칙과 근로기
　　준법 및 기타 노동 관계법에 의한다.
　『별표』
　　〔년간〕

| 구 분 | ① 총연봉액 | ②퇴직금(1년분) | ③월연봉급 | 비 고 |
|---|---|---|---|---|
| 비 고 | (③× 12)+② | | | |
| 산정금액 | | | | |

〔월연봉급 세부내역〕

| ⑤ 월 연 봉 급 = | | | | | ⑥월정급여 | 비 고 |
|---|---|---|---|---|---|---|
| 기본급 | 월통상 연장수당 | 월차수당 | 생리수당 | 식대 | | |
| 226h | 80h | 8h | 8h | | | |
| | | | | | | |
| | | | | | | |

《용어의 정의》
　1.기본급 : 월연봉급 중 법정근로시간(주44시간, 월226시간)에 대하여 지급하기
　　로 정하여진 기　　본적인 급여
　2.월통상연장수당 : 월연봉급 중 월 통상 초과근로(월 80시간)에 대하여 지급
　　하는 시간외 수당

3.월정급여: 월연봉급 + 퇴직금 월할액
4.월연봉급여 :기본급 + 월통상연장근로 + 월차수당 + 생리수당(여성에한함) + 식대
5.퇴직금 : 퇴직금은 1년을 계속근로할 것을 예정하고 미리 총연봉액에 포함하여 산정한 것으      로 근로자의 요구가 있는 경우(선지급요구신청서) 근속 1년이 되는 시점에 지급하기로 한다.      단, 상기 금액이 법정 퇴직금액보다 저액일 경우 퇴직정산시 그 차액을 지급한다.

200  년          월          일

‘갑’  :  ○○ 병(의)원 대표                          (인)
‘을’  :  ○○○                                      (인)

## 퇴직금 중간정산 신청서

○○병(의원) 대표 귀중

□ 신청인 인적사항

  o 성     명 :

  o 주민등록번호 :

  o 입 사 일 자 :

  o 주     소 :

□ 근무부서 및 직무

  o 근 무 부 서 :

  o 직     무 :

□ 신청사유 및 내용

본인은 연봉근로계약을 함에 있어 총 연봉에 1년 만근 시 발생할 퇴직금을 포함하며, 근무기간이 1년 만근일 ○월 급여일에 퇴직금을 중간정산을 신청합니다. 단, 결근 및 기타 등으로 만근에 해당하지 않는 경우 퇴직금 신청대상이 아님을 확인합니다.

200  년    월    일

신청인 성명         (인)

## 3. 급여의 원천징수

### 원천징수는 누가, 언제, 신고, 납부해야 하나

| 구 분 | 내 용 |
| --- | --- |
| 원천징수의무자<br>(원천징수 하는 자) | 원천징수대상이 되는 소득이나 수입금액을 지급하는 자 |
| 원천징수<br>대상소득 | 급여, 상여금 등의 근로소득, 퇴직소득, 상금, 강연료 등과 일시적 성질의 기타소득, 인적용역소득(사업소득) |
| 원천징수세액<br>신고납부 | • 다음달 10일까지 은행, 우체국 등 가까운 금융기관에 납부<br>• 원천징수이행상황신고서는 세무서에 제출<br>• 납부할 세액이 없더라도 지출된 금액이 있으면 신고를 하여야 경비로 인정 받을 수 있다.<br>• 신고납부를 하지 않은 경우 가산세 부과<br>※ 가산세 : Max[①,②]<br>　① 세액×지연일수×3/10,000<br>　② 세액×5%<br>　단, 세액의 10%를 한도로 함 |
| 사업소득<br>원천징수 | • 지급금액의 3.3%를 원천징수해야 한다<br>• 원천징수대상 사업소득 : 전문지식인 등이 고용관계 없이 독립된 자격으로 직업적으로 용역을 제공하고 받는 대가 |
| 주민세<br>원천징수 | • 원천징수한 소득세액의 10%를 주민세로 원천징수하고 납부<br>• 미납부시 미납부세액의 일정액을 가산세로 납부 |

### 인건비의 세무상 구분

| 구분 | 병의원 | 종업원 |
| --- | --- | --- |
| 세무상<br>구분 | 병의원의 지출경비 | 갑종 근로소득세 납부 |
| 세무<br>처리 | 갑근세 원천징수 신고·납부 연말정산 절차 수행 | 갑근세 원천징수 후 차인 지급액 수령. 연말정산 서류 제출 |

## 급여의 지급

급여를 지급할 경우 총급여액에서 갑근세 등의 원천징수분과 4대 보험료 중 근로자본인 부담분을 차감한 금액을 지급한다.

참고계

근로계약서상 월 급여액 : 2,000,000원
- 갑종근로소득세 : 20,000원
- 갑근세 할 주민세 : 2,000원
- 4대보험료 중 근로자 부담액 : 100,000원
※ 차인지급액 : 200만원-2만원-2천원-10만원 = 1,878,000원

## 갑근세 및 주민세의 신고납부

급여지급일이 속하는 월의 다음달 10일까지 매월 원천징수한 갑근세 및 주민세를 신고 납부해야 한다.

- 인건비의 지급은 별도의 증빙이 필요 없고, 원천징수이행상황을 신고함으로써 세무상 경비로서 인정받을 수 있는 것이다.
- 직전연도 상시고용인원이 10인 이하인 소규모 사업장의 경우 국세청에서 2004년 7월부터 원천세 반기납부자 지정제도를 시행함으로써 매월 신고하던 갑근세 신고를 6개월에 한 번씩만 할 수 있게 되었다. 이 경우에는 매월 신고·납부할 필요 없이 '1월~6월' 분은 7월 10일에, '7월~12월' 분은 다음해 1월 10일까지 신고 납부하면 된다.

## 원천징수와 연말정산

갑근세는 급여를 지급받는 종업원이 납부할 의무가 있는 세금이다. 일반 급여는 매월 원천징수를 하고 다음연도 2월에 연말정산을

하여 1년동안의 급여에 대한 근로소득세를 최종 정산하는 과정을 거치게 된다.

- 매월 징수하는 갑근세는 실제 확정된 세금이 아니고 간이세액표에 의하여 대략적으로 정해 놓은 세금이라고 할 수 있다.
- 종업원에 대한 근로소득세는 1년간의 급여액을 확정해야 정확하게 산출할 수 있다. 그러나 원천징수는 매월 급여 지급시 수행해야 하므로 매월 급여에 대해 간편하게 원천징수 할 수 있도록 월급여액의 범위에 따른 근로소득세를 구간별로 정해 놓은 것이다.
- 따라서 1년간 원천징수한 세금과 다음해 1월에 산출한 실제 1년치의 세금을 비교하여 실제 세금 보다 많이 신고·납부했으면 환급을 받고, 적게 신고·납부했으면 추가 납부를 하게 된다.

## 4. 상여금의 원천징수

상여금이란 정기적인 급여와는 별도로 업적이나 공헌도에 따른 보상으로 지급되는 급여다. 이러한 상여금은 특정한 월에 지급되게 되는데

- 상여금에 대한 원천징수는 상여를 지급한 달의 총급여액을 기준으로 간이세액표를 적용해서는 안되며 상여금이 발생한 근무기간으로 평균한 금액을 가지고 간이세액표를 적용해야 한다.
- 이렇게 계산된 세액에서 그 근무기간동안 원천징수된 세액을 차감한 차액이 해당 상여에 대한 원천징수세액이 된다.

## 5. 일용직 급여의 원천징수

일용직 근로자란 근로제공시간이나 성과에 따라 급여를 받으며 3개월 이상 계속해서 고용되지 않는 종업원을 말한다. 일용직에 대한 급여도 세무서에 그 내역과 원천징수세액을 신고하고 분기별로 지급조서를 제출함으로써 세무상 경비로 인정받게 된다.

- 일용근로자의 경우에는 원천징수·납부로서 납세절차가 완료되므로 종합소득과세표준의 계산에 있어 이를 합산하지 아니한다.

- 일용 노임을 지급하는 사업자는 일용근로자의 노무비지급명세서를 작성·비치해야 하며, 일용근로자의 신원을 확인할 수 있는 주민등록등본이나 주민등록증 앞·뒤 사본을 첨부해야 하며, 외국인의 경우에도 신원을 확인할 수 있도록 여권사본이나 외국인등록증 사본 등을 첨부하고, 가능한 지급사실을 확인할 수 있는 서류(무통장입금표 등 금융기관을 통한 지급증빙서류)를 비치하는 것이 좋다.

- 일용근로자에게 소득을 지급하는 경우에 매 분기의 마지막 달의 다음 달 말일까지 지급조서를 세무서에 제출하여야 한다.
  (지급조서 제출시기)
     - 1~3월 분 : 4월 말         - 4~6월 분 : 7월 말
     - 7~10월 분 : 10월 말       - 10~12월 분 : 1월말

- 일용직 급여에 대한 근로소득세는 일당으로 8만원까지는 세금이 없으므로 하루 8만원 이상 급여를 지급하지 않으면 세금이 과세되지 않는다.

> 일용직 근로소득세 = (일일 급여지급액 − 80,000원) × 8% × 55%

- 병의원 원장의 배우자나 자녀, 친지 등 특수관계가 있는 사람을

일하게 하고 급여를 지급한 경우에도 세무상 인건비로서 인정받을 수 있다. 그러나 동일한 시기에 다른 곳에서 근무하고 있는 자를 일용직으로 신고하는 경우에는 실제로 근무사실을 입증하기 어려운 점이 있으므로 주의하여야 한다.

## 6. 퇴직금의 원천징수

퇴직금 지급시에도 퇴직금은 병의원의 경비로서 인정된다.

퇴직금은 종업원의 입장에서는 퇴직소득이 되는데 이에 대해 병의원에서는 퇴직금에 대한 퇴직소득세를 계산하여 해당 퇴직소득세 만큼을 원천징수 후 지급하고, 이에 대한 원천징수세액을 퇴직금을 지급한 달의 다음달 10일까지 신고·납부하여야 한다.

### ✓ 퇴직보험제도

- 기업이 도산하여 종업원에게 퇴직금을 지급하지 못하는 문제를 해결하기 위하여 기업이 외부기관의 퇴직보험에 가입하도록 하는 제도가 있다.
- 사업주가 퇴직보험에 가입하는 경우 보험료를 납부하게 되는데, 이때 보험료 불입액의 상당액 중 일정 한도를 세무상 경비로 인정해 준다.
- 퇴직보험은 종업원 또는 그 배우자, 기타의 가족을 수익자로 하는 보험, 신탁 또는 공제와 관련하여 사업주가 부담하는 보험료, 신탁부금, 공제부금 등을 말한다.

## 7. 비과세 급여

근로소득세가 부과되는 않는 급여 등은 다음과 같다.

① 식대 : 월 10만원 한도, 직접 식사 제공시에는 제외한다.

② 실비 변상적 성격의 급여 : 일직·숙직·당직 수당 등 실비를 변상하기 위한 급여토 비과세 한도는 없다(여비,병원복 포함).

③ 자가운전보조금 : 종업원이 자기소유의 차량을 업무에 관련되어 사용한 경우 지원하는 금액으로 월 20만원 한도로 비과세 된다.

④ 기타 일정한 요건을 갖춘 학자금이나 피복수당 등

⑤ 근로자 또는 그 배우자의 출산이나 6세 이하의 자녀의 보육과 관련하여 사용자로부터 지급받는 급여로서 월 10만원 한도로 비과세 된다.

## 8. 연봉제의 회계처리

### 연봉제란?

연봉제란 근로자의 연속근무기간 등에 의해 서열 및 급여가 상승하는 연공서열에 의한 임금제도가 아니라 능력에 따라 노동자의 연간(年間) 임금을 개별적으로 결정하는 제도를 말한다.

근무성적을 반영시킴으토써 능력에 따른 임금제도를 목표로 한 것이지만, 이 제도가 채택된 배경에는 중간관리직 계층이 공급과잉 상태에 도달해 인력 정리 및 합리화 정책이 중요한 과제가 되었다는 점이 숨겨져 있다. 한국에서도 국제통화기금(IMF) 구제금융 관리사태 이후 기업의 구조조정 일환으로 연봉제를 도입하는 기업이 점점 늘고 있다.

## 연봉제의 종류와 우리나라의 경우

연봉제는 근무성적을 어떻게 연봉에 반영할 것이냐에 따라 다양한 종류가 있을 수 있지만, 여기서는 세무회계의 관점에서 다음과 같은 두가지로 나눌 수 있다.

즉, 연봉액에 퇴직금을 포함한 연봉제와 연봉액 이외에 별도로 퇴직금을 지급하기로 하는 연봉제가 그것이다.

순수한 서구식의 연봉제는 계약한 연봉 외에 별도의 퇴직금을 지급하지 않지만 연봉제와 퇴직금제도를 함께 운용하기도 한다. 하지만 우리나라는 근로기준법에 의거 연봉제를 실시하더라도 퇴직금도 별도로 지급하여야 한다.

## 연봉제와 퇴직금

연봉제와 퇴직금 제도와 관련하여 문제가 되는 쟁점은 크게 두 가지인데, 하나는 퇴직금 중간정산의 문제, 또 하나는 임원퇴직금 문제로 압축할 수 있다.

### (1) 퇴직금의 중간정산

연봉액에 퇴직금이 포함되어 있지 않다면 퇴직금 제도를 따르면 되므로 크게 문제가 되지 않을 것이다.

하지만 연봉액에 퇴직금이 포함되어 있다면 퇴직금 중간정산이 이뤄지는 것이므로 법령에 따라야 한다.

퇴직금중간정산은 근로기준법상의 근로자에 대해서만 가능하므로,

근로기준법상의 근로자가 아닌 임원에 대해서는 중간정산을 하더라도 퇴직금으로 보지 않는다.

하지만 근로자라 하더라도 다음과 같은 요건을 갖추어야 퇴직금으로 인정된다.

① 퇴직급여지급규정에 따라 근로계약기간에 대한 퇴직금이 확정되어야 하고(이 금액은 매년 30일분 이상의 평균임금 이상이어야 함),

② 연봉액과 퇴직금의 액수가 명확히 별도로 구분되어야 하며

③ 계약기간 1년이 만료될 때 지급하고

④ 퇴직금 중간정산을 요구하는 근로자의 별도의 서면요구가 있어야 한다.

만약 계약기간 1년이 만료되지 않은 시점에 퇴직금명목으로 금전을 지급했다면 그것은 퇴직금이 아니라 가지급금으로 처리했다가 지급의무가 도래하는 시점에 퇴직금으로 대체하고, 퇴직소득세 원천징수 이행상황신고를 해야 한다.

> ✓ 퇴직금을 월단위로 분할 지급했거나, 계약기간 전에 지급한 경우
>
>    차변) 가지급금 ***　　　　　대변) 현금 등 ***
>
> ✓퇴직금 지급시점이 도래한 경우
>
>    차변) 퇴직급여 ***　　　　　대변) 가지급금 ***

## 2) 임원 퇴직금

임원퇴직금은 세법상 손금을 인정받기 위해 일정한 제한을 두고 있다.

정관 또는 정관에서 위임한 퇴직금지급규정에 의해 임원에게 지급할 금액이 정해진 경우 그 금액이거나 그렇지 않을 경우 임원이 퇴직한 날로부터 소급하여 1년 동안에 해당 임원에게 지급한 총급여액(손금불산입금액을 제외한 금액)의 10%에 해당하는 금액에 근속연수를 곱한 금액을 한도로 한다.

이때 정관 규정 없이 주총결의만으로 퇴직금을 지급할 때는 역시 총급여액의 10%를 한도만 퇴직금으로 인정된다. 따라서 해당 금액을 초과하면 그 금액은 퇴직금이 아니라 상여금에 속하게 되어 세무조정의 대상이 된다.

또한 임원은 근로기준법상의 중간정산대상 근로자가 아니므로 연봉에 퇴직금을 포함하여 지급하는 경우에는 이를 퇴직금이 아니라 가지급금으로 보아 인정이자 상당액을 익금가산하고, 당해 임원에 대해 소득처분을 해야 한다. 이 가지급금은 현실적인 퇴직시점에 퇴직급여로 대체되는 것이다.

단, 임원퇴직금이라 하더라도 퇴직연금에 가입하여 퇴직연금을 불입하는 경우에는 확정기여형이면 전액을 법인세법상 비용으로 처리하고, 확정급여형일 경우에는 퇴직보험과 합산하여 일정한 한도 내에서만 법인의 비용으로 인정된다.

# 제4절  4대보험의 관리

## 1. 4대보험의 가입

현재 모든 병의원 사업장은 4대 보험에 가입하도록 되어 있다. 4대보험이란 일정한 사업체에 종사하는 직원의 복리를 향상시키기 위하여 의무적으로 가입하여야 하는 국민연금, 건강보험, 산재보험, 고용보험을 말한다.

- 병의원도 사업체이므로 아래의 적용사업체에 해당할 경우에는 직원에 대하여 4대보험에 의무적으로 가입을 해야 한다.
- 현재는 일용직 근로자도 일정한 요건에 해당하면 4대보험에 가입하도록 하고 있다.

## 4대보험 가입대상

| 보험종류 | 가입대상 |
| --- | --- |
| 건강보험 | 1인 이상 근로자가 있는 모든 사업장의 근로자와 대표자 |
| 국민연금 | 1인 이상 근로자가 있는 모든 사업장의 근로자와 대표자 |
| 고용보험 | 1인 이상의 근로자가 있는 모든 사업장의 근로자 |
| 산재보험 | 1인 이상의 근로자가 있는 모든 사업장의 근로자 |

## 4대보험 적용제외자

| 보험종류 | 적용제외 |
| --- | --- |
| 건강보험 | 일용근로자, 계약근로자, 비상근자, 시간제 근로자(상시 근로자가 아닌 자) |
| 국민연금 | 일용근로자, 1월 미만의 기한부로 사용되는 근로자. 비상임이사, 1월간의 근로시간이 80시간 미만인 시간제근로자 |
| 고용보험 | 65세 이상인 근로자, 월간소정근로시간이 60시간(주간 소정근로시간 15시간) 미만인 근로자 |
| 산재보험 | 상용, 일용, 임시직 등 고용형태나 명칭과 상관없이 모두 가입의무 |

## 4대보험 가입의무

| 보험종류 | 가입유의사항 |
|---|---|
| 건강보험 | • 회사에 입사하였더라도 직장가입자로 새로 신고를 하지 않으면, 지역가입자로 편입<br>　☞ 이후 직장가입자로 변경하지 않더라도 건강보험에는 문제가 없으나, 지역건강보험료는 지역편입전의 소득수준과 재산상태를 고려하여 산정 부과함<br>• 직장가입자의 보험료 산정은 월급여를 기준으로 산정하기 때문에 종전 직장에서 납부하던 보험료보다 더 많은 보험료를 지역에서 납부할 수 있음.<br>　☞ 보험료의 병의원 부담액은 경비로 인정<br>　　따라서 병의원 개원시 건강보험은 빨리 가입하는 것이 유리 |
| 국민연금 | • 법인의 경우 대표이사를 포함하여 사업장에 상시 근로자가 1인 이상인 경우<br>• 병의원, 약국, 변호사·세무사·회계사 등 전문직종도 1인 이상인 경우<br>• 다른 사업장은 상시 근로자가 5인 이상인 경우<br>　☞ 5인 이하도 가입 가능<br>• 취득 또는 상실 신고 : 사유가 발생한 날이 속하는 월의 익월 15일이내 |
| 고용보험 및 산재보험 | • 고용보험·산재보험은 근로자 1인 이상 사용하는 모든 사업 또는 사업장<br>• 산재보험은 사업주만 보험가입자가 되나 고용보험은 사업주와 근로자 모두가 보험가입자가 된다<br>• 산재보험료는 사업주가 전액부담, 고용보험료는 사업주/근로자가 각각 부담 |

## 2. 4대보험의 신고

| 보험종류 | 신고처 |
|---|---|
| 건강보험 | 국민건강보험공단 각지사 |
| 국민연금 | 국민연금관리공단 각 지사 |
| 고용보험 | 근로복지공단 고용안정센터 각 지사 |
| 산재보험 | 근로복지공단 고용안정센터 각 지사 |

## 3. 4대보험료의 납부

급여 지급시 지급하지 않았던 4대보험료 근로자부담분과 병의원 부담분을 각 공단이 발부하는 고지서에 따라 납부해야 한다. 4대보험중 국민연금과 건강보험은 급여지급월의 다음달 10일까지 납부하고 고용보험료와 산재보험료는 매년 3월에 개산하여 납부한다.

### 급여신고와 4대보험료

세무 신고한 급여액에 상당하는 등급에 따라서 4대보험의 보험료가 산정된다.

- 각 4대 보험은 매년 2월~3월경에 1년간의 보수총액을 신고 하도록 되어 있는데 이 때의 보수총액은 세무신고한 급여액에 맞춰 신고하면 된다.
- 4대 보험료는 자진신고가 원칙이지만, 각 공단에서 정기적으로 보험료를 심사하게 되므로 이 때 국세청에 세무신고한 급여액이 각 공단의 심사자료로서 활용된다. 보험료를 불성실하게 신

고하면 심사 후 추가보험료를 추징 당할 수 있다.

- 인건비를 높게 신고하면 병의원의 사업소득세를 경감할 수는 있지만, 갑근세 부담과 4대 보험료의 부담 증가가 불가피하며, 인건비를 낮게 신고하던 갑근세와 4대 보험료의 부담이 감소하는 반면 사업소득세가 증가하게 된다.

- 일반적으로 인건비 세무신고는 병의원의 사정을 감안(4대보험료를 누가 부담하느냐? 등)하여 적절한 보험료를 산정하고, 이와 함께 절세의 방법을 찾는 것이 바람직하다.

| 사업자 부담분<br>보험요율 | | 병의원의 일반적인<br>소득세 적용 세율 | | 절 세 효 과 |
|---|---|---|---|---|
| 약 7.94 % | vs | 26%~35%<br>(주민세 10% 별도) | ⇒ | 급여액의<br>약 18%~27% |

## 4. 4대보험의 보험요율

| 보험종류 | | | 보험요율 |
|---|---|---|---|
| 건강보험<br>(5.08%) | | 사업주 | 실제보수 월액의 2.54% |
| 건강보험<br>(5.08%) | | 근로자 | 실제보수 월액의 2.54% |
| 국민연금<br>(9%) | | 사업주 | 표준보수월액의 4.5% |
| 국민연금<br>(9%) | | 근로자 | 표준보수월액의 4.5% |
| 고용보험 | 실업급여 | 사업주 | 임금총액의 0.45% |
| 고용보험 | 실업급여 | 근로자 | 임금총액의 0.45% |
| 고용보험 | 고용안정사업 | 사업주 전액 | 임금총액의 0.15% |
| 고용보험 | 직업능력개발사업 150인 미만 기업 | 사업주 전액 | 임금총액의 0.1% |
| 고용보험 | 직업능력개발사업 150인 이상 기업 | 사업주 전액 | 임금총액의 0.3%~0.7% |
| 산재보험 | | 사업주 전액 | 임금총액의 0.5%<br>(병의원의 경우) |

사회보험체계도 (4대보험 포함)

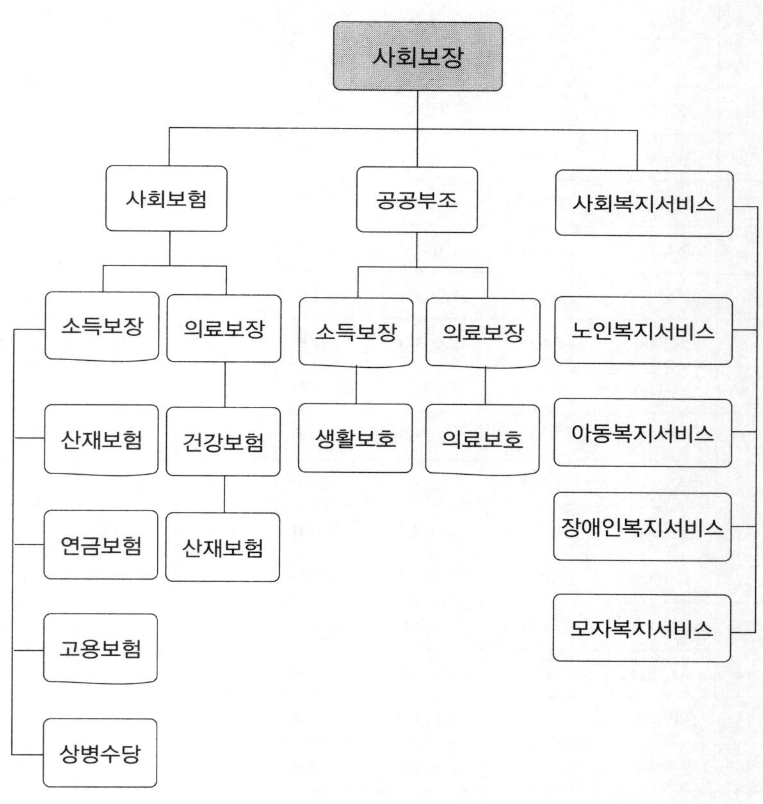

# 국민연금보험료 등급별 표준소득월액표

(2009년 1월 현재)                                                                    (단위:원)

| 등급 | 소 득 월 액 (이상~미만) | | 표준소득 월액 | 사업장가입자 | | | 지역가입자 (8%) |
|---|---|---|---|---|---|---|---|
| | | | | 합계 (9%) | 근로자 (4.5%) | 사용자 (4.5%) | |
| 1 | | 225,000 | 220,000 | 19,800 | 9,900 | 9,900 | 17,600 |
| 2 | 225,000 ~ | 235,000 | 230,000 | 20,700 | 10,350 | 10,350 | 18,400 |
| 3 | 235,000 ~ | 245,000 | 240,000 | 21,600 | 10,800 | 10,800 | 19,200 |
| 4 | 245,000 ~ | 255,000 | 250,000 | 22,500 | 11,250 | 11,250 | 20,000 |
| 5 | 255,000 ~ | 265,000 | 260,000 | 23,400 | 11,700 | 11,700 | 20,800 |
| 6 | 265,000 ~ | 280,000 | 270,000 | 24,300 | 12,150 | 12,150 | 21,600 |
| 7 | 280,000 ~ | 300,000 | 290,000 | 26,100 | 13,050 | 13,050 | 23,200 |
| 8 | 300,000 ~ | 325,000 | 310,000 | 27,900 | 13,950 | 13,950 | 24,800 |
| 9 | 325,000 ~ | 355,000 | 340,000 | 30,600 | 15,300 | 15,300 | 27,200 |
| 10 | 355,000 ~ | 385,000 | 370,000 | 33,300 | 16,650 | 16,650 | 29,600 |
| 11 | 385,000 ~ | 420,000 | 400,000 | 36,000 | 18,000 | 18,000 | 32,000 |
| 12 | 420,000 ~ | 460,000 | 440,000 | 39,600 | 19,800 | 19,800 | 35,200 |
| 13 | 460,000 ~ | 500,000 | 480,000 | 43,200 | 21,600 | 21,600 | 38,400 |
| 14 | 500,000 ~ | 545,000 | 520,000 | 46,800 | 23,400 | 23,400 | 41,600 |
| 15 | 545,000 ~ | 595,000 | 570,000 | 51,300 | 25,650 | 25,650 | 45,600 |
| 16 | 595,000 ~ | 645,000 | 620,000 | 55,800 | 27,900 | 27,900 | 49,600 |
| 17 | 645,000 ~ | 700,000 | 670,000 | 60,300 | 30,150 | 30,150 | 53,600 |
| 18 | 700,000 ~ | 760,000 | 730,000 | 65,700 | 32,850 | 32,850 | 58,400 |
| 19 | 760,000 ~ | 820,000 | 790,000 | 71,100 | 35,550 | 35,550 | 63,200 |
| 20 | 820,000 ~ | 885,000 | 850,000 | 76,500 | 38,250 | 38,250 | 68,000 |
| 21 | 885,000 ~ | 955,000 | 920,000 | 82,800 | 41,400 | 41,400 | 73,600 |

## 국민연금보험료 등급별 표준소득월액표

(2009년 1월 현재)　　　　　　　　　　　　　　　　　　　　　　　　　　(단위:원)

| 등급 | 소 득 월 액 (이상~미만) | | 표준소득 월액 | 사업장가입자 | | | 지역가입자 (8%) |
|---|---|---|---|---|---|---|---|
| | | | | 합계 (9%) | 근로자 (4.5%) | 사용자 (4.5%) | |
| 22 | 955,000 ~ | 1,025,000 | 990,000 | 89,100 | 44,550 | 44,550 | 79,200 |
| 23 | 1,025,000 ~ | 1,095,000 | 1 060,000 | 95,400 | 47,700 | 47,700 | 84,800 |
| 24 | 1,095,000 ~ | 1,170,000 | 1 130,000 | 101,700 | 50,850 | 50,850 | 90,400 |
| 25 | 1,170,000 ~ | 1,250,000 | 1 210,000 | 108,900 | 54,450 | 54,450 | 96,800 |
| 26 | 1,250,000 ~ | 1,335,000 | 1 290,000 | 116,100 | 58,050 | 58,050 | 103,200 |
| 27 | 1,335,000 ~ | 1,425,000 | 1 380,000 | 124,200 | 62,100 | 62,100 | 110,400 |
| 28 | 1,425,000 ~ | 1,515,000 | 1 470,000 | 132,300 | 66,150 | 66,150 | 117,600 |
| 29 | 1,515,000 ~ | 1,610,000 | 1 560,000 | 140,400 | 70,200 | 70,200 | 124,800 |
| 30 | 1,610,000 ~ | 1,710,000 | 1 660,000 | 149,400 | 74,700 | 74,700 | 132,800 |
| 31 | 1,710,000 ~~ | 1,810,000 | 1 760,000 | 158,400 | 79,200 | 79,200 | 140,800 |
| 32 | 1,810,000 ~~ | 1,915,000 | 1 860,000 | 167,400 | 83,700 | 83,700 | 148,800 |
| 33 | 1,915,000 ~~ | 2,030,000 | 1 970,000 | 177,300 | 88,650 | 88,650 | 157,600 |
| 34 | 2,030,000 ~~ | 2,135,000 | 2 080,000 | 187,200 | 93,600 | 93,600 | 166,400 |
| 35 | 2,135,000 ~~ | 2,245,000 | 2 190,000 | 197,100 | 98,550 | 98,550 | 175,200 |
| 36 | 2,245,000 ~~ | 2,360,000 | 2 300,000 | 207,000 | 103,500 | 103,500 | 184,000 |
| 37 | 2,360,000 ~~ | 2,475,000 | 2 420,000 | 217,800 | 108,900 | 108,900 | 193,600 |
| 38 | 2,475,000 ~~ | 2,600,000 | 2 540,000 | 228,600 | 114,300 | 114,300 | 203,200 |
| 39 | 2,600,000 ~~ | 2,730,000 | 2 670,000 | 240,300 | 120,150 | 120,150 | 213,600 |
| 40 | 2,730,000 ~~ | 2,870,000 | 2 800,000 | 252,000 | 126,000 | 126,000 | 224,000 |
| 41 | 2,870,000 ~~ | 3,010,000 | 2 940,000 | 264,600 | 132,300 | 132,300 | 235,200 |
| 42 | 3,010,000 ~~ | 3,150,000 | 3 080,000 | 277,200 | 138,600 | 138,600 | 246,400 |
| 43 | 3,150,000 ~~ | 3,310,000 | 3 230,000 | 290,700 | 145,350 | 145,350 | 258,400 |
| 44 | 3,310,000 ~~ | 3,450,000 | 3 380,000 | 304,200 | 152,100 | 152,100 | 270,400 |
| 45 | 3,450,000 | 이상 | 3 600,000 | 324,000 | 162,000 | 162,000 | 288,000 |

## 고용보험요율표

(2009년 1월 현재)

| 구　　　　　분 | | 고용보험요율 | 부 담 비 율 |
|---|---|---|---|
| 실 업 급 여 | | 0.9% | 사업주, 근로자<br>각각 1/2씩 부담 |
| 고 용 안 정 | | 0.15% | 사업주 전액 부담 |
| 직업능력<br>개발사업 | 150인 미만 기업 | 0.1% | 사업주 전액 부담 |
| | 150인이상<br>(우선지원대상) 기업 | 0.3% | 사업주 전액 부담 |
| | 150인 이상~1,000인 미만<br>기업 | 0.5% | 사업주 전액 부담 |
| | 1,000인 이상 기업, 국가<br>및 지방자치단체가 직접<br>행하는 사업 | 0.7% | 사업주 전액 부담 |
| 합　　　　　계 | | 1.15%<br>~<br>1.75% | 기업규모에　따라<br>다름 |

※ 적용제외 : 65세 이상 일용근로자

# 산재보험요율표

(2009년 1월 현재) (단위 : 1,000분율)

| 사 업 종 류 | 보험요율 | 사 업 종 류 | 보험요율 |
|---|---|---|---|
| **1. 광 업** | | 계량기·광학기계·기타정밀 | 12 |
| 석탄광업 | 459 | 기구제조업 | |
| 금속 및 비금속광업 | 316 | 수제품 제조업 | 20 |
| 채 석 업 | 167 | 기타제조업 | 31 |
| 석회석광업 | 68 | | |
| 제 염 업 | 37 | **3. 전기 · 가스 및 상수도업** | 10 |
| 기타 광업 | 71 | | |
| 연탄 및 응집고체 연료생산업 | 76 | **4. 건 설 업** | 34 |
| | | | |
| **2. 제조업** | | **5. 운수창고 및 통신업** | |
| 식료품제조업 | 24 | 철도궤도 및 삭도운수업 | 7 |
| 담배제조업 | 10 | 자동차여객운수업 | 25 |
| 섬유 또는 섬유제품제조업(갑) | 11 | 화물자동차운수업 | 68 |
| 섬유 또는 섬유제품제조업(을) | 24 | 수상운수업, 항만하역 및 화물취급사업 | 35 |
| 제재 및 베니어판 제조업 | 65 | 항공운수업 | 8 |
| 목재품 제조업 | 47 | 운수관련 서비스업 | 7 |
| 펄프 · 지류제조업 및 제본 또는 인쇄물 가공업 | 26 | 창 고 업 | 21 |
| | | 통 신 업 | 11 |
| 신문 · 화폐발행, 출판업 및 경인쇄업 | 7 | | |
| 인 쇄 업 | 19 | **6. 임 업** | |
| 화학제품 제조업 | 21 | 벌 목 업 | 611 |
| 의약품 및 화장품 향료 제조업 | 11 | 기타의 임업 | 35 |
| 코크스 및 석탄가스 제조업 | 32 | | |
| 고무제품 제조업 | 27 | **7. 어 업** | 185 |
| 도자기제품 제조업 | 32 | | |
| 유리 제조업 | 24 | **8. 농 업** | 23 |
| 요업 또는 토석제품 제조업 | 33 | | |
| 시멘트 제조업 | 28 | **9. 기타의 사업** | |
| 비금속광물제품 및 금속제품제조업 또는 금속가공업 | 51 | 농수산물위탁판매업 | 27 |
| | | 건물등의 종합관리사업 | 22 |
| 금속제련업 | 10 | 위생 및 유사서비스업 | 35 |
| 금속재료품 제조업 | 39 | 건설기계관리사업 | 92 |
| 도 금 업 | 26 | 골프장 및 경마장운영업 | 15 |
| 기계기구 제조업 | 30 | 기타의 각종사업 | 7 |
| 전기기계기구 제조업 | 16 | 컴퓨터운용 및 법무회계 관련 서비스업 | 5 |
| 전자제품 제조업 | 7 | 보건 및 사회복지사업 | 5 |
| 선박건조 및 수리업 | 47 | 교육서비스업 | 8 |
| 수송용기계기구제조업(갑) | 23 | | |
| 수송용기계기구제조업(을) | 29 | **10. 금융 보험업** | 5 |

# 제5절 의료기기 등 구입과 세무

## 1. 구매형태의 의사결정

병의원이 고가의 의료기기나 업무용 차량 등을 필요로 할 때 소유권을 취득하는 형태로 구입할지 아니면 리스형태로 구입할 지에 대한 의사결정 문제가 발생 할 수 있다.

그런데 어떠한 기준으로 해야만 올바른 의사결정을 내릴 수 있는지는 그리 간단한 문제는 아니다. 우선 소유권을 취득하는 형태로 구입하는 의사결정을 내렸더라도 그 다음 문제로 현금으로 구입할 것인지 아니면 할부로 구입할 것인지에 대하여 의사결정을 내려야 하고, 리스형태로 구입한다고 의사결정을 내려도 운용리스로 할 것인지 아니면 금융리스로 할 것인지를 결정하여야 한다.

이 같은 의사결정은 세무적인 절세측면만 고려한다면 잘못된 결과가 초래될 수도 있다. 세무적인 절세측면도 굉장히 중요한 의사결정 요소이지만 그밖에 병의원의 현금흐름이나 이자비용 등 재무적인 측면 등도 종합적으로 고려하여야 올바른 의사결정을 내릴 수 있다.

- 현금구입
- 할부구입

- 운용리스구입
- 금융리스구입

## 2. 소유권취득에 의한 구입과 세무

의료기기나 차량 등을 구입할 때 병의원의 명의로 구입하거나 소유권이전등록을 하는 형태를 말한다.

현행 세법상 차량 등 고정자산을 구입할 경우 거래단위별로 그 취득가액이 100만원을 초과하는 경우에는 지출한 사업연도에 비용으로 전액 계상하지 않고 일단 「차량운반구 등」이라는 자산으로 계상하였다가 감가상각이라는 절차를 통하여 손비 처리하도록 하고 있다.

이는 수익비용대응원칙에 입각하여 고정자산의 취득가액은 수익이 발생하는 연도에 대응하여 합리적인 방법에 의하여 비용처리하는 것이 타당하다는 관점에 입각한 것이다.

그런데 기업회계기준과는 달리 세법은 획일화된 방법에 의한 감가상각만을 인정하고 있다. 감가상각은 원칙적으로 임의계상주의이므로 당기에 비용으로 계상해도 되고 아니하여도 된다. 그러나 감가상각을 할 경우에는 법에서 정하고 있는 한도액만큼만 해야 하며, 만약 법정한도액을 초과하여 감가상각을 한다면 그 한도초과액은 세무상 손비처리하지 못한다.

그러므로 차량을 병의원 명의로 구입하였을 때, 상황에 따라 감가상각여부와 감가상각범위액을 결정해야 한다. 만약 비용이 충분한 사업연도에는 굳이 감가상각을 할 필요는 없고 비용이 부족한 사업연도에 감가상각하는 것이 절세책이다. 또한 감가상각은 법정 범위 내에서 융통성있게 그 상각금액을 결정하면 된다.

그러나 주의할 것은 세금을 감면받는 사업연도에는 비용이 부족하던 부족하지 않던 간에 무조건 감가상각을 법정범위액만큼 상각하여야 한다(「감가상각의제」라 한다).

감면받는 사업연도에는 이익이 없거나 적어서 감가상각하지 않고 감면받지 못하는 사업연도에 이익을 줄이기 위해서 감가상각하는 행위를 규제하기 위한 규정인 것이다.


## 3. 리스에 의한 구입과 세무

차량 등을 병의원 명의로 소유권이전등록 하지는 않고 리스에 의하여 취득하는 경우이다.

리스란 리스회사가 차량의 사용권을 리스이용자에게 이전하고 리스이용자는 사용료를 지급하는 계약이다. 이는 리스이용자입장에서 초기 거액의 돈이 소요되는 자산을 취득하기는 병의원의 재무상태상 불가능할 때 매달 소정의 사용료 지급만으로 필요로 하는 자산을 이용할 수 있다는 점에 착안하여 생겨난 거래형태이다.

### 리스와 렌탈

리스와 비슷한 형태로 렌탈이 있는데 리스와 렌탈의 중요한 차이점은 주된 거래대상이 다르며 장단기 여부에 있다. 리스는 주로 의료기기 등 고가의 자산에서 주로 이용되며, 렌탈은 일반적으로 단기적으로 이용하는 형태이다.

### 재무와 세무

일반적으로 리스를 하려고 할 때 세무적인 측면 외에 재무적인 측면에서 바라봐야 할 것이 바로 현금흐름이다.

소유권취득의 형태 중에 할부구입이 있는데 이러한 할부구입시 부담하는 할부이자와 리스구입시 부담하게 되는 리스료를 비교하여 어느 쪽이 병의원 입장에서 현금이 많이 소요되는지를 따져봐야 된다.

### 운용리스와 금융리스

리스는 크게 운용리스와 금융리스가 있다.

다음의 4가지 기준 중 1가지만 해당되면 금융리스로 분류되고 나머지는 운용리스로 보면 된다(우리나라의 경우 대부분이 금융리스로 운영되고 있다).

① 소유권이전기준 : 리스기간 종료시 소유권을 이전하기로 약정한 경우
② 염가구매선택권이 부여된 경우 : 향후 저렴한 가격으로 리스이용자에게 구매할 수 있도록 선택권을 부여한 경우
③ 리스기간기준 : 리스기간이 리스자산 내용연수의 75% 이상인 경우
④ 기본리스료기준 : 리스 실행일 현재 기본 리스료를 내재이자율로 할인한 현재가치가 리스 자산 공정가액의 90% 이상인 경우

운용리스의 경우 리스이용자입장에서는 리스료에 대하여만 경비처리할 수 있으며, 금융리스의 경우 리스이용자는 리스자산을 자산으로 계상하여 감가상각을 통해 경비로 처리 할 수 있고 매월 지급하는 리스료를 원금상환부분과 이자비용으로 구분하여(리스회사에서 구분내역을 보내 준다) 이중 이자비용만을 추가경비로 처리하여야 한다.

## 4. 구매결정과 세무

　현금구입과 할부구입 및 운용리스구입과 금융리스구입의 4가지 형태를 놓고 각각 총 소요비용(원금, 이자비용, 리스료 등)을 계산하고 그에 따른 세금효과를 분석해야 한다.

　그리하여 총소요비용이 적게들고 감세효과가 높은 형태를 선택하여야 하는데 총소요비용과 세금효과는 반비례관계를 가지고 있다. 따라서 세금을 줄이는 효과보다 병의원의 총소요비용을 줄이는 효과가 더 큰 형태가 가장 바람직한 의사결정이 될 것으로 판단된다.

　일반적으로는 할부구입시 부담하는 할부이자보다 리스 이용시 부담하게 되는 리스이자가 더 많이 소요된다.

　리스이자가 더 많이 소요된다는 것은 그만큼 병의원의 경비가 많이 계상되어 세금이 절세될 수 있지만 다른 한편으로 병의원의 세후 현금지출액이 더 커질 수 있기 때문에 리스형태가 꼭 바람직하다고는 볼 수 없다.

# 제6절 병의원경영과 반기별 손익결산

## 1. 반기별 손익결산의 이해

### 결산

'결산' 이란 연중에 당 사업과 관련하여 발생한 모든 거래를 근거로 수입금액과 비용을 확정하여 '이익'을 계산해 내고 이러한 절차를 통해 당 사업장의 연말의 재무상태와 1년간의 경영성과를 파악하는 일련의 과정을 말한다.

이러한 결산 자료를 바탕으로 경영성과에 따른 세금을 계산하게 되는 것이다.

### 반기별 손익결산

'반기별 손익결산' 이란 이러한 결산을 연중 반기별로 2회 이상 실시하여 해당 상반기의 대략적인 이익과 세액을 분석하는 것으로 본 분석결과를 바탕으로 당 사업장의 문제점을 발견하고, 향후 하반기의 세무보고에 미리 대비 할 수 있다는 효용이 있다.

## 2. 반기별 손익결산의 효과

① '반기별 손익결산'을 시행하게 되면 반기별로 자신의 대략적인 예상세액을 파악할 수 있으므로 납부세액을 어느 정도 충당하여 놓는 기능과 그때그때 부족하거나 필요한 증빙들에 대한 관리가 이루어지므로 적절하고 효율적인 경비의 처리로 인한 절세효과가 나타나게 된다.

② 실제로 5월 소득세 신고 때 본인의 세액에 대하여 처음 인식을 하고 무리하게 경비처리를 시도해서(적격증빙 없는 가공경비 등) 불필요한 모험을 하게 되는 경우도 있는 만큼 현실적으로 '반기별 손익결산'의 효용은 크다고 할 수 있다.

## 3. 반기별 손익결산의 성과

① 경영성과의 즉시 확인을 통한 여러 가지 사업전략에 도움이 된다.

② 공동개원 의사는 이익분배의 기준항목으로 이용가능하다(이익을 배분하는 과정에서 1년이라는 결산기간은 매우 길고 부담되는 기간이 될 수 있음).

③ 반기별로 산출된 이익에 근거하여서 보유 현금 한도 내에서 예상 세액과 일정 부분 여유 한도를 유보시킨 후의 금액을 지분비율대로 분배하는 등의 여러가지 이익분배방식의 다양성을 제공하는 재무적 테크닉의 도구로도 쓰일 수 있다.

# 제5장
# 개인병의원 사업장현황신고

# 제1절 면세사업자의 사업장현황신고

## 1. 면세사업자의 이해

원칙적으로 모든 재화(상품)나 용역(서비스)의 공급에 대하여는 부가가치세가 과세되고, 그 세금을 최종소비자가 부담하도록 되어 있으나, 예외적으로 저소득층의 세금부담 경감 또는 기타 정책적 목적으로 일부 재화 또는 용역의 공급에 대해서는 부가가치세를 면제하고 있다.

이와 같이 부가가치세가 면제되는 사업을 경영하는 사업자를 면세사업자라 한다. 단, 이 경우에도 부가가치세만 면제되는 것이지, 면세사업을 통해 얻은 소득에 대한 소득세는 면제되지 않는다.

## 2. 부가가치세 면제대상

부가가치세법에서 면세대상으로 규정하고 있는 재화와 용역은 다음과 같다. 다음에서 보는 바와 같이 의료보건용역은 면세대상으로 규정하고 있고 개인병의원은 의료보건용역을 제공하는 사업자에 해당되므로 면세대상이 된다.

| 부가가치세가 면제되는 재화와 용역 | |
|---|---|
| 기초생활 필수품 | - 가공되지 아니한 식료품(쌀, 채소, 육류, 어류, 건어물 등)<br>- 우리 나라에서 생산된 식용이 아닌 농산물·축산물·수산물·임산물<br>- 수돗물, 연탄, 여객운송용역(항공기, 고속버스, 택시 등 제외) |
| 국민후생용역 | - 의료보건용역(의료용역, 장의용역 등)<br>- 교육용역(정부의 인가 또는 허가를 받은 학원, 교습소등)<br>- 주택(국민주택규모이하) |
| 문화관련 재화·용역 | - 도서, 신문, 잡지 |
| 생산요소 | - 토지(토지의 임대는 과세)<br>- 인적용역<br>- 금융·보험용역 |
| 기 타 | - 우표, 판매가격이 200원 이하인 담배 등 |

## 3. 과세·면세 관련 판단사례

① 피부관리용역이 의료보건용역과 부수되는 용역으로 보아 부가가치세 면제 여부

쟁점용역은 비록 피부과 의사의 지도·감독하에서 이루어진 행위라 하여도 의료법상 의료인이 아닌 피부관리사가 주로 제공한 용역으로서 그 주된 목적이 질병의 치료나 예방에 있다기보다는 피부의 탄력이나 미백 등 미용적인 효과를 추구하는 피부관리로 보아야 할 것이지 의료법상 의사 등이 제공하는 치료로서 의료보건용역으로 볼

성질의 것은 아니다. 사정이 이렇다면 쟁점용역은 부가가치세법 제12조제1항 또는 제3항에서 부가가치세 면세용역으로 규정한 의료보건용역이나 그 용역의 공급에 필수적으로 부수되는 용역의 공급으로 보기 어렵다. 따라서, 처분청이 청구인에게 이 건 부가가치세를 부과한 처분은 잘못이 없다고 판단된다.(국심2006서2863 2006.11.21)

② 비만치료 용역 등의 부가가치세 면제 여부

의료법의 규정에 의하여 의료기관을 개설한 자가 당해 의료기관내에서 비만치료를 받고자 하는 자에게 비만상태의 검사 및 진단, 치료를 위한 의약품 처방, 지방제거를 위한 흡입수술 등의 용역을 제공하는 경우에 당해 용역은 부가가치세법 제12조 제1항 제4호 및 같은법 시행령 제29조의 규정에 의하여 부가가치세가 면제되는 것이나,

다만, 건강보조식품 등을 별도로 판매하는 경우에는 동 규정에 의한 의료보건용역에 해당하지 아니하여 부가가치세가 과세되는 것임. (예규,서면3팀-2627. 2004.12.23)

③ 제대혈 보관용역 관련

의료법에 의하여 설립된 의료기관이 제대혈을 채취하여 일정기간 동안 초저온 상태로 냉동 보관하여 주고 그 대가를 받는 경우 부가가치세법 제12조 제1항 제4호 및 동법시행령 제29조 규정의 의료보건용역에 해당되지 아니하여 부가가치세가 과세되는 것입니다. (예규, 서면3팀-446, 2004.03.08)

④ 산후조리원의 과세여부

의료법의 규정에 의하여 의료기관을 개설한 자가 당해 의료기관내에 산모의 산후관리를 위한 시설을 갖추고 산모에게 침식을 제공하여 각종 시설을 이용하게 하고 건강상담, 신생아 관리 등의 용역을

제공하는 산후조리원을 운영하는 경우에 당해 용역은 부가가치세법 제12조 제1항 제4호 및 동법 시행령 제29조에 규정하는 의료보건용역에 해당되지 아니하는 것이며, 의료기관이 제공하는 의료보건용역에 필수적으로 부수되는 용역에 해당되지 아니하므로 부가가치세가 과세되는 것임(예규 부가46015-3541,

　2000.10.20)

⑤ 병원용도 건물 양도 시 부가가치세 면제여부

부가가치세 면세사업자가 면세사업에 사용하던 사업용 고정자산을 양도하는 경우에는 「부가가치세법」 제12조 제3항의 규정에 의하여 부가가치세가 면제되는 것임. (예규,서면3팀-2199, 2006.09.20)

⑥ 장례식장에서 음식용역을 제공하는 경우 부가세 과세 여부

가정의례에관한법률 제5조의 규정에 의하여 신고한 장례식장업자가 장례식장을 방문한 문상객에게 음식용역을 제공하는 경우에는 부가가치세법시행령 제29조 제6호에 규정하는 장의용역에 해당하지 아니하여 부가가치세법 제1조 제1항의 규정에 의하여 부가가치세가 과세되는 것임.(예규,부가46015-1827 2000.07.26)

⑦ 의료보건용역의 공급에 부수되는 음식물 면세여부

부가가치세가 면제되는 의료보건용역을 공급하면서 입원환자에게 제공하는 음식용역은 거래의 관행으로 보아 통상적으로 주된 거래인 용역의 공급에 부수하여 공급되는 것으로 인정되는 재화 또는 용역으로서 부가가치세가 면제됨 (예규 부가 46015

　-699 1999.03.18)


## 4. 면세사업자의 사업장현황신고

부가가치세 면세사업자인 병의원은 1년(1.1~12.31)간의 총수입금액(매출액)과 경비 등에 대한 내역을 다음연도 1.1~1.31까지 사업장 관할세무서에 신고해야 한다.

　- 신고대상 사업기간 : 전년도 1.1~12.31

　- 신고기간 : 매년 1.1~1.31

부가가치세 과세사업자는 매 3개월(또는 6개월)마다 부가가치세 신고를 하는 과정에서 3개월(또는 6개월) 단위로 매출액이 국세청에 통보되게 된다.

이와 달리, 병의원 사업자는 면세사업자이므로 1월의 사업장현황신고를 통해서 1년간의 총매출액이 한번에 국세청에 통보되는 것이다.

세무서에서는 신고대상자를 통상 중점관리 대상자, 우편신고 대상자, 자료과세 대상자로 구분하여 신고관리를 하는데 의료업 중 병의원(한의원포함), 기타의료업 중 복식부기 의무자는 중점관리 대상자로 분류되어 있다.

## 5. 사업장현황신고 불성실가산세

### 병의원의 경우

세무당국은 사업장현황신고에 따른 미신고 및 과소신고에 대하여 다음과 같이 가산세를 부과한다.

가산세액 = 미신고 · 과소신고 수입금액 × 5/1,000(0.5%)

○ 부과대상 : 사업장현황신고를 하지 아니하거나 신고하여야 할 수이금
          액에 미달하게 신고한 때
○부과대상자 : 의료업, 수의업, 약사업
○가산세율 : 기준금액의 1천분의 5 (결정세액에 가산)

# 제2절 사업장현황신고의 대상

## 1. 신고대상 개인병의원

개인병의원사업장은 면세사업자 사업장현황신고를 하여야 한다.
사업장현황신고를 하는 개인병원은 다음과 같다.

① 일반 병의원

② 성형외과 병의원

③ 안과 병의원

④ 치과 병의원

⑤ 피부과 병의원

⑥ 한방병원/한의원

⑦ 동물병원(수의사)

## 2이상의 사업장

또한 2이상의 사업장이 있는 사업자는 각 사업장별로 사업장현황
신고를 하여야 한다.

### 공동사업자

공동으로 병의원을 운영하는 경우에는 당해 공동사업장의 사업장현황신고서와 함께 각 구성원의 사업장현황보고서를 별지로 작성하여 제출하여야 한다.


## 2. 신고대상 수입과 비용

개인병의원사업자는 전년도 연간 매출 및 매입에 관한 수입금액과 지출경비 등을 사업자현황신고서 등에 사업자의 인적사항, 매출액, 시설현황, 경비, 의약품사용액 등을 기재하여 신고하여야 한다.
① 직전연도 연간 총수입금액
② 직전연도 연간 경비
③ 시설현황
④ 종업원현황


## 3. 사업장현황 신고기간

면세사업자의 사업장현황신고는 직전연도 연간 수입과 비용에 대하여 매년 1월에 신고하여야 한다.
- 신고기한 : 매년 1월 1일부터 31일까지
- 신 고 처 : 사업장관할세무서

## 4. 사업장현황 신고서류

병의원사업자는 수입금액과 기본현황 등을 기재한 사업장현황신고서, 수입금액검토표 및 수입금액검토부표, 매출·매입처별계산서합계표, 매입처별세금계산서합계표를 제출해야 한다.

### 사업장현황신고시 제출서류

| 제출서류명 | 제출의무자 | 내　용 |
|---|---|---|
| ① 사업장현황신고서 | 모든사업장현황신고대상자(공통) | 매출액 및 기본 현황 |
| ② 매출처별<br>　계산서합계표<br>③ 매입처별<br>　계산서합계표<br>④ 매입처별<br>　세금계산서합계표 | 신고대상자중(세금)계산서를 이용한 거래가 있는 자 | (세금)계산서 거래내용 |
| ⑤ 수입금액검토표 | 병의원·한의원·동물병원 등 | 주요장비·매입액·사용 경비명세 |
| ⑥ 수입금액검토부표 | 성형외과·안과·치과·피부과·한의원 | 병과별 특성에 따른 주요장비·매입액명세 |

### 중점관리대상자 첨부서류(수입금액검토표 및 부표)

| 종 목 | 개별제출서류 |
| --- | --- |
| 일반 병·의원 | • 의료업자 수입금액검토표(일반병의원·한의원 공통) |
| 성 형 외 과 | • 의료업자 수입금액검토표(일반병의원·한의원 공통)<br>• 성형외과 병·의원 수입금액검토부표 |
| 안      과 | • 의료업자 수입금액검토표(일반병의원·한의원 공통)<br>• 안과 병·의원 수입금액검토부표 |
| 치      과 | • 의료업자 수입금액검토표(일반병의원·한의원 공통)<br>• 치과 병·의원 수입금액검토부표 |
| 피 부 과 | • 의료업자 수입금액검토표(일반병의원·한의원 공통)<br>• 피부과 병·의원 수입금액검토부표 |
| 한방병원/<br>한의원 | • 의료업자 수입금액검토표(일반병의원·한의원 공통)<br>• 한방 병·의원 수입금액검토부표 |
| 동물병원<br>(수의사) | • 동물병원(수의사) 수입금액검토표 |

# 제3절 의료업의 수입금액과 필요경비

## 1. 의료업의 수입금액

수입금액이라 함은 세무상의 용어로서 의료업에서는 "총 진료수입"을 말한다. 이는 병의원사업자가 병의원 경영과 직접 관련하여 벌어들인 보험수입과 비보험수입을 포함한 모든 수입액을 말한다.

### 수입금액 결정시 유의사항

① 의료보험수입과 일반진료수입의 비율을 세무서별, 진료과목별로 분석하여 의료사업자의 성실신고여부 등 관리자료로 활용한다.

② 비보험 일반진료수입 및 현금수입이 많은 병과의 경우 신용카드수입과 현금수입의 비율을 분석하여 과세에 활용하고 있다.

③ 세무조사시 수입금액은 통장이나 진료카드, 수납전표, 처방전, 관련단체 보고서류, 원무일지, MRI 작동횟수, 약제나 치료소모품 등을 조사하여 누락여부를 확인하기도 하는 바, 일부 서류의 불일치로 인하여 수입금액의 누락혐의를 받지 않도록 유의하여야 한다.

## 병의원 경영외 기타수입

① 병의원 경영상의 수입을 금융기관 등에 예치하여 수령하는 이자소득 등이 발생하는 경우 : 병의원의 총수입금액에 포함하지 않고 병원장 개인의 별도의 이자소득 등으로 분류하여 과세한다.

② 병의원 사업장의 일부를 임차하는 경우 : 병의원의 사업 수입이 아닌 별도의 부동산임대소득으로 분류하여 과세한다.


## 2. 의료업의 필요경비

필요경비란 수입을 창출하기 위해 들어간 경비로서 수입금액과 대응되는 비용을 의미한다.

① 적법한 경비로 인정받기 위해서는 3만원 초과 지출이나 접대비 등은 반드시 세금계산서를 받거나 신용카드로 결제하도록 해야 한다.

② 수입 창출과 관계없고, 사업과 관련 없이 지출된 경비는 비용으로 인정되지 않으며, 접대비 등과 같이 일정범위를 초과하는 지출액과 일정요건에 부합되지 않은체 지출한 기부금 등은 경비로 인정되지 않는다.

## 필요경비 결정시 유의사항

경비의 내용을 살펴보면 수입과 직접 연결되는 부분이 있는데 이러한 경비에 대해서는 주의를 할 필요가 있다.

① 의약소모품이나 의료용품, 약재 등의 소요량을 파악하여 수입금액을 역산할 수 있음으로 경비를 과대 계상하여서는 안된다.

② 사업관련경비는 아니지만 개인적으로 지출한 비용 중 해외여행, 부동산매입, 외제 승용차구입, 콘도·골프·스키회원권 구입 등은 세무당국에서 과세자료로 활용하고 있음에 유의해야 한다.

# 제4절 세무서의 의료업자 관리

## 1. 고가의료장비 파악자료

고가의 의료장비 또는 비보험 고가의료장비를 수입하거나 리스자
산으로 취득하여 설치한 병의원에 대한 자료를 수집하여 활용하고
있다.

① 수입금액검토표에 고가의 의료장비시설을 기재하도록 하고 리
스업체로부터 의료장비의 리스자료를 수집하고 분석하여 파악
한다.

② 비보험 고가의료장비(MRI, 엑시머레이저, 초음파 영상진단기
등)는 설치업체의 비보험 진료수입 금액 자료 분석에 활용한
다.

③ 고가의 의료장비(CT 등)는 설치 전과 후의 수입금액을 비교하
고, 리스료 등 유지비와 관련한 의료 수입을 비교분석하여 수
입금액양성화 자료로 활용한다.

## 2. 연도별 수입금액명세 파악자료

의료업자의 수입금액자료는 장비자료 이외에 다음과 같은 자료를 수집하여 활용하고 있다.

- 의료보험, 산재보험, 의료보호
- 자동차보험, 자동차공제조합자료
- 예방접종(초등학교)
- 보철자료(치과 기공소)
- 한약재 자료(수입상, 도매상)
- 수의사등록현황(수의사 협회)
- 마약류사용량(보건소) 등

## 3. 세무서의 사업장현황조사

사업장 관할세무서장 또는 지방국세청장은 사업자에게 다음에 해당하는 사유가 있는 때에는 사업장현황을 조사·확인하거나 이에 관한 장부·서류·물건 등의 제출 기타 필요한 사항을 명할 수 있다.

① 사업장현황신고서를 제출하지 아니한 경우

② 사업장현황신고서 내용 중 시설현황·인건비·수입금액 등 기본사항의 중요부분이 미비하거나 허위라고 인정되는 경우

③ 매출·매입에 관한 계산서 수수내역이 사실과 현저하게 다르다고 인정되는 경우

④ 사업자가 그 사업을 휴업 또는 폐업한 경우

## 4. 세무서의 수입금액 산정

사업자의 수입금액은 그 사업자가 비치하고 있는 장부 기타 증빙서류에 의하여 산정함을 원칙으로 한다.

다만, 사업자의 수입금액을 장부 기타 증빙서류에 의하여 계산할 수 없는 경우에는 동업자권형 등 일정한 방법에 의하여 계산한 금액으로 한다.

## 5. 사업장현황신고시 유의사항

매년 1월에 신고한 매출금액은 5월 종합소득세 신고시 대조자료로 사용되므로 신고전에 주의를 기울여야 한다.

전년도의 신고내용을 감안하여 매출액 자료를 충분히 점검하여야 한다. 만약 착오로 금액차이가 크게 발생하였다면 5월 종합소득세 신고시에는 당연히 정확한 매출액을 기준으로 신고하여야 할 것이다.

아울러 혹시 있을지 모를 세무조사에 대비하여 매출관련 증빙들을 철저히 구비·보관하여야 한다.

# 제5절 사업장현황 신고서식 작성요령

## 1. 작성 전의 검토사항

병의원 원장도 경영자임을 강조하고 싶다. 경영자라면 본인이 운영하는 사업체에 대해 세무서에 신고·제출하는 서식 정도는 숙지해 둘 필요가 있다.

특히, 비보험진료를 주로 행하는 병과에 대해서는 병과별 특성에 따른 주요 의료기기현황, 진료유형별 비보험 수입금액, 의약품 등 매입액 명세 등을 구체적으로 기재하도록 하는 부표를 작성·제출하도록 강화되고 있음으로 사전에 충분히 검토 후 작성해야 한다.

## 2. 사업장현황 신고서식 작성요령

① 사업장현황신고서
② 의료업자 수입금액검토표
③ 성형외과병의원 수입금액검토부표
④ 안과병의원 수입금액검토부표

⑤ 치과병의원 수입금액검토부표
⑥ 피부과병의원 수입금액검토부표
⑦ 한방병의원 수익금액검토부표
⑧ 동물병원(수의사) 수입금액검토표
⑨ 매출처별계산서합계표(갑)(을)
⑩ 매입처별계산서합계표(갑)(을)
⑪ 매입처별세금계산서합계표(갑)(을)

# 사 업 장 현 황 신 고 서

| 관리번호 | | 과세기간( 년 월 일~ 년 월 일) |
|---|---|---|

## 1. 인적사항

| ① 상 호 | | ② 사업자등록번호 | | | | | | | – | | | – | | | | | |
|---|---|---|---|---|---|---|---|---|---|---|---|---|---|---|---|---|
| ③ 성 명 | | ④ 주민등록번호 | | | | | | | | – | | | | | | | |

| ⑤ 사업장주소 | | | ⑥ 전 화 번 호 | |
|---|---|---|---|---|
| ⑦ 전화번호(자택) | ⑧ 휴 대 전 화 | | ⑨ E - mail | |
| ⑩ 개 업 연 월 일 | ⑪ 폐 업 연 월 일 | | ⑫ 폐 업 사 유 | |

## 2. 수입금액(매출액) 내역

(단위:원)

| ⑬ 업 태 | ⑭ 종 목 | ⑮ 업종코드 | ⑯ 소계(⑰+⑱) | ⑰ 계산서발행금액 | ⑱ 기타수입금액 |
|---|---|---|---|---|---|
| | | | 수 입 금 액 ( 매 출 액 ) | | |
| 01 | | | | | |
| 02 | | | | | |
| 03 | | | | | |
| ⑲ 합 계 | | | | | |

## 3. 수입금액(매출액) 결제수단별 구성명세

(단위:원)

| ⑳ 합계(=⑲=㉑+㉒+㉓) | ㉑ 신용카드/선불카드매출액 | ㉒ 지로(GIRO)매출액 | ㉓ 기 타 매 출 액 |
|---|---|---|---|
| | | | |

## 4. 계산서세금계산서신용카드 수취금액

(단위:원)

| ㉔ 합 계<br>(㉕+㉖+㉗) | ㉕ 계산서를 받고<br>매입한 금액 | ㉖ 세금계산서를 받고<br>매입한 금액 | ㉗ 신용카드등으로매입한<br>금액(㉕,㉖과 중복분은 제외) |
|---|---|---|---|
| | | | |

## 5. 기본사항

(단위:㎡,원,대,명)

| ㉘ 건물면적 | ㉙ 임차보증금(타가) | ㉚ 차 량 | ㉛ 기타특수시설 등 | ㉜ 종업원수 |
|---|---|---|---|---|
| | 시 설 현 황 | | | |
| | | | | |

## 6. 기본경비

(단위:원)

| ㉝ 합계(㉞+㉟+㊱+㊲) | ㉞ 임 차 료 | ㉟ 매 입 액 | ㊱ 인 건 비 | ㊲ 기타제경비 |
|---|---|---|---|---|
| | | | | |

## 7. 첨부서류(해당자만 표기)

| ㊳매입처별계산서합계표<br>□전산매체 □서면 |
|---|
| ㊴매출처별계산서합계표<br>□전산매체 □서면 |
| ㊵매입처별세금계산서합계표<br>□전산매체 □서면 |
| ㊶수입금액검토표 □ |

소득세법 제78조 및 동법시행령 제141조 제1항의 규정에 의하여
( □서면 □전자 ) 신고합니다.

년 월 일

신 고 인 (서명 또는 인)
세무대리인 (서명 또는 인)
(관리번호 )

세무서장 귀하

# 작 성 요 령

1. 작성대상자 : 부가가치세면세사업자(자료과세자, 납세조합가입자 제외)입니다.

2. 작 성 구 분 : 사업장별로 각각 작성합니다.

3. 공동사업자 : 공동사업장 신고서와 대표자 및 구성원 각각의 신고서를 별지로 작성하여 부표로 제출합니다.

4. ①～⑩ : 사업자등록증의 내용을 기재하며 별도의 사업장이 없는 경우에는 ⑤란에 주소지를 기재하고 휴대전화와 전자우편주소를 기재합니다.

5. ⑪～⑫ : 과세기간 중 폐업자는 폐업연월일과 폐업사유를 기재하고, 사업자등록증을 첨부하여 제출하면 폐업신고에 갈음할 수 있습니다.

6. ⑬～⑱ : 업태·종목별로 구분하여 수입금액을 기재하되, 각 업태·종목별 수입금액은 계산서를 발행한 금액과 계산서를 발행하지 않은 기타금액(신용카드·지로·현금 등 매출액)으로 구분하여 각각 ⑰, ⑱란에 기재하고, 그 합계액을 ⑯란에 기재합니다. 다만, ⑮란은 사업자가 기재하지 아니합니다(국세공무원이 작성).

7. ⑲ : ⑯란의 수입금액을 각각 합계하여 기재합니다.

8. ⑳～㉓ : ⑳란은 ⑲란의 합계금액과 같으며, 수입금액의 결제수단별 구성명세를 신용카드매출액, 지로 매출액, 그리고 나머지인 현금 및 기타매출액으로 구분하여 각각 ㉑～㉓란에 기재합니다.

9. ㉔～㉖ : 당해 과세기간에 사업과 관련하여 매입한 금액중 계산서를 받고 거래한 금액(㉕)과 세금계산서를 받고 거래한 금액(㉖) 및 신용카드 등으로 매입한금액(㉗, ㉕·㉖란과 중복분은 제외)을 구분하여 각각 기재 하고, ㉕～㉗란을 합계하여 ㉔란에 기재합니다.

10. ㉘～㉜ : 과세기간 종료일 현재를 기준으로 기재하되, ㉗란에는 전용면적을 기재합니다.

11. ㉟ : 당해 연도의 수입금액 창출과 직접 관련하여 매입한 원재료·상품 등만을 기재하고, 사업용 건물과 차량 등 고정자산 구입액은 제외합니다.

12. ㉞,㊱,㊲ : 당해 과세기간에 사업과 관련하여 지출한 금액을 기재하되, ㉞～㊱란을 제외한 모든 경비(예: 광고선전비, 보험료 및 지급이자 등)는 ㊲란에 기재합니다.

13. ㉝ : ㉞～㊲란을 합계하여 기재합니다.

14. ㊳～㊵ : 합계표의 전산매체 또는 서면 제출여부를 체크(√)하며, 첨부서류가 없거나 미제출시에는 체크하지 않습니다.

15. ㊶ : 수입금액검토표 제출여부를 체크(√) 합니다.

16. 기타 의문사항에 대하여는 세무서에 문의하시기 바랍니다.

# 의료업자 수입금액검토표
### (일반병의원 · 한의원 공통)

## 1. 기본사항

| ① 사업자등록번호 | | ② 상호 | | ③ 성명 | |
|---|---|---|---|---|---|
| ④ 주민등록번호 | | ⑤ 병과 | | ⑥ 업종코드 | |

| 사업장시설 | ⑦ 진 료 실 | ( )㎡ | 인원현황 | ⑫ 고용의사 | ( )명 |
|---|---|---|---|---|---|
| | ⑧ 수 술 실 | ( )㎡ | | ⑬ 외래의사 | ( )명 |
| | ⑨ 병 실 | ( )㎡ ⑩병상 ( )개 | | ⑭ 간 호 사 | ( )명 |
| | ⑪ 대기실외 | ( )㎡ | | ⑮ 기 타 | ( )명 |

## 2. 총수입금액 및 차이조정 명세

(단위:천원)

| 구 분 | 당 해 과 세 기 간 | | | | | |
|---|---|---|---|---|---|---|
| | ⑯ 합계 | ⑰ 비보험 | ⑱ 건강보험 | ⑲ 손해보험 공제조합등 | ⑳ 의료급여 | ㉑ 기타수입 |
| ㉒ 합 계 (㉓-㉔＋㉕) | | | | | | |
| ㉓ 당해과세기간 수 령 금 액 | | | | | | |
| ㉔ 직전과세기간 진료분수령액 | | | | | | |
| ㉕ 당해과세기간 진료분미수령액 | | | | | | |

## 3. 의약품(한약재) 등 사용검토

(단위:천원)

| 구 분 | ㉖ 전기이월액 | 당 해 과 세 기 간 | | ㉙ 차기이월액 |
|---|---|---|---|---|
| | | ㉗ 매입액 | ㉘ 사용액 | |
| ㉚ 치료의약품 | | | | |
| ㉛ 의료소모품 | | | | |

## 4. 마취제 취급량

(단위:천원,㎖)

| 종 류 | 전기이월 | | 당 해 과 세 기 간 | | | 사용(지급)금액 | | 차기이월 | |
|---|---|---|---|---|---|---|---|---|---|
| | | | 매입금액 | | ㊱마취건수 (건) | | | | |
| | ㉜용량 | ㉝금액 | ㉞용량 | ㉟금액 | | ㊲용량 | ㊳금액 | ㊴용량 | ㊵금액 |
| ㊶국부마취제 | | | | | | | | | |
| ㊷전신마취제 | | | | | | | | | |
| ㊸출장마취비 | | | | | | | | | |

( ) 의료업에 대한 수입금액 및 의약품 등 사용액을 신고합니다.

　　　　　　년　　　　　월　　　　　일

　　　　　사 업 자 :　　　　　　　　　　　㊞
　　　　　세무대리인 :　　　　　　　　　　㊞
　　　　　(관리번호　　　　　　　　　　　)

세무서장 귀하

**작성요령**

※ 의료업자 수입금액검토표를 불성실하게 작성하시거나 제출하지 않는 경우, 현지확인 또는 조사대상자로 선정되는 등 불이익을 받을 수 있으므로 성실하게 작성하여 주시기 바랍니다.

1. 작성대상 : 동물병원(수의사)을 제외한 모든 의료업자입니다.

2. 기본사항
   과세기간 종료일 현재를 기준으로 사업장 시설과 종사인원 현황을 작성합니다.
   ※ 사업장시설은 반드시 ㎡(병상은 개수)로 기재하여 주시기 바랍니다.
   ※ 한의원은 고용의사란에 "한의사"를, 외래의사란에 "약제사"를 기재합니다.

3. 총수입금액 및 차이조정 명세
   당해 과세기간중 수입금액을 비보험, 건강보험, 손해·공제조합 등의 종류별로 나누어 기재하시고, 정산내역별 수입금액 작성방법은 아래내용을 참조하시기 바랍니다.
   - ⑰ 비보험은 건강보험이 적용되지 않는 비급여대상 수입금액을 당해 과세기간 진료기준(용역의 제공을 완료한 날)으로 작성합니다.
   - ⑱ 건강보험은 국민건강보험공단에서 요양기관으로 통보하는 「연간 요양급여 비용 지급내역 통보서」를 참조하여 아래와 같은 요령으로 작성합니다.
     (⑲ 손해보험·각종 공제조합 등의 작성요령도 동일합니다)
     • ㉓ 당해과세기간수령금액은 「연간 요양급여비용 지급내역 통보서」의 본인부담금과 공단부담금 합계액을 원천징수세액을 포함한 전체 금액으로 기재합니다.
     • ㉔ 직전과세기간진료분수령액은 직전 과세기간에 진료를 하고 건강보험심사평가원에 심사청구한 금액(본인부담금과 공단부담금 합계액)을 기재합니다.
     • ㉕ 당해과세기간진료분미수령액은 당해 과세기간에 진료하고 건강보험심사평가원에 심사청구한 공단부담금과 당기에 기수령한 본인부담금의 합계액을 기재합니다.
   - ⑳ 의료급여은 국민건강보험공단에서 통지되는 내역을 참조하여 작성합니다.
   - ㉑ 기타수입은 모자보건사업지원금 등 각종 보조금을 기재합니다.

4. 의약품(한약재) 등 사용검토
   - ㉚ 치료의약품에는 의료업자의 전체 치료의약품(마취제 포함) 가액을 기재하고, 그 중에 특히 마취제에 대하여는 ㊶및 ㊷란에 별도로 기재하시기 바랍니다.

5. 마취제 취급량
   - 마취제의 매입액·사용액 등을 기재하고, 출장마취비는 사용수량과 지급액을 기재합니다.

# 성형외과 병·의원 수입금액검토부표

**(1) 인적사항**

| ① 사업자번호 | | ② 상호 | | ③ 성명 | |
|---|---|---|---|---|---|
| | | | | | |

**(2) 주요 의료기기 현황 (고가순으로)**    (단위:대,천원)

| 종 류 | | ⑤대 수 | ⑥취득일 | ⑦취득가액 | ⑧리스일 | ⑨리스가액 |
|---|---|---|---|---|---|---|
| 코드 | ④명 칭 | | | | | |
| | | | | | | |
| | | | | | | |
| | | | | | | |
| | | | | | | |

**(3) 진료유형별 비보험 수입금액 (고액순으로)**    (단위:명,천원)

| 구 분 | | 당해 과세기간 | | 구 분 | | 당해 과세기간 | |
|---|---|---|---|---|---|---|---|
| 코드 | ⑩유 형 | ⑪인원 | ⑫수입금액 | 코드 | ⑩유 형 | ⑪인원 | ⑫수입금액 |
| | | | | | | | |
| | | | | | | | |
| | | | | | | | |
| | | | | | | | |
| | | | | | | | |

**(4) 주요사용재료 현황**    (단위:천원,Unit,세트)

| ⑬종 류 | 전기이월 | | 당해 과세기간 | | | | | 차기이월 | |
|---|---|---|---|---|---|---|---|---|---|
| | | | 매입금액 | | ⑱사용건수 (건) | 사용금액 | | | |
| | ⑭용량 | ⑮금액 | ⑯용량 | ⑰금액 | | ⑲용량 | ⑳금액 | ㉑용량 | ㉒금액 |
| 보툴리눔독스 (보톡스) | | | | | | | | | |
| 실리콘·콜라겐 ·고어택스 | | | | | | | | | |
| 셀라인· 하이드로겐 | | | | | | | | | |

성형외과에 대한 수입금액 및 의료기기 현황 등을 신고합니다.

년        월        일

사 업 자 :                            ⑪

세무대리인 :                            ⑪

(관리번호                            )

세무서장 귀하

## 작성요령

※ 성형외과 수입금액검토부표를 불성실하게 작성하시거나 제출하지 않는 경우, 현지확인 또는 조사대상자로 선정되는 등 불이익을 받을 수 있으므로 성실하게 작성하여 주시기 바랍니다.

1. 인적사항
   인적사항을 기재합니다.

2. 주요 의료기기 현황
   사용하고 있는 주요 의료기기를 종류별로 구분하여 고가순으로 작성합니다.

| 코드 | 의료기기 명칭 | 코드 | 의료기기 명칭 |
|---|---|---|---|
| 01 | CO2레이저 | 06 | IPL레이저 |
| 02 | 지방흡입기 | 07 | YAG레이저 |
| 03 | 마취기 | 08 | ERBIUM레이저 |
| 04 | 소독기 | 09 | 다이아몬드박피기 |
| 05 | MEDLITE레이저 | 91~93 | 기타 |

3. 진료유형별 비보험 수입금액
   보험이 적용되지 않는 미용성형 등 진료유형별 수입금액을 합계하여 고액순으로 기재하고, 인월란은 진료차트를 기준으로 진료·치료·수술·미용 등 연인원을 기재합니다.

| 코드 | 진료유형별 비보험수입금액 | 코드 | 진료유형별 비보험수입금액 |
|---|---|---|---|
| 01 | 코성형 | 06 | 지방흡입 |
| 02 | 가슴(확대)성형 | 07 | 턱성형 |
| 03 | 점(문신,흉터)제거 등 | 08 | 쌍거플 |
| 04 | 주름제거 | 09 | 제모 |
| 05 | 피부박피 | 91~93 | 기타 |

4. 주요 사용재료 현황
   진료·치료·수술·미용 등 의료행위와 관련하여 사용되는 재료의 사용건수, 사용량, 금액을 구분하여 기재합니다.
   (예) 보틀리눔독스(보톡스, 실리콘·콜라겐·고어택스, 셀라인·하이드로겐 등

# 안과 병·의원 수입금액검토부표

**(1) 인적사항**

| ① 사업자번호 | | ② 상호 | | ③ 성명 | |
|---|---|---|---|---|---|
| | | | | | |

**(2) 주요 의료기기 현황 (고가순으로)**　　　　　　　　(단위:대,천원)

| 종 류 | | ⑤대 수 | ⑥취득일 | ⑦취득가액 | ⑧리스일 | ⑨리스가액 |
|---|---|---|---|---|---|---|
| 코드 | ④명 칭 | | | | | |
| | | | | | | |
| | | | | | | |
| | | | | | | |
| | | | | | | |

**(3) 진료유형별 비보험 수입금액 (고액순으로)**　　　　　　　　(단위:명,천원)

| 구 분 | | 당해 과세기간 | | 구 분 | | 당해 과세기간 | |
|---|---|---|---|---|---|---|---|
| 코드 | ⑩유 형 | ⑪인원 | ⑫수입금액 | 코드 | ⑩유 형 | ⑪인원 | ⑫수입금액 |
| | | | | | | | |
| | | | | | | | |
| | | | | | | | |
| | | | | | | | |
| | | | | | | | |

안과에 대한 수입금액 및 의료기기 현황 등을 신고합니다.

　　　　　　　년　　　　　월　　　　　일

　　　　　사 업 자 :　　　　　　　　　　　　㉙

　　　　　세무대리인 :　　　　　　　　　　　㉙

　　　　　(관리번호　　　　　　　　　　　　)

세무서장 귀하

작성요령

※ 안과 수입금액검토부표를 불성실하게 작성하시거나 제출하지 않는 경우, 현지확인 또는 조사대상자로 선정되는 등 불이익을 받을 수 있으므로 성실하게 작성하여 주시기 바랍니다.

1. 인적사항
   인적사항을 기재합니다.

2. 주요 의료기기 현황
   사용하고 있는 주요 의료기기를 종류별로 구분하여 고가순으로 작성합니다.

| 코드 | 의료기기 명칭 | 코드 | 의료기기 명칭 |
|---|---|---|---|
| 01 | 엑시머레이저 | 11 | 안저카메라 |
| 02 | 자동굴절검사기 | 12 | 유니트체어 |
| 03 | 자동안압검사기 | 13 | 적외선치료기 |
| 04 | 미세각막절삭기 | 14 | 각막지형도검사기 |
| 05 | 초음파수술기 | 15 | 고압멸균소독기 |
| 06 | 세극등검사기 | 16 | 렌즈측정기 |
| 07 | 수술용현미경 |  |  |
| 08 | YAG레이저 |  |  |
| 09 | 라식레이저 |  |  |
| 10 | Argon레이저 | 91~93 | 기타 |

3. 진료유형별 비보험 수입금액
   보험이 적용되지 않는 미용성형 등 진료유형별 수입금액을 합계하여 고액순으로 기재하고, 인원란은 진료차트를 기준으로 진료·치료·수술·미용 등 연인원을 기재합니다.

| 코드 | 진료유형별 비보험수입금액 | 코드 | 진료유형별 비보험수입금액 |
|---|---|---|---|
| 01 | 라식 | 05 | 콘텍트렌즈 |
| 02 | 라섹 |  |  |
| 03 | 엑시머레이저 |  |  |
| 04 | 미용쌍거풀 | 91~93 | 기타 |

# 치과 병·의원 수입금액검토부표

**(1) 인적사항**

| ① 사업자번호 | | ② 상호 | | ③ 성명 | |
|---|---|---|---|---|---|
| | | | | | |

**(2) 주요 의료기기 현황 (고가순으로)**　　　　　　　　　　　　　(단위:대,천원)

| 종 류 | | ⑤대 수 | ⑥취득일 | ⑦취득가액 | ⑧리스일 | ⑨리스가액 |
|---|---|---|---|---|---|---|
| 코드 | ④명 칭 | | | | | |
| | | | | | | |
| | | | | | | |
| | | | | | | |
| | | | | | | |

**(3) 진료유형별 비보험 수입금액 (고액순으로)**　　　　　　　(단위:명,천원)

| 구 분 | | 당해 과세기간 | | 구 분 | | 당해 과세기간 | |
|---|---|---|---|---|---|---|---|
| 코드 | ⑩유 형 | ⑪인원 | ⑫수입금액 | 코드 | ⑩유 형 | ⑪인원 | ⑫수입금액 |
| | | | | | | | |
| | | | | | | | |
| | | | | | | | |
| | | | | | | | |
| | | | | | | | |

**(4) 주요사용재료 현황**　　　　　　　　　　　　　　(단위:개,세트,천원)

| ⑬종 류 | ⑭전기이월 | 당해 과세기간 | | | ⑱차기이월액 |
|---|---|---|---|---|---|
| | | ⑮매입금액 | ⑯사용량 | ⑰사용금액 | |
| 임플란트 | | | | | |
| 교정용브라켓 | | | | | |
| 보철재료 | | | | | |

치과에 대한 수입금액 및 의료기기 현황 등을 신고합니다.

　　　　　　　년　　　　　월　　　　　일

　　　　　사 업 자 :　　　　　　　　　㊞
　　　　　세무대리인 :　　　　　　　　㊞
　　　　　(관리번호　　　　　　　　　)

세무서장 귀하

**작성요령**

※ 치과 수입금액검토부표를 불성실하게 작성하시거나 제출하지 않는 경우, 현지확인 또는 조사대상자로 선정되는 등 불이익을 받을 수 있으므로 성실하게 작성하여 주시기 바랍니다.

1. 인적사항
   인적사항을 기재합니다.

2. 주요 의료기기 현황
   사용하고 있는 주요 의료기기를 종류별로 구분하여 고가순으로 작성합니다.

| 코드 | 의료기기 명칭 | 코드 | 의료기기 명칭 |
|---|---|---|---|
| 01 | 유니트체어 | 06 | 레이저 |
| 02 | 임플란트엔진 | | |
| 03 | X-Ray | | |
| 04 | 파노라마 | | |
| 05 | 에어컴프레셔 | 91~93 | 기타 |

3. 진료유형별 비보험 수입금액
   보험이 적용되지 않는 보철 등 진료유형별로 수입금액을 합계하여 고액순으로 기재하고, 인원은 진료차트의 비보험 진료·수술건수를 기재합니다.

| 코드 | 진료유형별 비보험수입금액 | 코드 | 진료유형별 비보험수입금액 |
|---|---|---|---|
| 01 | 임플란트(Implant) | 08 | 콘텍트렌즈 |
| 02 | 브릿지(Bridge) | | |
| 03 | 라미네이트(Laminate) | | |
| 04 | 세라믹, 레진 Filling | | |
| 05 | 골드크라운 | | |
| 06 | 모세린크라운 | | |
| 07 | 인레이(Inlay) | 91~93 | 기타 |

4. 주요사용재료 현황
   당해 과세기간의 임플란트·교정용브라켓 및 보철재료 등의 사용현황을 기재합니다.

# 피부과 병·의원 수입금액검토부표

**(1) 인적사항**

| ① 사업자번호 | | ② 상호 | | ③ 성명 | |
|---|---|---|---|---|---|
| | | | | | |

**(2) 주요 의료기기 현황 (고가순으로)**　　　　　　　　　　　　　(단위:대,천원)

| 종류 코드 | ④명 칭 | ⑤대 수 | ⑥취득일 | ⑦취득가액 | ⑧리스일 | ⑨리스가액 |
|---|---|---|---|---|---|---|
| | | | | | | |
| | | | | | | |
| | | | | | | |
| | | | | | | |

**(3) 진료유형별 비보험 수입금액 (고액순으로)**　　　　　　　　(단위:명,천원)

| 구분 코드 | ⑩유 형 | ⑪인원 | ⑫수입금액 | 구분 코드 | ⑩유 형 | ⑪인원 | ⑫수입금액 |
|---|---|---|---|---|---|---|---|
| | | | | | | | |
| | | | | | | | |
| | | | | | | | |
| | | | | | | | |
| | | | | | | | |

**(4) 주요사용재료 현황**　　　　　　　　　　　　　　(단위:천원,Unit,세트)

| ⑬종 류 | 전기이월 ⑭용량 | ⑮금액 | 당해 과세기간 매입금액 ⑯용량 | ⑰금액 | ⑱사용건수 (건) | 사용금액 ⑲용량 | ⑳금액 | 차기이월 ㉑용량 | ㉒금액 |
|---|---|---|---|---|---|---|---|---|---|
| 보툴리눔독스 (보톡스) | | | | | | | | | |
| 실리콘·콜라겐 ·고어택스 | | | | | | | | | |
| 셀라인· 하이드로겐 | | | | | | | | | |

피부과에 대한 수입금액 및 의료기기 현황 등을 신고합니다.

　　　　　　　　년　　　　　월　　　　　일

　　　　　　　　사 업 자 :　　　　　　　　　　㊞
　　　　　　　　세무대리인 :　　　　　　　　　㊞
　　　　　　　　(관리번호　　　　　　　　　　　)

세무서장 귀하

## 작성요령

※ 피부과 수입금액검토부표를 불성실하게 작성하시거나 제출하지 않는 경우, 현지확인 또는 조사대상자로 선정되는 등 불이익을 받을 수 있으므로 성실하게 작성하여 주시기 바랍니다.

1. 인적사항
   인적사항을 기재합니다.

2. 주요 의료기기 현황
   사용하고 있는 주요 의료기기를 종류별로 구분하여 고가순으로 작성합니다.

| 코드 | 의료기기 명칭 | 코드 | 의료기기 명칭 |
|---|---|---|---|
| 01 | CO2레이저 | 11 | 롱펄스알렉산드라이트레이저 |
| 02 | ERBIUM레이저 | 12 | 포토덤레이저 |
| 03 | He-Ne레이저 | 13 | 전기연동기 |
| 04 | 스킨마스터 | 14 | EPITOUCH PLUS레이저 |
| 05 | IPL레이저 | 15 | 제모기 |
| 06 | Vbeam레이저 | 16 | 크리스탈필링기 |
| 07 | ND-YAG레이저 | 17 | 냉동처리기 |
| 08 | 레비레이저 | 18 | 바이옵트론 |
| 09 | 얼븀야그레이저 | 19 | 자외선치료기 |
| 10 | ACCOLADE레이저 | 91~93 | 기타 |

3. 진료유형별 비보험 수입금액
   보험이 적용되지 않는 미용성형 등 진료유형별 수입금액을 합계하여 고액순으로 기재하고, 인원란은 진료차트를 기준으로 진료·치료·수술·미용 등 연인원을 기재합니다.

| 코드 | 진료유형별 비보험수입금액 | 코드 | 진료유형별 비보험수입금액 |
|---|---|---|---|
| 01 | 피부박피 | 06 | 여드름치료 |
| 02 | 레이저(점제거/검버섯수술) | 07 | 기미제거 |
| 03 | 모발(털제거) | 08 | 크리스탈 필링 |
| 04 | 액취증수술 | 09 | 스킨 스케일링 |
| 05 | 주름살제거 | 91~93 | 기타 |

4. 주요 사용재료 현황
   진료·치료·수술·미용 등 의료행위와 관련하여 사용되는 재료의 사용건수, 사용량, 금액을 구분하여 기재합니다.
   (예)보툴리눔독스(보톡스), 실리콘·콜라겐·고어택스, 셀라인·하이드로겐 등

# 한방 병·의원 수입금액검토부표

**(1) 인적사항**

| ① 사업자번호 | | ② 상호 | | ③ 성명 | |
|---|---|---|---|---|---|
| | | | | | |

**(2) 주요 의료기기 현황 (고가순으로)**                    (단위:대,천원)

| 종 류 | | ⑤대 수 | ⑥취득일 | ⑦취득가액 | ⑧리스일 | ⑨리스가액 |
|---|---|---|---|---|---|---|
| 코드 | ④명 칭 | | | | | |
| | | | | | | |
| | | | | | | |
| | | | | | | |
| | | | | | | |

**(3) 진료유형별 비보험 수입금액 (고액순으로)**              (단위:명,천원)

| 구 분 | | 당해 과세기간 | | 구 분 | | 당해 과세기간 | |
|---|---|---|---|---|---|---|---|
| 코드 | ⑩유 형 | ⑪인원 | ⑫수입금액 | 코드 | ⑩유 형 | ⑪인원 | ⑫수입금액 |
| | | | | | | | |
| | | | | | | | |
| | | | | | | | |
| | | | | | | | |
| | | | | | | | |

**(4) 주요사용재료 현황**                           (단위:천원,Unit,세트)

| 약재명 | ⑬ 전기이월금액 | ⑭ 당해 과세기간 매입금액 | ⑮ 당해 과세기간 사용금액 | ⑯ 차기이월금액 |
|---|---|---|---|---|
| 감초 | | | | |
| 녹용 | | | | |
| 당귀 | | | | |
| 기타 | | | | |

한의원에 대한 수입금액 및 의료기기 현황 등을 신고합니다.

년       월       일

사 업 자 :                              ㉑

세무대리인 :                            ㉑

(관리번호                               )

세무서장 귀하

## 작성요령

※ 한방 병·의원 수입금액검토부표를 불성실하게 작성하시거나 제출하지 않는 경우, 현지확인 또는 조사대상자로 선정되는 등 불이익을 받을 수 있으므로 성실하게 작성하여 주시기 바랍니다.

1. 인적사항
   인적사항을 기재합니다.

2. 주요 의료기기 현황
   사용하고 있는 주요 의료기기를 종류별로 구분하여 고가순으로 작성합니다.

| 코드 | 의료기기 명칭 | 코드 | 의료기기 명칭 |
|---|---|---|---|
| 01 | 초음파치료기 | 06 | 전기자극 치료기 |
| 02 | 물리치료기 | 07 | 고밀도 측정기 |
| 03 | 전침·무통 전자침 | 08 | 목·허리 견인치료기 |
| 04 | 혈관 레이저침 | 09 | 추나치료기 |
| 05 | 간섭파 치료기 | 91~93 | 기타 |

3. 진료유형별 비보험 수입금액
   보험이 적용되지 않는 진료유형별 수입금액을 합계하여 고액순으로 기재하고, 인원은 진료차트의 비보험 진료건수를 기재합니다.

| 코드 | 진료유형별 비보험수입금액 | 코드 | 진료유형별 비보험수입금액 |
|---|---|---|---|
| 01 | 보약 | 05 | 혈관레이저요법 |
| 02 | 추나요법(추나치료) | 06 | 물리치료 |
| 03 | 통증치료 | | |
| 04 | 불임치료 | 91~93 | 기타 |

4. 주요 한약재 사용현황
   당해 과세기간의 주요 한약재 사용현황을 감초, 녹용, 당귀, 기타로 나누어 기재합니다.

# 동물병원(수의사) 수입금액검토표

1. 기본사항

<table>
<tr><td colspan="2">① 사업자등록번호</td><td colspan="2"></td><td>② 상호</td><td colspan="2"></td><td>③ 성명</td><td></td></tr>
<tr><td colspan="2">④ 주민등록번호</td><td colspan="3"></td><td>⑤ 병과</td><td></td><td>⑥ 업종코드</td><td></td></tr>
<tr><td rowspan="4">사업장시설</td><td>⑦ 진 료 실</td><td colspan="3">(　　)㎡</td><td rowspan="4">인원현황</td><td>⑬ 고용의사</td><td colspan="2">(　　)명</td></tr>
<tr><td>⑧ 수 술 실</td><td>(　　)㎡</td><td>⑨ 미 용 실</td><td></td><td>⑭ 간 호 사</td><td colspan="2">(　　)명</td></tr>
<tr><td>⑩ 입 원 실</td><td>(　　)㎡</td><td>⑪ 애견호텔</td><td>(　　)개</td><td>⑮ 미 용 사</td><td colspan="2">(　　)명</td></tr>
<tr><td>⑫ 대기실외</td><td colspan="3">(　　)㎡</td><td>⑯ 기　　타</td><td colspan="2">(　　)명</td></tr>
</table>

2. 주요의료기기 현황(고가순으로) (단위:천원)

| 종류 | | ⑱ 대수 | ⑲ 취득일 | ⑳ 취득가액 | ㉑ 리스일 | ㉒ 리스가액 |
|---|---|---|---|---|---|---|
| 코드 | ⑰ 명칭 | | | | | |
| | | | | | | |
| | | | | | | |
| | | | | | | |
| | | | | | | |

3. 진료유형별 수입금액 (단위:천원)

| ㉓ 합계 | ㉔ 진료부수입 | ㉕ 검안부수입 | ㉖ 기타수입 |
|---|---|---|---|
| | | | |

4. 처방전, 진단서, 증명서 교부현황 (단위:천원)

| ㉗ 합계 | ㉘ 진단서 | ㉙ 출산증명서 | ㉚ 사산증명서 | ㉛ 예방접종증명서 | ㉜ 검안서 | ㉝ 처방전 |
|---|---|---|---|---|---|---|
| | | | | | | |

5. 의약품 등 사용검토 (단위:천원,㎖)

<table>
<tr><td rowspan="2">구분</td><td rowspan="2" colspan="2">㉞전기이월액</td><td colspan="2">당 해 과 세 기 간</td><td rowspan="2">㊲차기이월</td></tr>
<tr><td>㉟매입금액</td><td>㊱사용금액</td></tr>
<tr><td>㊳치료의약품</td><td></td><td></td><td></td><td></td><td></td></tr>
<tr><td>㊴의료소모품</td><td></td><td></td><td></td><td></td><td></td></tr>
</table>

동물병원(수의사)에 대한 수입금액 및 의약품 등 사용액을 신고합니다.

년　　월　　일

사 업 자 :　　　　　　㊞

세무대리인 :　　　　　　㊞

(관리번호　　　　　　)

세무서장 귀하

## 작성요령

※ 동물병원(수의사) 수입금액검토부표를 불성실하게 작성하시거나 제출하지 않는 경우, 현지확인 또는 조사대상자로 선정되는 등 불이익을 받을 수 있으므로 성실하게 작성하여 주시기 바랍니다.

※ 동물병원(수의사) 수입금액검토표는 특별시·광역시 이상에 소재하는 사업자에 한하여 제출합니다.

1. 기본사항
   과세기간 종료일 현재를 기준으로 사업자의 인적사항, 사업장시설 및 인원현황을 기재합니다.

2. 주요 의료기기 현황
   사용하고 있는 주요 의료기기를 종류별로 구분하여 고가순으로 작성합니다.

| 코드 | 의료기기 명칭 | 코드 | 의료기기 명칭 |
|------|------|------|------|
| 01 | X-ray | 06 | 혈액검사기 |
| 02 | 초음파진단기 | 07 | (고압)멸균기 |
| 03 | 인큐베이터 | 08 | 자동현상기 |
| 04 | 호흡마취기 | 09 | 현미경 |
| 05 | 내시경 | 91~93 | 기타 |

3. 진료유형별 비보험 수입금액
   면세에 해당하는 예방접종, 피부치료 등은 진료부수입, 검안한 사항은 검안부수입, 애완동물 분양 등은 기타수입에 기재합니다.

4. 처방전, 진단서, 증명서 교부현황
   당해 과세기간에 교부한 진단서, 각종 증명서, 처방전의 발급매수를 기재합니다.

5. 의약품 등 사용검토
   치료를 위한 의약품 사용금액과 의료소모품 사용금액(부가가치세 포함)을 구분하여 기재합니다.

# 매출처별계산서합계표(갑)
## (          년       기)

## 1. 제출자 인적사항

| ① 사업자등록번호 | － － | ② 상호(법인명) | |
|---|---|---|---|
| ③ 성 명(대표자) | | ④ 사업장소재지 | |
| ⑤ 거 래 기 간 | 년 월 일~   년 월 일 | ⑥ 작성일자 | 년 월 일 |

## 2. 매출계산서 총합계

| 구       분 | ⑦매출처수 | ⑧매수 | ⑨ 매 출 (수 입) 금 액<br>조 십억  백만  천  일 | 비 고 |
|---|---|---|---|---|
| 합      계 | | | | |
| 사업자등록번호<br>발      행      분 | | | | |
| 주민등록번호<br>발      행      분 | | | | |

## 3. 매출처별 명세(합계금액으로 기재)

| 일련<br>번호 | 사업자등록번호 | 상호(법인명) | 매수 | 매 출 (수 입) 금 액<br>조   십억   백만   천   일 | 비고 |
|---|---|---|---|---|---|
| 1 | | | | | |
| 2 | | | | | |
| 3 | | | | | |
| 4 | | | | | |
| 5 | | | | | |
| 6 | | | | | |
| 7 | | | | | |
| 8 | | | | | |
| 9 | | | | | |
| 10 | | | | | |

| 관리번호(매출) | － |
|---|---|

# 작 성 요 령

이 합계표는 아래의 작성요령에 따라 한글과 아라비아 숫자로 정확하고 선명하게 기재하여야 하며 매출(수입)금액은 원단위까지 표시하여야 합니다.

- □ ①~④ : 제출자의 사업자등록증에 기재된 사업자등록번호(또는 고유번호)·상호(법인명)·성명(대표자)·사업장소재지를 기재합니다.
- □ ⑤ : 신고대상기간을 기재합니다(예시 : 2002년 1월 1일~2002년 6월 30일).
- □ ⑥ : 이 합계표를 작성하여 제출하는 날짜를 기재합니다.
- □ ⑦~⑨ : 사업자등록번호발행분은 매출처별 명세란에 기재한 일련번호 1번부터 마지막번호까지를 모두 합계한 매출처수, 계산서 매수매출(수입)금액을 기재합니다. 주민등록번호발행분은 주민등록번호를 기재하여 발행한 계산서를 모두 합계하여 매출처수(공급받는자 수)·계산서 매수·매출(수입)금액을 기재합니다.
- □ 일련번호 : 발행한 계산서의 거래처(공급받는 자)별로 1번부터 부여하여 마지막까지 순서대로 기재합니다(매출처별계산서합계표(갑)서식을 초과하는 매출처별 거래분에 대해서는 매출처별계산서합계표(을)서식에 연속하여 기재).
- □ 사업자등록번호, 상호 : 발행한 계산서의 거래처(공급받는 자) 사업자등록번호와 상호를 기재합니다.
- □ 매수, 매출(수입)금액 : 발행한 계산서를 매출처(공급받는 자)별로 합계한 계산서 매수·매출(수입)금액을 기재합니다. 수정계산서의 경우에도 매수와 금액을 합산하여 기재합니다.
- □ 관리번호 : 사업자가 기재하지 아니합니다(권번호-페이지번호).

## 작 성 예 시

| 구 분 | ⑦매출처수 | ⑧매수 | ⑨매출(수입)금액 조 십억 백만 천 일 | ⑩비 고 |
|---|---|---|---|---|
| 합 계 | 5 | 13 | 503 \| 000 \| 000 | |
| 사업자등록번호발행분 | 2 | 10 | 500 \| 000 \| 000 | |
| 주민등록번호발행분 | 3 | 3 | 3 \| 000 \| 000 | |

| 일련번호 | 사업자등록번호 | 상호(법인명) | 매수 | 매출(수입)금액 조 십억 백만 천 일 | 비 고 |
|---|---|---|---|---|---|
| 1 | 101-90-12345 | 풍년상사 | 4 | 100 \| 000 \| 000 | |
| 2 | 101-81-56789 | (주)가락 | 6 | 400 \| 000 \| 000 | |

## 매출처별계산서합계표(을)
### (         년      기)

| | | 사업자등록번호 | | − | | − | |
|---|---|---|---|---|---|---|---|

| 일련<br>번호 | 사업자등록번호 | 상호(법인명) | 매수 | 매 출 (수 입) 금 액<br>조   십억  백만  천   일 | | | | 비고 |
|---|---|---|---|---|---|---|---|---|
| | | | | | | | | |
| | | | | | | | | |
| | | | | | | | | |
| | | | | | | | | |
| | | | | | | | | |
| | | | | | | | | |
| | | | | | | | | |
| | | | | | | | | |
| | | | | | | | | |
| | | | | | | | | |
| | | | | | | | | |
| | | | | | | | | |
| | | | | | | | | |
| | | | | | | | | |
| | | | | | | | | |
| | | | | | | | | |
| | | | | | | | | |
| | | | | | | | | |
| | | | | | | | | |
| | | | | | | | | |
| | | | | | | | | |

※ 이 서식은 매출처가 10개 이상으로서 매출처별계산서합계표(갑)을
초과하는 경우에 사용합니다.

(      )쪽

| 관리번호(매출) | − |
|---|---|

## 매입처별계산서합계표(갑)
### (          년        기)

**1. 제출자 인적사항**

| ① 사업자등록번호 | ― ― | ② 상 호(법인명) | |
|---|---|---|---|
| ③ 성 명 (대표자) | | ④ 사업장소재지 | |
| ⑤ 거 래 기 간 | 년 월 일~ 년 월 일 | ⑥ 작성일자 | 년 월 일 |

**2. 매입계산서 총합계**

| 구          분 | ⑦매입처수 | ⑧매수 | ⑨ 매 입 금 액 조 십억 백만 천 일 | 비  고 |
|---|---|---|---|---|
| 합          계 | | | | |

**3. 매입처별 명세(합계금액으로 기재)**

| 일련번호 | 사업자등록번호 | 상호(법인명) | 매수 | 매 입 금 액 조 십억 백만 천 일 | 비  고 |
|---|---|---|---|---|---|
| 1 | | | | | |
| 2 | | | | | |
| 3 | | | | | |
| 4 | | | | | |
| 5 | | | | | |
| 6 | | | | | |
| 7 | | | | | |
| 8 | | | | | |
| 9 | | | | | |
| 10 | | | | | |

(       )쪽

| 관리번호(매입) | ― |
|---|---|

[별지 제29호서식(2)] (02.4.13 개정)

# 매입처별계산서합계표(을)
## (          년          기)

| 사업자등록번호 | － － |
|---|---|

| 일련<br>번호 | 사업자등록번호 | 상호(법인명) | 매수 | 매 입 금 액<br>조 십억 백만 천 일 | 비 고 |
|---|---|---|---|---|---|
|  |  |  |  |  |  |
|  |  |  |  |  |  |
|  |  |  |  |  |  |
|  |  |  |  |  |  |
|  |  |  |  |  |  |
|  |  |  |  |  |  |
|  |  |  |  |  |  |
|  |  |  |  |  |  |
|  |  |  |  |  |  |
|  |  |  |  |  |  |
|  |  |  |  |  |  |
|  |  |  |  |  |  |
|  |  |  |  |  |  |
|  |  |  |  |  |  |
|  |  |  |  |  |  |
|  |  |  |  |  |  |
|  |  |  |  |  |  |
|  |  |  |  |  |  |
|  |  |  |  |  |  |
|  |  |  |  |  |  |

※ 이 서식은 매입처가 10개 이상으로서 매입처별계산서합계표(갑)을 초과하
는 경우에 사용합니다.

(          )쪽

| 관리번호(매입) | － |
|---|---|

## 작 성 요 령

이 합계표는 아래의 작성요령에 따라 한글과 아라비아 숫자로 정확하고 선명하게 기재하여야 하며 매입금액은 원단위까지 표시하여야 합니다.

- □ ①~④ : 제출자의 사업자등록증에 기재된 사업자등록번호(또는 고유번호)·상호(법인명)·성명(대표자)·사업장소재지를 기재합니다.
- □ ⑤ : 신고대상기간을 기재합니다(예시 : 2002년 1월 1일~2002년 6월 30일).
- □ ⑥ : 이 합계표를 작성하여 제출하는 날짜를 기재합니다.
- □ ⑦~⑨ : 매입처별 명세란에 기재한 일련번호 1번부터 마지막번호까지를 모두 합계한 매입처수·계산서 매수·매입금액을 기재합니다.
- □ 일련번호 : 교부받은 계산서의 거래처(공급자)별로 1번부터 부여하여 마지막까지 순서대로 기재합니다(매입처별계산서합계표(갑)서식을 초과하는 매입처별 거래분에 대해서는 매입처별계산서합계표(을)서식에 연속하여 기재).
- □ 사업자등록번호, 상호 : 교부받은 계산서의 거래처(공급자) 사업자등록번호와 상호를 기재합니다.
- □ 매수, 매입금액 : 교부받은 계산서를 매입처(공급자)별로 합계한 계산서 매수·매입 금액을 기재합니다. 수정 계산서의 경우에도 매수와 금액을 합산하여 기재합니다.
- □ 관리번호 : 사업자가 기재하지 아니합니다(권번호-페이지번호).

### 작 성 예 시

| 구 분 | ⑦매입처수 | ⑧매수 | ⑨매입금액 조 | 십억 | 백만 | 천 | 일 | ⑩비 고 |
|---|---|---|---|---|---|---|---|---|
| 합 계 | | | | | | | | |

| 일련번호 | 사업자등록번호 | 상호(법인명) | 매수 | 매입금액 조 | 십억 | 백만 | 천 | 일 | 비 고 |
|---|---|---|---|---|---|---|---|---|---|
| 1 | | | | | | | | | |
| 2 | | | | | | | | | |

[별지 제20호의3서식(1)] (02.4.12 개정)                          (앞 쪽)

## 매입처별세금계산서합계표(갑)
### (    년    기)

### 1. 제출자 인적사항

| ① 사업자등록번호 | | ② 상호 (법인명) | |
|---|---|---|---|
| ③ 성 명 (대표자) | | ④ 사업장소재지 | |
| ⑤ 거 래 기 간 | 년 월 일 ~ 년 월 일 | ⑥ 작 성 일 자 | 년 월 일 |

### 2. 매입세금계산서 총합계

| 구분 | ⑦ 매입처수 | ⑧ 매수 | ⑨ 공급가액<br>조 십억 백만 천 일 | ⑩ 세 액<br>조 십억 백만 천 일 |
|---|---|---|---|---|
| 합계 | | | | |

### 3. 매입처별 명세(합계금액으로 기재)

| ⑪ 일련번호 | ⑫ 사업자등록번호 | ⑬ 상호(법인명) | ⑭ 매수 | ⑮ 공급가액<br>조 십억 백만 천 일 | ⑯ 세 액<br>조 십억 백만 천 일 | 비고 |
|---|---|---|---|---|---|---|
| 1 | | | | | | |
| 2 | | | | | | |
| 3 | | | | | | |
| 4 | | | | | | |
| 5 | | | | | | |
| 6 | | | | | | |
| 7 | | | | | | |
| 8 | | | | | | |
| 9 | | | | | | |
| 10 | | | | | | |

(    )쪽

| ⑰관리번호(매입) | - |
|---|---|

## 작 성 요 령

이 합계표는 아래의 작성요령이 따라 한글과 아라비아 숫자로 정확하고 선명하게 기재하여야 하며 공급가액과 세액은 원 단위까지 표시하여야 합니다.

- ① ~ ④ : 제출자의 사업자등록증에 기재된 사업자등록번호(또는 고유번호)·상호(법인명)·성명(대표자)·사업장소재지를 기재합니다.
- ⑤ : 신고대상기간을 기재합니다(예시 : 2002년 1월 1일~2002년 6월 30일).
- ⑥ : 이 합계표를 작성하여 제출하는 연월일을 기재합니다.
- ⑦ ~ ⑩ : 매입처별 명세란에 기재한 일련번호 1번부터 마지막 번호까지를 모두 합계한 매입처수·세금계산서 매수·공급가액·세액을 기재합니다.
- ⑪ : 교부받은 세금계산서의 거래처(공급자)별로 1번부터 부여하여 마지막까지 순서대로 기재합니다매입처별세금계산서합계표(갑)서식을 초과하는 매입처별 거래분에 대허서는 매입처별세금계산서합계표(을)서식에 연속하여 기재.
- ⑫·⑬ : 사업자등록번호, 상호 : 교부 받은 세금계산서의 거래처(공급자) 사업자등록번호와 상호를 기재합니다.
- ⑭ ~ ⑯ : 교부받은 세금계산서를 매입처(공급자)별로 합계한 세금계산서 매수·공급가액·세액을 기재합니다. 수정세금계산서의 경우에도 매수와 금액을 합산하여 기재합니다(예정신고 누락분을 확정신고시 제출하는 경우 매입처별로 같이 합계하여 기재합니다).
- ⑰ : 사업자가 기재하지 아니합니다(권번호-페이지번호).

## 작 성 예 시

| 구분 | ⑦매입처수 | ⑧매수 | ⑨공급가액<br>조 십억 백만 천 일 | ⑩세 액<br>조 십억 백만 천 일 |
|---|---|---|---|---|
| 합계 | | | | |

| 일련<br>번호 | 사업자등록번호 | 상호(법인명) | 매수 | 공급가액<br>조 십억 백만 천 일 | 세 액<br>조 십억 백만 천 일 | 비고 |
|---|---|---|---|---|---|---|
| | | | | | | |
| | | | | | | |

# 매입처별 세금계산서 합계표(을)
### (        년       기)

| 사업자등록번호 | - | - |
| --- | --- | --- |

| 일련<br>번호 | 사업자<br>등록번호 | 상호<br>(법인명) | 매수 | 공급가액<br>조 십억 백만 천일 | 세  액<br>조 십억 백만 천 일 | 비고 |
| --- | --- | --- | --- | --- | --- | --- |
|  |  |  |  |  |  |  |
|  |  |  |  |  |  |  |
|  |  |  |  |  |  |  |
|  |  |  |  |  |  |  |
|  |  |  |  |  |  |  |
|  |  |  |  |  |  |  |
|  |  |  |  |  |  |  |
|  |  |  |  |  |  |  |
|  |  |  |  |  |  |  |
|  |  |  |  |  |  |  |
|  |  |  |  |  |  |  |
|  |  |  |  |  |  |  |
|  |  |  |  |  |  |  |
|  |  |  |  |  |  |  |
|  |  |  |  |  |  |  |
|  |  |  |  |  |  |  |
|  |  |  |  |  |  |  |
|  |  |  |  |  |  |  |
|  |  |  |  |  |  |  |

※이 서식은 매입처가 10개 이상으로서 매입처별세금계산서합계표(갑)을 초과
(        )쪽 하는 경우에 사용합니다.

(        )쪽

| 관리번호(매입) | - |
| --- | --- |

# 제6장
# 종합소득세의 신고

# 제1절 종합소득세의 이해

## 1. 종합소득세의 개요

매년 5월은 모든 개인사업자의 전년도 귀속 소득에 대하여 종합소득세 확정신고를 하는 달이다.

종합소득세 신고란 개인의 소득을 그 소득의 발생 원천별로 나누어 소득세법에서 규정하고 있는 7가지 소득에 대해 개인별로 1년(1.1~12.31)동안 벌어들인 소득을 합산하여 다음해 5월 말까지 자진 신고하는 것을 말한다.

또한, 납부는 전년도 연간납부세액의 1/2 상당액을 11월에 중간예납 형식으로 한번 납부하게 되고, 다음해 5월 말에 최종적으로 당해 연도 연간납부세액을 확정하여 이미 납부한 중간예납세액(원천징수세액이 있는 경우에는 원천징수세액 포함)을 차감 후 추가로 납부하거나 환급을 받게 된다.

## 2. 개인병의원사업자의 소득세

개인병의원 사업자를 포함한 모든 개인사업자는 한 해 동안 발생한 모든 소득을 합산하여 그동안 기장 해온 장부를 근거로 세무신고를 하여 차후에 세무서로부터 소명안내를 받거나 세금을 추징 당하거나 세무조사를 받는 등의 불이익이 없도록 하여야 한다.

또한 진료수입금액에 따라 또는 전공과목에 따라 조금씩 차이는 나겠지만, 종합소득세 산출방식을 잘 이해하고 필요한 사항을 미리미리 체크하여 준비해 둔다면 병의원 사업소득뿐만이 아니고 다른 종합소득을 합산하더라도 과다한 세금을 피할 수 있다.

그리고 결산시점에서 병의원의 수입과 비용의 관계에 있어 세무당국으로부터 일반적으로 인정된 적절한 비율을 분석·파악하여 합리적으로 병의원의 장부를 결산, 보고한다면 세무조사의 위험성도 그만큼 줄일 수 있다.

## 3. 종합소득세의 신고

| 종합소득세 | | 내용 |
|---|---|---|
| 과세대상 | | 이자소득, 배당소득, 부동산임대소득, 사업소득, 근로소득, 연금소득, 기타소득 |
| 확정<br>신고 | 과세기간 | 연간 (1월1일부터 12월31일까지) |
| | 신고 및 납부 기한 | 매년 5월 1일부터 31일까지 |
| 예정<br>신고 | 납부금액 | 전년도 납부세액의 2분의 1 해당액 |
| | 신고 및 납부 기한 | 매년 11월 1일부터 31일까지 |
| 납세지 | | 사업자 주소지 관할 세무서 (전자신고가능) |
| 납부처 | | 은행 등 금융기관 (전자납부가능) |

## 개원의사의 종합소득세신고

2009년도 1월 1일부터 12월 31일 까지 벌어들인 모든 소득의 종합소득세 신고 · 납부기간은 다음해인 2010년 5월 1일부터 5월 31일까지이다.

만일 2006년도 7월 말까지는 봉직의로 재직하다가 8월 1일에 개원을 하였다면,

① 개원일(2006.8.1)부터 그 해 12월 31일까지의 병의원 운영소득(병의원 결산)과

② 개원전에 받은 봉직의 급여소득(근로소득원천징수영수증)을 합산하여 다음해인 2007년 5월 말까지 신고 · 납부하면 되는 것이다.

## 4. 종합소득세 적용세율

| 과세표준 | 세율 | | | 누진공제액 | | |
|---|---|---|---|---|---|---|
| | 2008 | 2009 | 2010 | 2008 | 2009 | 2010 |
| 1,200만원 이하 | 8% | 6% | 6% | 0 | 0 | 0 |
| 1,200만원 초과 4,600만원 이하 | 17% | 16% | 15% | 1,080,000 | 1,200,000 | 1,080,000 |
| 4,600만원 초과 8,800만원 이하 | 26% | 25% | 24% | 5,220,000 | 5,340,000 | 5,220,000 |
| 8,800만원 초과 | 35% | 35% | 33% | 13,140,000 | 14,140,000 | 13,140,000 |

## 5. 종합소득의 종류

소득세는 개인의 소득을 종합소득, 퇴직소득, 양도소득 3가지로 분류하여 각 소득별로 1년을 단위로 과세하는 세금이다.

종합소득은 이자소득, 배당소득, 부동산임대소득, 사업소득, 근로소득, 연금소득, 기타소득 등 7가지를 합한 것이다.

양도소득과 퇴직소득은 종합소득과 합산하지 않고 별도로 각각 신고 및 납부한다.

개인병의원사업자의 경우 모든 소득에 해당될 수 있지만 병의원운영에 관계되는 소득은 주로 종합소득 중 사업소득이다.

## 소득구분과 내용요약

| 번호 | 소득종류 | 소득내용 | 병의원사업자의 소득 |
|---|---|---|---|
| 1 | 이자소득 | 모든 대부분 종류의 이자소득 | 병의원 사업자 개인이 이자소득이 있는 경우 |
| 2 | 배당소득 | 모든 대부분 종류의 배당소득 | 병의원 사업자 개인이 배당소득이 있는 경우 |
| 3 | 부동산 임대소득 | 상가나 주택, 토지등의 부동산을 소유하고 이를 임대하여 받는 임대료 등의 소득 | 병의원 사업자가 병의원 이외에 상가 등의 부동산을 소유, 별도의 사업자 등록을 내고 이를 임대하는 경우 |
| 4 | 사업소득 | 개인 사업체를 운영하며 벌어들인 소득 | 병의원 운영 사업 |
| | | 개인사업체 이외에 사업자등록 없이 계속 반복적으로 발생하는 소득 | 사업성을 가지고 강연이나 자문 등 인적용역등을 계속 반복적으로 제공하여 발생하는 소득 |
| 5 | 근로소득 | 고용관계를 맺고 제공하는 근로용역에 대한 소득 | 병의원에 고용되어 봉직의(pay doctor)로 근무하며 받는 연봉 |
| 6 | 연금소득 | 국민연금이나 연금저축 등을 가입하여 불입한 연금액을 지급받는 경우 | 병의원 사업자 개인이 연금을 지급받는 경우 |
| 7 | 기타소득 | 위에 해당하지 않는 소득세법에 열거된 모든 소득 | 상금, 강연료, 자문 등 일시적 성질의 기타 인적용역 소득 |

## 6. 종합소득세의 계산구조

### 종합소득금액의 계산

| 산 출 구 조 | 신 고 내 용 | 유 의 사 항 |
|---|---|---|
| 병의원 진료수입 | 연간수입 (보험진료수입 및 비보험 진료수입) | 면세사업자수입금액 신고분과 차이가 있다면 반영 |
| (−) | | |
| 필요경비 | 병의원 운영에 필요한 각종 경비 (인건비, 임차료, 의약품, 이자비용, 기타비용) | ① 반드시 정규증빙 서류에 의거 ② 증빙서류 없는 경우 2% 가산세 |
| (=) | | |
| 사업소득금액 | 병의원 경영에 따른 순이익 | - |
| (+) | | |
| 타 소득금액 | 이자소득, 배당소득, 부동산임대소득, 근로소득, 연금소득, 기타소득 | 세법상 열거된 모든 소득에 대하여 반드시 합산 신고 |
| (=) | | |
| 종합소득금액 | 7가지 종합소득금액의 총합계 | - |

## 종합소득납부세액의 계산

| 산 출 구 조 | 신 고 내 용 | 유 의 사 항 |
|---|---|---|
| **종합소득금액** | 7가지 종합소득금액의 총합계 | - |
| (−) | | |
| **소득공제** | 인적공제(가족공제), 연금보험료 공제, 기부금 공제, 기타공제 | 소득공제를 받기 위하여는 공제관련 서류가 있어야 함 |
| (=) | | |
| 과세표준 | 종합소득세 산출의 기준 | - |
| (×) | | |
| 세율 | 8%~35% (6%~33%) | - |
| (=) | | |
| **산출세액** | - | - |
| (−) | | |
| 세액공제 세액감면 | ① 중소기업특별법세액 공제 및 감면 <br> ② 기타 종합소득관련세액 공제 및 감면 | 공제감면세액이 산출세액보다 크면 환급 안됨 |
| (−) | | |
| 기납부세액 | ① EDI 청구분 수령시 원천징수되는 사업소득세 <br> ② 종합소득세 중간예납세액 <br> ③ 다른 종합소득의 기납부세액 | 기납부세액이 산출세액보다 크면 세금이 환급됨 |
| (=) | | |
| **차감납부할 세      액** | 최종 납부할 세액 | 세액의 10% 상당액에 대하여 주민세 납부의무가 있음 |

# 제2절 사업소득의 계산

## 1. 개인병의원의 사업소득계산의 흐름

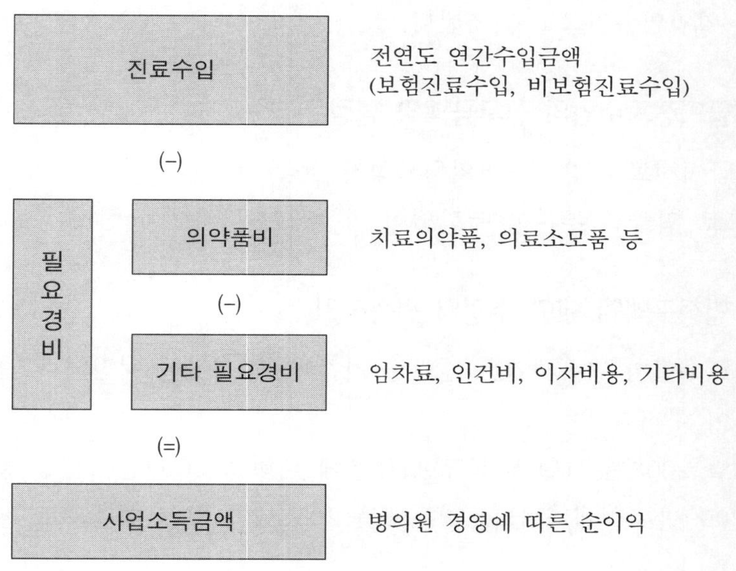

## 2. 진료수입의 계산

개인병의원의 사업소득금액 산출을 위한 진료수입계산에 따른 점검 및 유의 사항은 다음과 같다.

### 수입금액의 변동사항

사업장현황신고시 신고했던 수입금액에서 청구금액의 누락이나 삭감 등의 변동사항이 있다면 종합소득세확정신고시 이를 반영하여야 한다.

① 총진료수입을 청구액기준으로 계상시 연중삭감액이 발생하였다면 수입에서 차감 또는 손실로서 반영하여야 한다.

② 제약회사 등으로부터 받은 판매장려금이 있다면 이는 병의원의 영업외수익으로 반영한다.

### 비급여진료수입의 신고금액의 점검

비급여진료수입 중 병의원사업자(원장) 명의의 통장(사업자용계좌)으로 입금된 부분은 누락없이 가능한 신고하여야 한다.

### 보험청구액에 대한 수입의 귀속시기

진료수입의 귀속시기는 진료일 기준이다. 청구한 시점이나 입금된 시점이 아니다.

만일 2008년 11월에 진료한 내용에 대하여 2009년 1월에 청구하고 2009년 2월에 입금된 경우에는 2008년 11월의 수입으로 본다.

## 3. 필요경비의 계산

필요경비라 함은 총수입금액을 얻기 위하여 소요된 비용의 합계액을 말한다. 필요경비는 당해연도의 총수입금액에 대응하는 비용으로서 일반적으로 용인되는 통상적인 것의 합계액으로 계산한다.

### 필요경비에 포함되는 항목

① 매입한 의약품비

② 종업원의 급여 등

③ 사업용 자산에 대한 수선비(자본적 지출에 해당하는 것 제외)

④ 관리비와 유지비, 임차료

⑤ 사업과 관련이 있는 제세공과금

⑥ 사업용 자산에 대한 손해보험료

⑦ 퇴직보험 또는 퇴직일시금신탁의 보험료·신탁부금

⑧ 사용자 부담 국민연금보험료와 건강보험료 및 고용보험료, 단체정기재해보험의 보험료 등

⑨ 총수입금액을 얻기 위하여 직접 사용된 부채에 대한 지급이자

⑩ 사업용 고정자산의 감가상각비

⑪ 종업원을 위한 직장체육비·직장연예비 등 복리후생비

⑫ 무료진료권에 의하여 행한 무료진료의 가액

⑬ 업무와 관련 있는 해외시찰·훈련비(학회, 세미나 등)

⑭ 광고선전비

⑮ 영업자가 조직한 단체로서 법인이거나 주무관청에 등록된 조합 또는 협회에 지급하는 회비

⑯ 기부금으로 일정한도내의 금액(소득세법 제34조)

⑰ 접대비로서 일정한도내의 금액(소득세법 제35조)

⑱ 준비금과 충당금

⑲ 기타의 필요경비

## 필요경비에 포함되지 아니하는 항목

다음에 해당하는 것은 필요경비에 산입하지 아니한다.

① 소득세와 그에 대한 주민세

② 벌금·과료(통고처분에 의한 벌금 또는 과료 상당액 포함)와 과태료

③ 국세징수법 기타 조세에 관한 법률에 의한 가산금과 체납처분비

④ 조세에 관한 법률에 의한 징수의무의 불이행으로 인하여 납부하였거나 납부할 세액(가산세액을 포함)

⑤ 가사와 관련하여 지출한 경비

⑥ 감가상각비 한도초과액

⑦ 공과금중 법령에 의하여 의무적으로 납부하는 공과금외의 공과금과 법령에 의한 의무의 불이행 또는 금지·제한 등의 위반에 대한 제재로서 부과되는 것

⑧ 경비중 직접 그 업무에 관련이 없다고 인정되는 금액

⑨ 선급비용

⑩ 업무에 관련하여 고의 또는 중대한 과실로 타인의 권리를 침해함으로써 지급되는 손해배상금

## 4. 의약품 등의 필요경비계산

의약품 등은 필요경비에 해당되며 의약품 및 의료소모품 등 경비

계산에 따른 점검 및 유의 사항은 다음과 같다.
　① 치료의약품 구입비용
　② 의료소모품 구입비용

### 의약품과 진료수입의 상관관계

의약품 사용액은 진료수입과 비례관계에 있다. 의약분업시행 후에
는 일반약품비의 비중이 낮아졌다.
　① 매출에 비해 과다한 의약품의 매입은 매출누락을 의심하게 한
　　다.
　② 수술재료비나 마취약 등 수술과 직결되는 의약품은 오히려 수
　　입금액을 역추산하는 데이터로 활용 될 수 있다.
의약품 사용액은 전년보다 많이 증가했는데도 불구하고 진료수입
은 줄어든 것으로 신고하게 되면 세무서로부터 괜한 오해를 살 소지
가 있다. 따라서 이러한 수입금액과 직결되는 비용에 대해서는 주의
깊게 살펴보고 신고해야 한다.

## 5. 인건비 등의 필요경비계산

### 급여 및 보험료

급여뿐만 아니라 4대보훈료의 병의원 부담분에 해당하는 금액을
체크 해둔다. 직원 부담분까지 대납했다면 이에 대한 납부금액 또한
경비로 반영 할 수 있다. 단, 이 경우에는 해당 금액만큼이 직원의
급여로 잡힐 수 있다.

## 퇴직급여충당금

사업자가 종업원의 퇴직금에 대하여 퇴직급여충당금을 필요경비로 계상한 때에는 일정한 한도내에서 필요경비에 산입한다.

(1) 필요경비에 산입하는 퇴직급여충당금의 한도액은 다음 ①, ② 중 적은금액으로 한다.

  ① 1년간 계속 근무한 종업원에게 지급한 총급여액의 5%

  ② (퇴직급여충당금누적한도액)―(퇴직급여충당금잔액)

  퇴직급여충당금누적한도액은 퇴직급여추계액의 30%이며, 퇴직급여추계액은 당해연도 종료일 현재 1년이상 계속 근무한 종업원이 전원 퇴직할 경우에 지급하여야 할 퇴직급여의 추계액을 말한다.

(2) 종업원에게 퇴직금을 지급하는 때에는 퇴직급여충당금에서 먼저 상계한다.

## 퇴직연금제도

선진국에서는 국민의 노후대책의 일환으로 오래전부터 시행되고 있는 제도로써 우리나라도 2010년 후년까지 의무적으로 시행하게 되었다.

그렇다면 퇴직연금제도란 어떤 제도이며 어떤 형태로 운영될까?

우리나라는 2005년 12월부터 부분적으로 퇴직연금제도 시행에 들어갔다. 이 후 2010년까지는 기존 퇴직금, 퇴직신탁, 퇴직연금 제도가 병행되며 그 다음부터는 의무적으로 퇴직연금만 시행되는 것으로 준비 중에 있다.

### 퇴직연금과 개인연금

퇴직연금은 개인연금과는 다른 개념으로 인식하여야 한다.

개인연금은 퇴직금이 모자랄 것을 예상하여 개인이 별도로 준비하는 연금이지만 퇴직 연금은 기존의 퇴직금이 변경되어 운영되는 것이라 할 수 있다.

## 확정급여형(DB)과 확정기여형(DC)

확정급여형(DB) 연금이란 가입연수와 퇴직시의 급여 등에 의해 근로자가 받는 퇴직급여 수준이 확정되는 연금을 말하며, 근로자의 입장에서는 회사가 책임지고 운용해주기 때문에 다른 선택을 하거나 고민할 필요가 없는 연금 제도이다.

확정기여형(DC) 연금이란? 기업이 매년 1회 이상 일정 금액을 불입해주면 그 자금을 어느 상품에 어떻게 운용할 것인가는 근로자 스스로가 선택하는 제도로서 물론 어떤 상품을 선택했느냐에 따라 퇴직 후에 받게 되는 퇴직급여는 크게 차이가 날 수 있다. 즉 다시 말하면 운용결과에 따른 책임은 근로자 자신이 지는 제도인 것이다.

회사는 근로자와 협의하여 둘 중 하나 또는 복합적으로 운영이 가능하다. 따라서 각 개인은 확정급여형 연금이 좋은지 확정기여형 연금이 좋은지 아래의 장단점을 파악하고 자신의 투자성향에 비추어 자기와 맞는 퇴직연금을 선택하여야 후회하지 않는 선택이 될 수 있다.

## 확정급여형과 확정기여형의 장단점 비교

| 구분 | 획정급여형(DB) | 확정기여형(DC) |
|---|---|---|
| 장점 | - 회사가 퇴직급여를 보장하기 때문에 업무 전념 가능<br>- 장기근속자의 경우 퇴직시 급여수준이 높기 때문에 유리<br>-퇴직급여를 예상시 고려해야 할 변수가 적음<br>(인금인상율과 예상 근속기간)<br>- 최소한으로 받을 수 있는 퇴직급여를 예상할 수 있기 때문에 퇴직 이후 재무설계가 비교적 용이<br>- 퇴직급여의 최소 60% 이상은 사외 적립함으로 회사 파산시에도 최소 60% 보장 받을 수 있음 | - 퇴즉금을 100% 사외에 적립하기 때문에 퇴직금을 받을 수 있는 권리가 100% 보장<br>- 연금이 개인별로 관리되므로 직장 이동시 연금의 이동성이 편리<br>- 연금의 운용수익율이 높은 경우 퇴직급여가 증가<br>-개인 계좌에 관리되는 내 돈이기 때문에 내게 맞는 다양한 포트폴리오를 짤 수 있음<br>- 근속년수가 짧아지고 이직이 일반화된 요즘 직장인들의 트렌드 반영 |
| 단점 | - 직장 이동에 따른 연금의 이동성이 원활하지 못함<br>- 임금인상률이 물가상승률에 미치지 못할 경우 퇴직 자산의 구매력이 감소할 수 있음<br>- 기업이 파산할 경우 퇴직급여의 최대 40%를 받지 못 할 위험이 있음<br>- 경기 불황시 발생할 수 있는 구조조정(명예퇴직, 임금 삭감 등) 등으로 퇴직급여가 줄어들 수 있음. | - 연금의 운용 실적이 나빠져서 퇴직 급여가 줄어 들 가능성 있음<br>- 근로자의 책임하에 연금을 운용하기 때문에 신경을 많이 쓰게 됨<br>- 운용 성과가 좋지 않아 수익률이 물가상승률보다 낮아질 경우 실질적인 퇴직 자산의 가치가 떨어짐. |

## 6. 감가상각비의 필요경비계산

감가상각비란 건물, 구축물, 비품 등 고정자산을 구입했을 경우 지출금액에 대해서 일시에 비용으로 인정받는 것이 아니고 사용기간에 따라 그 취득가액을 나누어 비용으로 인정받는 것을 말한다. 병의원은 절세를 위하여 감가상각비의 적절한 반영을 검토한다.

① 감가상각비는 당기 결산시 장부상에 비용으로 계상해도 되고 아니해도 된다.

② 올해 하지 않은 감가상각비는 다음해에 언제든지 할 수 있다(임의상각제도).

③ 적절한 이익수준의 계상을 위하여 감가상각비를 세법상 한도내에서 탄력적으로 적용시킬 수 있다.

④ 금융기관대출이나 신용평가 등의 목적으로 관계기관에 재무제표를 제출하는 경우 감가상각비를 계상하는 것을 원칙으로 한다.

감가상각비는 건축물이나 의료장비의 구입대금 등 비교적 큰 지출에 대한 경비이기 때문에 소득세를 적절히 절세 할 수 있는 좋은 방편이 되기도 한다. 따라서 이익이 적은 개원초기에는 적용되는 세율도 낮음으로 감가상각비를 계상하지 아니하고 있다가 이익이 상대적으로 많이 나는 해에 감가상각비를 계상함으로써 절세의 폭을 조절할 수 있다.


## 7. 기부금의 필요경비계산

다음의 기부금은 필요경비에 포함한다.

## 법정기부금과 정치자금기부금

① 국가 또는 지방자치단체에 기부한 금품, 국방헌금과 위문금품, 천재·지변으로 생긴 이재민을 위한 구호금품의 가액

② 사회복지사업법에 의한 사회복지시설로서 무료 또는 실비로 이용할 수 있는 다음의 시설에 기부한 금품

③ 불우이웃돕기 결연기관을 통하여 불우이웃에 기부한 금품

④ 사립학교, 기능대학, 원격대학, 국립대학교병원, 서울대학교병원, 산학협력단에 시설비·교육비 또는 연구비로 지출한 기부금

⑤ 사회복지공동모금회에 지출한 기부금

⑥ 자연재해대책법상의 특별재해지역 및 재난관리법상의 특별재난지역의 재해 및 재난복구를 위해 자원봉사한 경우 그 용역가액

> 법정기부금의 필요경비 산입한도 = 당해연도소득금액 ―이월결손금

⑦ 정치자금에 관한 법률에 의하여 정당(후원회 포함)에 기부한 정치자금

> 정치자금의 필요경비 산입한도 = 당해연도 소득금액―이월결손금

※ 정치자금은 기부금으로 필요경비 산입하는 방법과 소득공제하는 방법 중 선택하여 적용받을 수 있습니다.

## 지정기부금

① 다음의 지정기부금단체에 대하여 당해 지정기부금단체의 등의 고유목적사업비로 지출하는 기부금

- 사회복지사업법에 의한 사회복지법인
- 초·중등교육법 및 고등교육법에 의한 학교, 기능대학법에

의한 기능대학 또는 평생교육법에 의한 원격대학

- 정부로부터 허가 또는 인가를 받은 학술연구단체·장학단체·기술진흥단체
- 정부로부터 허가 또는 인가를 받은 문화·예술단체(문화예술진흥법에 의하여 지정을 받은 전문예술법인 및 전문예술단체를 포함한다)또는 환경보호운동단체
- 종교의 보급 기타 교화를 목적으로 설립하여 주무관청에 등록된 단체
- 의료법에 의한 의료법인

② 다음의 기부금

- 초·중등교육법 및 고등교육법에 의한 학교의 장, 기능대학법에 의한 기능대학의 장 또는 평생교육법에 의한 원격대학의 장이 추천한개인에게 교육비·연구비 또는 장학금으로 지출하는 기부금
- 상속세 및 증여세법시행령 제14조 각호의 요건을 갖춘 공익신탁으로 신탁하는 기부금
- 사회복지·문화·예술·교육·종교·자선·학술 등 공익목적으로 지출하는 기부금으로서 재정경제부령이 정하는 기부금

③ 영업자가 조직한 단체로서 법인이거나 주무관청에 등록된 조합 또는 협회에 지급한 회비 중 특별회비와 당해 조합 협회외의 임의로 조직된 조합 또는 협회에 지급한 회비

---

정기부금의 필요경비산입한도 = (당해연도 소득금액−이월결손금−정치자금기부금−법정기부금−특례지정기부금)×15%(종교단체 10%)

## 특례지정기부금

다음 각 호의 기부금을 지출한 경우

① 문화예술진흥법에 의한 문화예술진흥기금으로 출연하는 금액

② 사내근로복지기금법에 의하여 기업이 종업원의 복지증진을 위하여 사내근로복지기금에 지출하는 기부금

③ 독립기념관법에 의하여 설립된 독립기념관에 지출하는 기부금

④ 특정연구기관육성법의 적용을 받는 특정연구기관(공동관리기구 포함)과 한국생산기술연구원 및 전문생산기술연구소에 지출하는 기부금

⑤ 한국기계연구원, 한국에너지기술연구소, 한국자원연구소, 한국해양연구소, 한국전기연구소 등에 지출하는 기부금

⑥ 한국교육방송공사법에 의하여 설립된 한국교육방송공사에 지출하는 기부금

⑦ 국립암센터법에 의한 국립암센터에 지출하는 기부금

> 특례지정 기부금 필요경비 산입한도 = (당해연도 소득금액―정당에 기부한 정치자금-법정기부금―이월결손금)×50%

## 기타 기부금

법정기부금과 지정기부금 외의 기부금을 말하며 이는 전액 필요경비에 산입할 수 없다.

## 8. 접대비의 필요경비계산

접대비라 함은 접대비·교제비·사례금 기타의 비용으로서 사업자가 그 매출처·매입처·기타 사업에 관계 있는 자에게 업무와 관련하여 접대·향응·위안·선물의 제공 기타 이와 유사한 행위를 위하

여 지출한 금액을 말한다.

사업과 관련된 접대비는 원칙적으로 필요경비에 산입하는 것이나 다음과 같이 계산된 금액은 필요경비에서 제외된다.

### 필요경비에 포함되지 않는 접대비

① 접대비중 1만원 초과의 접대비로서 계산서·세금계산서·신용 카드매출전표, 현금영수증을 수취하지 않은 경우
② 접대비 한도를 초과한 경우

> 1. 기본금액 : 12백만원(중소기업은 18백만원) ×사업연도월수 / 12
> 2. 수입금액기준 : (일반수입금액×적용률) + (특수관계자와의 거래에서 발생한 수입금액×적용률×20%)
> 3. 한도액 : 1+2

※ 과세기간월수는 역에 따라 계산하되 1월 미만은 1월로 계산한다.

### 수입금액에 대한 접대비 적용률

| 수입금액 | 적 용 률 |
|---|---|
| 100억원 이하 | 1만분의 20 |
| 100억원 초과 500억원 이하 | 2천만원＋100억원을 초과하는 금액의 1만분의 10 |
| 500억원 초과 | 6천만원＋500억원을 초과하는 금액의 1만분의 3 |

## 9. 기타경비 점검사항

### 장부계상 누락자산

장부상에 미계상된 자산이 있을 경우
① 자산으로 장부에 계상하고 감가상각을 하는 편이 유리하다.
② 구입시 정규증빙이 없을 경우 거래상대방과의 계약서나 송금영
  수증 등 지출 사실을 증명할 수 있는 근거자료가 있으면 일단
  경비처리는 가능하다.
  • 가산세(2%)의 지출보다 감가상각비로 인한 절세효과가 더
    클 수 있다.

### 직원 경조사비

직원에 대한 경조사비는 사회통념상 인정되는 금액으로 내규에 의
해서 지급된 금액이라면 지출결의서 등으로 경비인정이 되므로 경조
사비의 지출이 있었는지를 검토해 본다.

### 정기적인 지출비용

매월 정기적으로 지출되는 소소한 경비들을 체크해 둔다.
  • 전기요금
  • 전화요금
  • 가스요금
  • 보안경비요금
  • 수도요금 등
이러한 경우 통장의 자동이체내역 등 지출사실을 확인하여 경비로

반영한다.

### 의료사고 손해배상금

사업자 또는 사용인이 업무와 관련하여 고의 또는 중대한 과실로 타인의 권리를 침해함으로써 지급하는 손해배상금은 필요경비에 해당되지 않으나, 선량한 관리자로서의 주의 책임을 다한 경우에 발생한 사고에 대한 손해배상금 등은 필요경비에 해당된다.

# 제3절 무기장사업자의 사업소득 계산

## 1. 무기장 개인사업자의 소득금액

개인사업자의 경우 소득금액을 어떻게 계산하느냐에 따라 기장사업자와 무기장사업자(추계신고자)로 나누어진다.

기장사업자는 '제6장 제2절 사업소득의 계산'에서 살펴 본 바와 같이 장부에 기재되어 있는 총수입금액(진료수입 등)에서 사업과 관련하여 지출한 모든 필요경비를 차감하는 절차에 따라 소득금액을 계산할 수 있으나, 무기장사업자는 장부 자체를 비치하고 있지 않음으로 '사업소득의 계산 절차'에 따라 소득금액을 계산할 수 없다.

이에 따라 세법은 다음의 사유로 장부 기타 증빙서류에 의하여 소득금액을 계산할 수 없는 경우(무기장사업자 등인 경우)에는 그 소득금액을 추계하여 신고하도록 하고 있으며, 이에는 기준경비율에 의한 추계신고와 단순경비율에 의한 추계신고가 있다.

① 과세표준을 계산함에 있어서 필요한 장부와 증빙서류가 없거나 중요한 부분이 미비 또는 허위인 경우

② 기장의 내용이 시설규모, 종업원수, 원자재, 상품 또는 제품의 시

가, 각종 요금 등에 비추어 허위임이 명백한 경우
③ 기장의 내용이 원자재사용량, 전력사용량 기타 조업상황에 비추
  어 허위임이 명백한 경우

## 2. 기준경비율에 의한 소득금액 계산

기준경비율적용대상자는 수입금액에서 '주요경비'와 '소소한
경비(기준경비)'를 차감하여 소득금액을 계산한다. 이 경우 차감하
는 주요경비(매입비용+임차료+인건비)는 증빙서류에 의해 지출사실
이 확인되는 금액을 비용으로 인정하고, 주요경비 이외의 경비(소소
한 경비)는 정부가 정한 기준경비율을 수입금액에 곱하여 계산한 금
액을 비용으로 인정한다.

> 소득금액 = 수입금액 − 주요경비(매입비용 + 임차료 + 인건비) −
> (수입금액 × 기준경비율)

다만, 기준경비율에 의해 계산한 소득금액이 단순경비율에 의한
소득금액에 국세청장이 정하는 배율을 곱한 금액을 초과하는 경우에
는 그 배율을 곱한 금액을 소득금액으로 할 수 있다.

> 소득금액 = [수입금액 − (수입금액 × 단순경비율)] × 배율

## 3. 단순경비율에 의한 소득금액 계산

무기장사업자로서 단순경비율적용대상자는 정부가 정한 단순경비
율을 수입금액에 곱하여 계산한 금액을 필요경비로 하여 소득금액을

계산한다.

$$\text{소득금액} = \text{수입금액} - (\text{수입금액} \times \text{단순경비율})$$

## 4. 기준경비율 및 단순경비율 적용시 유의사항

인적용역 제공사업자에 대한 단순경비율은 수입금액이 4천만원까지는 기본율을 적용하고 4천만원을 초과하는 금액에 대하여는 초과율을 적용한다. 다만, 신규사업자로서 사업기간이 1년미만인 경우에는 1년으로 환산한 수입금액으로 하여 소득금액을 계산하고 그 소득금액을 12로 나눈 금액에 당해 사업월수를 곱하여 계산한 금액을 당해 인적용역 제공사업자의 소득금액으로 한다.

① 타가사업자(사업장에 대한 임차료를 지급하는 사업자)에게는 단순경비율과 기준경비율을 일반율로 적용한다.

② 자가사업자에게는 단순경비율과 기준경비율에 일정율을 차감 또는 가산하여 적용한다(자가율을 따로 제정하지 않음).

- 자가사업자에 대한 단순경비율 적용방법 : 일반율에서 0.3을 차감하여 적용 ⇒ (당해 업종의 일반율 - 0.3)

- 자가사업자에 대한 기준경비율 적용방법 : 일반율에 0.4를 가산하여 적용 ⇒ (당해 업종의 일반율 + 0.4)

③ 장애자 보호를 위해 단순경비율 적용대상자에 한정하여 장애자 적용특례

장애자적용 단순경비율 = 단순경비율 + (1 - 단순경비율) × 20%

# 제4절 금융소득의 계산

## 1. 종합과세금융소득의 범위

금융소득이란 금융자산의 저축·투자에 대한 대가인 이자소득과 배당소득을 말하며, 종합과세되는 금융소득은 다음과 같다.

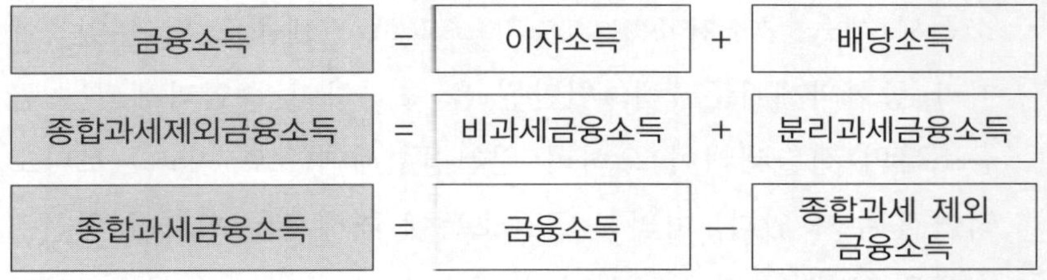

| 금융소득 | = | 이자소득 | + | 배당소득 |
|---|---|---|---|---|
| 종합과세제외금융소득 | = | 비과세금융소득 | + | 분리과세금융소득 |
| 종합과세금융소득 | = | 금융소득 | − | 종합과세 제외 금융소득 |

## 2. 금융소득 종합과세

금융소득인 이자소득과 배당소득은 필요경비가 인정되지 않는 소득으로 대부분이 분리과세 되고 있으며, 2004년 귀속분부터 비영업대금의 이익, 비상장법인의 배당, 상장법인 대주주의 배당에 대한 당연 종합과세제도가 폐지되고 금융소득에 대해 개인별 4천만원 초과분에 대한 종합과세제도만 유지되며  사실상 원천징수 되지 않은 이자소득과 배당소득만 당연 종합과세제도가 유지된다.

## 종합과세 대상 금융소득

① 당연종합과세 금액 : 국내외에서 받은 원천징수되지 않은 이자, 배당소득 및 2005년부터 시행되는 지식기반산업을 영위하는 인적회사의 배당소득

② 4천만원 기준초과금액 : 개인별 금융소득이 4천만원 초과시 그 초과하는 금액

(4천만원 초과금액 판정 시 배당가산율 15%를 감안하지 않은 금액)

## 과세방법

- 소득세 세율 구조가 8%~35%의 초과 누진세율로 되어 있음에 따라 종합과세기준금액(4천만원)을 초과하여 종합과세되는 금융소득의 산출세액이 오히려 원천징수세액(14%, 25%) 보다도 적어질 수가 있다. 따라서 금융소득에 대해서는 최소한 원천징수세율 보다 더 많은 세부담이 되도록 하기 위하여 세액계산의 특례(비교과세 제도)를 두고 있다.

- 종합과세기준금액 (4천만원) 초과여부 판정시에는 배당소득에 배당가산액(gross-up)을 하지 않으나 기준금액을 초과하여 금융소득 종합과세 대상이 된다면 종전과는 달리 세액계산시 배당가산액(gross-up)을 기준금액 초과부분에 대해서만 적용하여 계산한다.

세액계산의 특례 (비교과세 제도)

| 금융소득이 4천만원 초과인 경우 | 금융소득이 4천만원 이하인 경우 |
|---|---|
| 다음 ①,② 중 큰 금액<br>① 합산과세방식 산출세액<br>　(4천만원 × 14%) + (다른종합<br>　소득 + 기준금액 초과금융소<br>　득 - 소득공제) × 기본세율<br>② 분리과세방식 산출세액<br>　(비영업대금 × 25% + 다른금<br>　융소득 × 14%) + (다른 종합<br>　소득 - 소득공제) × 기본세율 | ① (원천징수 되지 않은 금융소득 × 14%)<br>　 + (다른　　종합소득 - 소득공제) × 기<br>　본세율<br><br>- 당연종합과세대상 금융소득은 원천징<br>　수되지 않은 이자, 배당소득 뿐임. |

## 금융소득 종합과세의 이해

① 2004년 귀속분부터 시행되는 금융소득 종합과세는 원천징수 된
세액은 환급되지 않는다.

비영업대금 이익의 경우에도 25% 세율을 적용 후 분리과세 방식에
의하여 비교과세 함으로 일반적인 이자, 배당소득 14% 원천징수
및 사채이자 원천징수 25% 에 대해서도 최하 25% 세율 적용 금
액 이상으로 과세되게 된다.

② 비영업대금 이익에 대해서 원천징수 되지 않은 금액을 과세할 때
에도 원천징수된 것으로 간주하여 산출세액을 계산하고 원천징수
대상 세액을 합하여 종합소득세를 과세한다.

③ 종전의 배당가산제도는 배당소득 전체에 대해서 적용 되었으나
2004년 귀속분부터는 금융소득 4천만원 초과부분에 대해서 적용
되며 이자, 배당소득이 동시에 있을 경우 이자소득을 먼저 4천만
원에 충당하고 4천만원이 초과되는 부분에 해당되는 배당에 대해
서 배당가산(gross-up)제도(15%)를 적용한다.

④ 종전에는 배당세액공제에 대해서 별도의 신청서 작성이 있었고,

배당가산금액과 배당세액공제액이 동일하였으나 2004년 귀속분부터는 신고서상에 기재되는 것으로 종결되며, 세액공제가 분리과세 방식과 종합과세 방식의 차액을 한도로 배당세액공제를 함으로써 환급되는 일은 없게 되었다.

⑤ 현재 당연종합과세대상 금융소득은 원천징수 되지 않은 이자소득이 있으나 실무적으로는 원천징수 되지 않은 이자소득은 없으며 사채이자의 경우 실질적으로 원천징수 되지 않았어도 원천징수 된 것으로 간주하여 세액을 계산한다.

## 3. 종합과세금융소득의 계산흐름

| 소득구분 | 내 용 |
|---|---|
| ①<br>금융소득 | • 이자소득, 배당소득 |
| (-) | |
| ②<br>비과세<br>금융소득 | • 공익신탁의 이익, 7년이상 장기저축성보험차익<br>• 장기주택마련 · 근로자우대 · 근로자주식 · 비과세신탁 비과세상계형 · 고수익고위험신탁 · 장기증권 · 농어가목돈 마련저축 등 비과세저축의 이자 · 배당<br>• 조합 등 예탁금의 이자 및 출자금에 대한 배당<br>• 1년 이상 보유 우리사주조합원이 지급받는 배당소득<br>• 장기보유주식(액면가액 5천만원이하)에 대한배당소득<br>• 영농(영어)조합법인으로부터 받는 배당소득 |
| (-) | |
| ③<br>분리과세<br>금융소득 | • 비실명금융소득(36, 90%)<br>• 5년이상 장기채권 · 장기저축이자(30%)<br>• 12년이상 SOC채권이자(15%)<br>• 장기보유주식 (액면가 5천만원초과 3억원이하) 배당(10%) 등 |
| = | |
| ④<br>종합과세<br>금융소득 | 1) ①-(②+③)의 금액 중 4천만원을 초과하는 금액이 종합과세 됨<br>2) ①-(②+③)의 금액이 4천만원 이하인 경우에는<br> • 국내의금융소득으로서 국내에서 원천징수되지 아니한 소득에 대하여는 원천징수세율(14%)을 적용하여 과세되고, 그 외 금융소득은 원천징수로 분리과세 됨 |

## 4. 종합과세대상에서 제외되는 금융소득

다음의 금융소득은 종합과세대상이 아니므로 금융소득의 크기에 불구하고 종합과세대상 금융소득 계산시 제외된다.

### 비과세되는 금융소득

① 개인연금저축의 이자

② 장기주택마련저축의 이자

③ 근로자우대저축의 이자·배당

④ 근로자주식저축의 이자·배당

⑤ 증권투자신탁저축의 이자·배당

⑥ 노인·장애인 등의 생계형저축의 이자·배당

⑦ 조합 등 예탁금의 이자 및 출자금에 대한 배당

⑧ 고수익고위험신탁저축의 이자·배당

⑨ 장기증권저축의 이자·배당

⑩ 장기주식형저축의 이자·배당

⑪ 농어가목돈마련저축의 이자

⑫ 1년이상 보유 우리사주조합원이 지급받는 배당

⑬ 농업협동조합 근로자의 자사지분에 대한 배당

⑭ 1년이상 장기보유주식에 대한 배당

- 주권상장법인 또는 협회등록법인이 발행한 주식으로 소액주주가 액면가액의 합계액 5천만원이하를 1년이상 보유한 경우 2003년까지 지급받는 배당

※ 2004.1.1 이후 지급하는 배당부터는 소액주주제한폐지(2006년까지 지급받은 배당)

⑮ 영농조합법인으로부터 받는 배당

⑯ 영어조합법인으로부터 받는 배당

⑰ 가계장기저축·(구)근로자주식저축의 이자·배당

⑱ 경과규정에 의한 국민주택채권 등 이자('94.12.22 소법부칙제9
조)

⑲ 공익신탁의 이익

⑳ 7년이상 저축성보험의 보험차익


## 분리과세 되는 금융소득

① 5년 이상 장기채권·증권투자신탁·은행신탁·장기저축으로
분리과세를 신청한 이자·배당소득(30%원천징수)

② 금융기관을 통하지 않은 비실명금융자산의 이자·배당(36% 원
천징수)

③ 직장공제조합초과반환금(기본세율로 과세)

④ 수익을 구성원에게 배분하지 아니하는 개인으로 보는 법인격
없는 단체로서 단체명을 표기하여 금융거래를 하는 단체가 금
융기관으로부터 받는 이자·배당소득
- 아파트관리사무소가 아파트관리비·수선충당금 등을 예치
하고 받은 이자소득 등(15% 원천징수)

⑤ 금융소득(비과세 및 분리과세분 제외)으로서 연도별 개인 금융
소득이 4천만원(종합과세기준금액)이하인 경우(15% 원천징수)

⑥ 상환기간 12년이상 사회간접자본(SOC)채권의 이자(15%원천징
수)
- 2003.12.31까지 발행분에 한함
- 2004.1.1 이후 발생하는 채권부터는 상환기간이 15년으로
변경(2006.12.31까지 발행분)

⑦ 장기보유주식에 대한 배당(10% 원천징수)

- 주권상장법인·협회등록법인이 발행한 주식으로서 소액주주(액면가액의 합계액이 5천만원초과 3억원미만)가 1년이상 보유하여 2003년까지 지급받는 배당소득
- 2004.1.1 이후 지급받은 배당소득은 소액주주제한 폐지(2006까지 지급받은 배당)

⑧ 세금우대종합저축의 이자·배당(10% 원천징수)

⑨ 비실명금융자산으로서 금융기관을 통해 지급되는 이자·배당소득(90% 원천징수)

⑩ 금융실명법에 의하여 발행된 비실명채권에서 발생된 이자

**이자소득과 배당소득의 합산**

금융자산과 관련된 소득 즉, 각종 이자소득 및 배당소득의 합이 4,000만원 이상이면 이 소득은 종합소득에 합산되어 종합소득세가 과세되며 4,000만원 미만인 경우에는 이자나 배당을 지급받을 때 14%(주민세10%)의 원천징수세율로 징수당하고 과세가 종결된다(분리과세).

금융소득 종합과세는 그 대상의 분류 및 적용방법이 복잡하므로 일정수준 이상의 금융소득이 발생하는 경우에는 담당 세무사에게 종합과세적용 여부 및 금액산출에 대하여 자세한 상담을 받아 볼 필요가 있다.

# 제5절 부동산소득의 계산

## 1. 부동산임대소득의 범위

부동산임대소득은 부동산 또는 부동산상의 권리의 대여로 인하여 발생하는 소득이다.

## 2. 비과세 임대소득

1 개 이하의 주택을 소유하는 자의 주택임대소득은 비과세된다. 다만, 고가주택의 임대소득은 비과세되지 아니한다. "고가주택"이라 함은 과세기간 종료일 드는 당해 주택의 양도일 현재기준시가가 6억원을 초과하는 주택을 말한다.

※ 2006년 귀속 임대소득은 1주택이하를 비과세대상으로 개정하였다. 국외 주택은 무조건 과세 대상이다.(08.2.22개정)

### 주택 수의 계산

① 다가구주택은 1개의 주택으로 보되, 구분등기된 경우에는 각각 을 1개의 주택으로 계산

② 공동소유의 주택은 지분이 가장 큰 자의 소유로 계산하되, 지분이 가장 큰 자가 2인 이상인 경우에는 각각의 소유로 계산, 다만, 지분이 가장 큰 자가 2인 이상인 경우로서 그들이 합의하여 그들 중 1인을 당해 주택의 임대수입의 귀속자로 정한 경우에는 그의 소유로 계산한다.

③ 임차 또는 전세받은 주택을 전대하거나 전전세하는 경우에는 당해 임차 또는 전세받은 주택을 임차인 또는 전세받은 자의 주택으로 계산

④ 본인과 배우자가 각각 주택을 소유하는 경우에는 이를 합산

## 3. 부동산임대소득의 수입시기

| 구 분 | 수 입 시 기 |
| --- | --- |
| 지급기일이 정하여진 경우 | 그 정하여진 날 |
| 지급기일이 정하여지지 않은 경우 | 그 지급을 받은 날 |
| 임대차계약의 쟁송 등에 대한 판결·화해로 받게 되는 경과기간에 대응하는 임대료 | 그 판결·화해 등이 있는 날 |

## 4. 임대보증금등 수입금액계산특례

부동산 등을(주택과 그에 부수되는 토지로서 일정규모에 해당하는 것 제외) 임대하고 보증금·전세금 또는 이와 유사한 성질의 금액("임대보증금 등"이라 함)을 받은 경우에는 다음과 같이 계산한 금액(이하 "간주임대료"라 함)을 수입금액에 산입한다.

## 간주임대료

① 소득금액을 장부에 의하여 계산하는 경우의 간주임대료

> 간주임대료＝(임대보증금등의 적수－취득당시의 임대용건물의 매입·건설비 상당액의 적수)×1/365×정기예금이자율(5.0%)－임대보증금 등으로 취득한 금융자산에서 발생한 수입이자와 배당금

- 1990.12.31 이전에 취득·건설한 임대용건물의 매입·건설비는 (1)취득가액 (2)1990.12.31 현재의 임대보증금 (3)1990.12.31 현재의 건물기준시가 중 가장 큰 금액으로 한다.

② 소득금액을 추계하는 경우의 간주임대료

> 간주임대료＝(임대보증금등의 적수－취득당시의 임대용건물의 기준시가의 적수×50% )×1/365×정기예금이자율(5.0%)

- 1990.12.31 이전에 취득한 부동산은 1990.12.31 현재의 건물기준시가를 적용한다.

③ 적수의 계산 : 적수란 임대보증금 등의 금액에 경과일수를 곱하여 계산하는 것을 말한다. 임대보증금 등의 적수는 1)매일의 해당 금액에 의하여 계산하는 방법과 2)매월 말일 현재의 임대보증금 등의 금액에 경과일수를 곱하여 계산하는 방법 중 선택할 수 있다.

④ 건물의 일부만을 임대한 경우의 건설비상당액 등

⑤ 건물의 일부만을 임대한 경우에는 취득당시의 임대용건물의 매입·건설비 상당액 또는 취득당시의 임대용건물의 기준시가에 임대보증금 등을 받고 임대한 면적이 건물의 연면적에서 차지하는 비율을 곱한 금액을 건설비상당액 등으로 한다.

# 제6절  근로소득·연금소득·기타소득

## 1. 근로소득

근로소득은 그 지급자에 따라 갑종근로소득과 을종근로소득으로 구분하며 갑종근로소득은 국내에서 지급받는 근로소득을 말하고, 을 종근로소득은 외국기관 또는 국외에 있는 외국인 또는 외국법인으로 부터 받는 근로소득을 말한다.

### 갑종근로소득

① 근로의 제공으로 인하여 받는 봉급·급료·보수·세비·임금· 상여·수당과 이와 유사한 성질의 급여

② 법인의 주주총회·사원총회 또는 이에 준하는 의결기관의 결의 에 의하여 상여로 받는 소득

③ 법인세법에 의하여 상여로 처분된 금액

④ 퇴직으로 인하여 지급받는 소득으로서 퇴직소득에 속하지 아니 하는 퇴직공로금·퇴직위로금과 잉여금 처분에 의하여 지급하 는 퇴직급여(퇴직급여지급규정 등에 의하여 지급되는 것을 제 외) 또는 이와 유사한 성질의 급여는 근로소득으로 본다.

## 을종근로소득

① 외국기관으로부터 받는 급여

② 국외에 있는 외국인 또는 외국법인(국내지점 또는 국내영업소를 제외한다)으로부터 받는 급여. 다만, 소득세법 제120조 제1항 및 제2항에 규정하는 외국인의 국내사업장과 법인세법 제94조제1항 및 제2항에 규정하는 외국법인의 국내사업장의 국내원천소득금액을 계산함에 있어서 필요경비 또는 손금으로 계상하는 경우는 갑종근로소득으로 본다.


## 2. 연금소득

### 연금소득의 범위

① 공적연금 : 국민연금·공무원·군인·사립학교교직원·별정우체국법 연금

② 공적연금외 연금 : 퇴직보험의 보험금을 연금형태로 지급, 연금저축에 가입하고 연금형태로 지급

③ 비과세연금소득·국민연금법·유족연금, 장애연금·공무원·군인·사립학교교원·별정우체국 : 유족연금, 장애연금, 상이연금·산업재해보상보험법상 각종연금


### 연금소득의 계산

| 총연금액 | − | 연금소득공제 | = | 연금소득금액 |

※ 총연금액이 600만원 이하긴 경우 분리과세 선택가능

## 3. 기타소득

기타소득의 소득금액은 당해 연도의 총수입금액에서 이에 소요된 필요경비를 공제한 금액으로 한다.

### 기타소득의 범위

① 상금·현상금·포상금·보로금 또는 이에 준하는 금품
② 복권·경품권 기타 추첨권에 의하여 받는 당첨금품
③ 사행행위등규제및처벌특례법에 규정한 재산상의 이익
④ 경마, 경륜, 경정의 구매자가 받는 환급금
⑤ 저작자 또는 실연자 등의 저작권료
⑥ 영화필름, 라디오·텔레비전방송용 테이프 또는 필름의 양도·대여 또는 사용의 대가로 받는 금품
⑦ 광업권·어업권·산업재산권·산업정보·산업상비밀·상표권·영업권·토사석의 채취허가에 따른 권리·지하수의 개발·이용권 기타 이와 유사한 자산이나 권리를 대여하고 그 대가로 받는 금품
 • 위 자산이나 권리를 양도하고 받는 대가는 일시재산소득임
⑧ 물품 또는 장소를 일시적으로 대여 대가로 받는 금품
⑨ 지역권·지상권 등의 설정 또는 대여하고 받은 금품
⑩ 계약의 위약 또는 해약으로 인하여 받는 위약금과 배상금
⑪ 유실물의 습득 또는 매장물의 발견으로 인하여 보상금을 받거나 새로 소유권을 취득하는 경우 그 보상금 또는 자산
⑫ 무주물(無主物)의 점유로 소유권을 취득하는 자산
⑬ 거주자·비거주자 또는 법인과 특수관계에 있는 자가 그 특수

관계로 인하여 당해 거주자·비거주자 또는 법인으로부터 받는 경제적 이익으로서 급여·배당 또는 증여로 보지 아니하는 금품

⑭ 슬러트머신 등 당첨금품, 배당금품 등

⑮ 문예·학술·미술·음악 또는 사진에 속하는 창작품에 대한 원작자로서 받는 소득으로서 다음에 해당하는 것

- 원고료
- 저작권사용료인 인세
- 미술·음악 또는 사진에 속하는 창작품에 대하여 받는 대가

⑯ 재산권에 관한 알선수수료

⑰ 사례금

⑱ 전속계약금

⑲ 강연료 등

⑳ 법인세법에 의하여 처분된 기타소득

㉑ 개인연금저축의 해지 일시금

㉒ 퇴직후 행사한 주식매수선택권 이익

## 당연분리과세기타소득

기타소득 중 주택건설촉진법 등에 의한 주택복권·체육복표·기술개발복권·근로복지복권·중소기업진흥복권·지방자치단체복권·제주도관광복권·녹색복권의 당첨소득, 한국마사회법에 의한 승마투표권과 경륜·경정법에 의한 승자투표권의 구매자가 받는 환급금, 슬러트머신 당첨금품, 부가가치세법에 의한 신용카드등 사용자에 대한 보상금은 분리과세 된다.

## 선택적분리과세기타소득

당연분리과세기타소득외의 기타소득금액이 연간 300만원 이하인 때에는 납세자의 선택에 따라 종합과세하거나 분리과세 한다. 그 소득자가 종합소득세신고시 종합소득과세표준에 합산하여 신고하면 종합과세되며, 종합소득과세표준에 합산하지 아니하면 분리과세 된다.

당연분리과세기타소득외의 기타소득금액이 연간 300만원보다 큰 경우에는 선택적 분리과세대상에 해당하지 아니하므로 전액을 종합소득과세표준에 합산하여야 한다. 예를 들어 당연분리과세기타소득외의 기타소득금액이 400만원인 사람의 경우 400만원 전액을 종합소득과세표준에 합산하여야 한다.

# 제7절 소득공제

## 1. 소득공제의 종류

병의원사업자가 받을 수 있는 소득공제의 대표적 사례는 다음과 같다.

① 인적공제(기본공제, 추가공제, 다자녀추가공제)
② 표준공제
③ 연금저축공제
④ 개인연금공제
⑤ 국민연금공제
⑥ 기부금공제
⑦ 노란우산공제

## 소득공제 요약해설

| 구분 | 공제금액 | 비 고 |
| --- | --- | --- |
| 기본공제 | 1인당 100만원 | 배우자 및 일정한 부양가족 |
| 추가공제 | 대상자에 따라 150만원, 100만원 또는 50만원 | 경로자(100만원 또는 150만원), 장애인(100만원), 부녀자(50만원) |
| 다자녀추가공제 | - 자녀 2인인 경우 50만원<br>- 자녀 2인 초과인 경우 초과 인원당 100만원씩 증가 | 자녀 2인 이상부터 해당 됨 |
| 표준공제 | 60만원(근로자는 100만원) | 특별공제는 근로자만 해당 |
| 연금저축공제 | 불입액 전액<br>(300만원 한도) | 2001년 이후 가입분 |
| 개인연금공제 | 불입액의 40%<br>(72만원 한도) | 2000년 이전 가입분 |
| 국민연금공제 | 전액 | |
| 기부금공제 | - 법정기부금 : 전액<br>- 특례지정기부금 : 소득금액의 50% 한도<br>- 지정기부금 : 소득금액의 15%(10%) 한도<br>- 비지정기부금 : 경비 불인정 | |
| 노란우산공제 | 공제부금 납입액 전액<br>(연간 300만원 한도) | 개인사업자등록이 되어 있는 대표자 |

## 2. 기본공제

종합소득이 있는 거주자(자연인에 한한다)에 대하여는 다음의 어느 하나에 해당하는 가족수에 1인당 연 100만원을 곱하여 계산한 금액을 거주자의 당해 연도의 종합소득금액에서 공제한다.

① 당해 거주자

② 거주자의 배우자로서 연간 소득금액이 없거나 연간 소득금액의 합계액이 100만 원 이하인 자

③ 거주자(그 배우자 포함)와 생계를 같이하는 다음의 어느 하나에 해당하는 부양가족으로서 연간 소득금액의 합계액이 100만원 이하인 자. 다만, 장애인에 해당되는 경우에는 연령의 제한을 받지 아니한다.

  1. 거주자의 직계존속으로서 60세(여자 55세) 이상인 자

    *직계존속이 재혼한 경우에는 그 배우자로서 당해 거주자의 직계존속과 혼인(사실혼 제외)중임이 증명되는 자 포함

  2. 거주자의 직계비속과 동거입양자로서 20세 이하인 자. 이 경우 해당 직계비속 또는 입양자와 그 배우자가 모두 장애인에 해당하는 경우에는 그 배우자를 포함한다.

〈거주자의 직계비속〉

가. 거주자의 직계비속

나. 거주자의 배우자가 재혼한 경우로서 당해 배우자가 종전의 배우자와의 혼인(사실혼을 제외한다)중에 출산한 자(거주자와 주민등록표상 동거사실이 확인되는 자에 한한다)

〈동거입양자〉

「민법」 또는 「입양촉진 및 절차에 관한 특례법」 에 의하여 입

양한 양자 및 사실상 입양상태에 있는자로서 거주자와 생계를
같이하는 자

  3. 거주자의 형제자매로서 20세 이하 또는 60세(여자 55세) 이상
인 자

  4.「국민기초생활 보장법」 제2조 제2호의 수급자

## 3. 추가공제

기본공제대상자가 다음의 어느 하나에 해당하는 경우에는 거주자
의 당해연도 종합소득금액에서 기본공제외에 각각에서 정해진 금액
을 추가로 공제한다.

  ① 경로우대공제

    : 65세이상인 자(경로우대자)인 경우 1인당 연 100만원(70세
이상인 경우에는 1인당 연 150만원)

  ② 장애인공제

    : 장애인인 경우 1인당 연 200만원

  ③ 부녀자공제

    : 당해 거주자가 배우자가 없는 여성으로서 부양가족이 있는
세대주이거나 배우자가 있는 여성인 경우 1인당 연 50만원

  ④ 자녀양육비공제

    : 6세이하의 직계비속 또는 입양자인 경우 1인당 연 100만원

  ⑤ 해당 과세기간에 출생한 직계비속과 입양신고한 입양자의 경우
1인당 연 200만원

## 4. 다자녀 추가공제

근로소득 또는 사업소득이 있는 거주자(일용근로자 제외)의 기본
공제대상자에 해당하는 자녀가 2인인 경우에는 연 50만원을, 2인을
초과하는 경우에는 50만원과 2인을 초과하는 1인당 연 100만원을 합
한 금액을 그 거주자의 해당 연도의 근로소득금액 또는 사업소득금
액에서 기본공제 외에 각각 추가로 공제한다.
　① 2인 자녀 : 50만원
　② 3인 자녀 : 150만원
　③ 4인 자녀 : 250만원
　④ 5인 자녀 : 350만원


## 5. 인적공제 방법

① 인적공제의 합계액이 종합소득금액을 초과하는 경우 그 초과하는
　공제액은 없는 것으로 한다.
② 거주자의 인적공제대상자(공제대상가족)가 동시에 다른 거주자의
　공제대상가족에 해당되는 경우에는 당해 연도의 과세표준확정신
　고서, 근로소득자소득공제신고서, 소득공제신고서 또는 연금소득
　자소득공제신고서에 기재된 바에 따라 그 중 1인의 공제대상가족
　으로 한다. 다만, 거주자의 기본공제대상자가 다른 거주자의 직
　계비속등 공제대상자에 해당하는 경우에는 다른 거주자의 당해
　추가공제대상자로 할 수 있다.
③ 2 이상의 거주자가 공제대상가족을 서로 자기의 공제대상가족으
　로 하여 신고서에 기재한 때, 또는 누구의 공제대상가족으로 할

것인가를 알 수 없는 때에는 다음에 의한다.

1. 거주자의 공제대상배우자가 다른 거주자의 공제대상부양가족에 해당하는 때에는 공제대상배우자로 한다.

2. 거주자의 공제대상부양가족이 다른 거주자의 공제대상부양가족에 해당하는 때에는 직전연도에 부양가족으로 인적공제를 받은 거주자의 공제대상부양가족으로 한다. 다만, 직전연도에 부양가족으로 인적공제를 받은 사실이 없는 때에는 당해 연도의 종합소득금액이 가장 많은 거주자의 공제대상부양가족으로 한다.

3. 거주자의 추가공제대상자가 다른 거주자의 추가공제대상자에 해당하는 때에는 1 및 2의 규정에 의하여 기본공제를 하는 거주자의 추가공제대상자로 한다.

④ 당해연도의 중도에 사망하였거나 외국에서 영주하기 위하여 출국한 거주자의 공제대상가족으로서 상속인 등 다른 거주자의 공제대상가족에 해당하는 자에 대하여는 피상속인 또는 출국한 거주자의 공제대상가족으로 한다.

⑤ 위(4)의 경우 피상속인 또는 출국한 거주자에 대한 인적공제액이 소득금액을 초과하는 경우에는 그 초과하는 부분은 상속인 또는 다른 거주자의 당해 연도의 소득금액에서 이를 공제할 수 있다.

## 6. 기부금공제

사업소득 또는 부동산임대소득 계산시 필요경비로 산입한 기부금
에 대하여는 소득공제를 적용하지 아니한다.
① 법정기부금 한도액 : 전액공제
= (종합소득금액-이월결손금)
② 특례기부금한도액 : 소득금액의 50% 한도
= (종합소득금액-이월결손금-정치자금-법정기부금)×50%
③ 지정기부금 한도액 : 소득금액의 10%(15%) 한도
= (종합소득금액-이월결손금-정치자금-법정기부금-특별기부
금)×15%(10%)

### 공제대상 기부금

기부금은 기부단체로부터 영수증을 받아 두어야 공제된다.
① 기부처에 따라 전액어 비용으로 인정되는 경우
② 소득금액의 50%내에서 비용으로 인정되는 경우
③ 소득금액의 15%(10%)내에서 비용으로 인정되는 경우
④ 전액 비용인정이 되지 않는 경우(향우회나 동창회 등에 대한 기
부금 등)

### 유의사항

종합소득금액중 사업소득 또는 부동산임대소득의 경우에는 기부금
을 필요경비에 산입하기 전의 소득금액을 기준으로 한다.

## 7. 연금보험료공제

본인명의로 가입한 국민연금보험료 납부한 본인부담보험료를 소득금액에서 전액 공제한다.

### 제출서류

연금보험료납입증명서(사업장가입자중 근로자는 연말정산한 원천징수영수증 사본)

## 8. 개인연금저축 및 연금저축공제

개원의 본인명의로 일정요건을 갖춘 개인연금저축 또는 연금저축에 가입한 자

### 제출서류

개인연금저축납입증명서 또는 연금저축납입증명서

개인연금저축제도 및 연금저축제도 요약

| 구  분 | 개인연금저측제도 | 연금저축제도 |
|---|---|---|
| 가입기간 | - 2000.12.31까지 가입자에게<br>만 적용<br>* 계약만료시까지 적용되므로<br>2000.12.31 이전 가인연금저축<br>에 가입하고 겨약기간중에<br>있으면 공제대상 | - 2001.1.1 이후 저축불입기간 만<br>료후 연금의 형태로 지급받는<br>연금저축에 가입한 경우 |
| 소득공제<br>금    액 | - 불입액의 40%<br>(연72만원 한도) | - 불입액 전액<br>(연300만원 한도) |
| 금융상품 | - 은행 또는 투자신탁회사의<br>신탁상품, 보험회사의 보<br>험상품, 우체국브험, 농·<br>수협의 조합이 취급하는<br>생명공제 | - 은행 또는 투자신탁회사의 신<br>탁상품, 보험회사의 보험상품,<br>우체국보험, 농·수·신협의<br>조합이 취급하는 생명공제, 증<br>권투자회사의 연금저축 |

## 9. 투자조합출자 등 소득공제

다음에 해당하는 출자 또는 투자액의 30%(15%, 20%)를 공제한다.
타인의 출자(투자)지분·수익증권을 양수하는 방법으로 출자(투자)
하는 경우에는 제외된다.

① 중소기업창업투자·신기술사업투자조합 또는 기업구조조정조
합 또는 부품·소재전문투자조합에 출자한 경우

② 벤처기업증권투자신탁의 수익증권에 투자한 경우

③ 벤처기업육성에관한특별조치법 제13조의 규정에 의한 조합에
출자한 금액을 조합이 출자일의 다음 과세기간말까지 벤처기업
에 투자한 경우

④ 벤처기업육성에 관한 특별조치법에 의한 벤처기업에 투자하는

경우

## 공제방법

출자일 또는 투자일이 속하는 과세연도부터 출자 또는 투자후 2년이 되는 날이 속하는 과세연도까지 거주자가 선택하는 1과세연도의 종합소득금액에서 공제한다.

### 공 제 금 액

| 구　　분 | | 공제율 | 한 도 액 |
|---|---|---|---|
| '99.8.30 이전투자분 | 기업구조조정조합 이외 | 20% | 당해　과세연도　종합소득금액의 70%<br>※ '98.1.1 이후 최초 투자분부터 적용함 |
| | 기업구조조정조합 | 30% | |
| '99.8.31 이후 투자분 | | 30% | |
| '02.1.1 이후 투자분 | | 15% | 당해　과세연도　종합소득 금액 50%한도 |

# 10. 기타공제

## 표준공제

표준공제는 근로소득이 있는 거주자로서 개별증빙에 의한 특별공제 신청을 하지 않거나, 신청은 하였으나 합계액이 100만원 미만인 경우에는 100만원, 거주자로서 종합소득이 있는 자에 대하여는 표준공제 60만원을 공제한다.

## 의료비공제

의료비공제는 근로소득이 있는 거주자에게만 적용된다.

| 공제대상자 | 공제대상 의료비(공제한도액 년 500만원) |
|---|---|
| 근로자 본인 | 진찰·진료·질병예방을 위하여 근로자본인이 실제로 부담한 다음 금액 중 연급여액의 3%초과금액 |
| 배우자 | ① 의료기관(한방병원,조산원 포함)에 지급한 비용 |
| 생계를 같이하는 부양가족 | ② 약사법상 의약품(한약 포함)의 구입비용<br>③ 장애인의 보장구 구입을 위하여 지출한 비용 |

## 보험료공제

보험료공제는 근로소득이 있는 거주자에게만 적용된다.

| 공 제 대 상 | 공 제 금 액 |
|---|---|
| 국민건강보험법 또는 고용보험법에 의하여 근로자가 부담하는 보험료 | · 국민건강보험료(전액)<br>· 고용보험료(전액) |
| 기본공제대상자를 피보험자(종피보험자 포함)로 하는 보험 중 만기에 환급되는 금액이 납입보험료를 초과하지 않는 것으로서 근로자가 실제로 납입한 금액 | · 일반보장성 보험료<br>(연 100만원 한도) |
| 기본공제대상자 중 장애인을 피보험자(수익자)로 하는 보험의 보험계약에 의하여 보험자에게 지급하는 보험료로서 근로자가 실제로 납입한 금액 | · 장애인 전용 보장성보험료<br>(연 100만원 한도) |

## 교육비공제

교육비공제는 근로소득이 있는 거주자에게만 적용된다.

| 공제대상자 | 공제대상 교육비 |
|---|---|
| ·근로자 본인<br>·배우자<br>·생계를 같이하는<br>  부양가족 | 공제대상 교육기관에 납입한 수업료, 입학금, 보육비용, 취학전 아동의 학원수강료, 기타 공납금<br>※ 소득세 및 증여세가 비과세되는 장학금등을 차감한 금액으로 함 |

## 주택자금공제

주택자금공제는 근로소득이 있는 거주자에게만 적용된다.

① 주택자금공제종류에는 크게 주택마련저축공제, 주택취득차입금 원리금상환액공제, 주택임차차입금 원리금상환액공제, 장기주택저당차입금 이자상환액공제로 구분되고 서로 공제 대상금액 및 산정방법을 달리하고 있으나, 공제한도액은 일괄하여 연 1,000만원을 한도로 하고 있으나, 주택마련저축공제와 주택취득(임차)차입금 원리금상환액공제의 합계액의 공제한도는 연 300만원이다.

② 주택마련저축에서 청약부금이 제외되어 2000.11.1일 이후 청약부금가입자는 주택자금공제를 받을 수 없으나, 2000.10.31일 이전 가입자는 경과조치를 두어 2005년까지는 일정금액에 대하여 공제가 가능하다.


## 신용카드 등 소득공제

근로자 본인과 기본공제대상자중 배우자 및 생계를 같이 하는 직계존비속(배우자의 직계존속과 입양자 포함)이 신용카드 등으로 사업자로부터 재화나 용역을 구입하면서 사용한 금액에 대한 소득공제한다. 기본공제대상자이더라도 형제자매의 사용분은 공제대상이 아

니다. 신용카드에는 직불카드 및 백화점계 카드는 포함되지만, 선불
카드 및 외국에서 발행한 카드는 제외된다.

## 11. 노란우산공제

노란우산공제란 국민경제의 저변을 형성하고 있으나, 대부분이 취
약한 경영환경에서 사업을 영위하고 있는 소기업.소상공인이 폐업,
사망, 또는 질병, 부상으로 인한 퇴임 등의 공제사유가 발생하였을
때 생활안정과 사업재기의 기회를 제공받을 수 있도록 하는 공제제
도이다.

### 특징

① 소기업. 소상공인 대표자(개인사업자등록이 되어 있는 대표자)만
   이 가입할 수 있다.
   소기업·소상공인 사업자만이 가입 가능하며, 노령 뿐만이 아니
   라 폐업, 사망, 퇴임, 상해 등 다양한 공제사유 발생시 공제금을
   적기에 지급 받을 수 있다.
② 일시금 지급으로 목돈 마련이 가능하다.
   개인연금과 같은 연금지급 방식이 아닌 폐업, 퇴임 등의 사유발
   생시 일시에 목돈으로 지급된다.
③ 연 300만원 한도의 추가 소득공제가 가능하여 절세효과를 볼 수
   있다.
   공제부금 납입액에 대해 연간 300만원까지 추가 소득공제 가능하
   다. 연금저축 소득공제(연300만원 한도)와 별도로 추가로 인정해
   줌으로 연금저축가입자가 노란우산공제에도 가입시 연간 최대

600만원까지 소득공제 가능하다.

④ 압류. 담보. 양도 금지로 안전한 생계 및 사업자금 확보가 가능하다.

공제금에 대해 법률로 채권자의 압류, 담보, 양도 금지로 수급권이 확실히 보호되어 어떠한 경우라도 최후의 생활자금 및 사업재기의 자금으로 활용 가능하다.

⑤ 상해사망, 상해후유장애시에도 보험금이 지급 된다.

계약자가 상해 사망 및 3% 이상의 상해후유장애시 월부금의 150배(750~10,500만원)이내의 보험금이 지급되고, 보험료는 중소기업중앙회가 대신 납부한다.

## 운영기관 및 근거법규

① 비영리법인인 중소기업중앙회가 운영하고 중소기업청이 감독한다.

② 중소기업협동조합법(제115조)

중소기업중앙회는 소기업과 소상공인이 폐업이나 노령 등의 생계위협으로부터 생활의 안정을 기하고 사업재기의 기회를 제공받을 수 있도록 소기업과 소상공인을 위한 공제사업을 관리 운용한다.

# 제8절 종합소득세 과세표준 및 세액의 계산

## 1. 과세표준의 계산

종합소득세과세표준은 종합소득금액에서 각종소득공제를 차감하여 계산한다.

| 7가지 합산한 종합소득금액 |
| :---: |

−

| 소 득 공 제 |
| :---: |

=

| 종합소득세 과세표준 |
| :---: |

- 개인병의원사업자는 벌어들인 사업소득 뿐만 아니라 타 소득이 있는 경우에는 모두 합산하여 매년 5월에 종합소득세 확정 신고를 하여야 한다.

## 2. 종합소득세 적용세율

종합소득세 적용세율은 다음과 같다.

| 과세표준 | 세율 | | | 누진공제액 | | |
|---|---|---|---|---|---|---|
| | 2008 | 2009 | 2010 | 2008 | 2009 | 2010 |
| 1,200만원 이하 | 8% | 6% | 6% | 0 | 0 | 0 |
| 1,200만원 초과 4,600만원 이하 | 17% | 16% | 15% | 1,080,000 | 1,200,000 | 1,080,000 |
| 4,600만원 초과 8,800만원 이하 | 26% | 25% | 24% | 5,220,000 | 5,340,000 | 5,220,000 |
| 8,800만원 초과 | 35% | 35% | 33% | 13,140,000 | 14,140,000 | 13,140,000 |

※ 산출세액의 10%를 주민세로 납부한다.

## 3. 산출세액의 계산

종합소득산출세액은 종합소득과세표준에 기본세율을 적용하여 계산한다.

| 과세표준 | × | 세율  8%~35% (6%~35%) | = | 산출세액 |
|---|---|---|---|---|

참고

• 산출세액 계산방법

과세표준금액이 1억 원인 경우 산출세액(2008년 기준)은?

① 각 과세표준 구간별로 적용세율을 곱해서 더하는 방법

| 과 세 표 준 | 적용세율 | 세액 |
|---|---|---|
| 1,200만원 | 8% | 96만원 |
| 4,600만원 - 1,200만원 = 3,600만원 | 17% | 578만원 |
| 8,800만원 - 4,600만원 = 4,200만원 | 26% | 1,092만원 |
| 1억원 - 8,800만원 = 1,200만원 | 35% | 420만원 |
| 합계     :     1억 원 |  | 합계 : 2,186만원 |

② 간편법인 해당구간의 세율을 적용 후 누진공제액을 이용하는 방법
   1억원×35%(적용세율)-1,314만원 = 2,186 만원

## 종합소득세 산출세액 조견표(2008년 세율기준)

| 과세표준 | 산출세액 | 과세표준 | 산출세액 |
|---|---|---|---|
| 1천만원 | 80만원 | 1억 6천만원 | 4,430만원 |
| 2천만원 | 250만원 | 1억 7천만원 | 4,780만원 |
| 3천만원 | 420만원 | 1억 8천만원 | 5,130만원 |
| 4천만원 | 590만원 | 1억 9천만원 | 5,480만원 |
| 5천만원 | 850만원 | 2억원 | 5,830만원 |
| 6천만원 | 1,110만원 | 2억 5천만원 | 7,580만원 |
| 7천만원 | 1,370만원 | 3억원 | 9,330만원 |
| 8천만원 | 1,630만원 | 4억원 | 1억 2,830만원 |
| 9천만원 | 1,980만원 | 5억원 | 1억 6,330만원 |
| 1억원 | 2,330만원 | 6억원 | 1억 9,830만원 |
| 1억 1천만원 | 2,680만원 | 7억원 | 2억 3,330만원 |
| 1억 2천만원 | 3,030만원 | 8억원 | 2억 6,830만원 |
| 1억 3천만원 | 3,380만원 | 9억원 | 3억 330만원 |
| 1억 4천만원 | 3,730만원 | 10억원 | 3억 3,830만원 |
| 1억 5천만원 | 4,080만원 | 20억원 | 6억 8,830만원 |

## 4. 세액공제 및 세액감면

개인병의원사업자의 해당 세액 공제 및 감면 사항을 요약하면 다음과 같다.

### (1) 소득세법상 특례

**기장세액공제**

① 공제대상 : 간편장부대상자로서 비치·기장한 장부에 의하여 소득금액을 계산한 사업자

② 세액공제금액 = 산출세액 × (기장신고소득금액 ÷ 종합소득금액) × 10%(또는 20%)

③ 공제한도 : 100만원

④ 병의원사업자의 경우 간편장부 대상자가 될 수 없으나

- 신규사업자의 경우 또는 전년도 수입금액이 7,500만원 미만인 경우로써 복식장부를 작성한 경우에는 기장세액공제가 가능하다.

⑤ 세액공제 배제

- 비치·기장한 장부에 의하여 신고하여야 할 소득금액의 20% 이상을 누락하여 신고한 경우

- 장부 및 증빙서류를 당해 과세표준 확정신고기간 종료일부터 5년간 보관하지 아니한 경우(천재·지변·화재·전쟁·도난 등 부득이한 경우는 제외)

## (2) 조세특례제한법상의 특례

### 중소기업투자세액공제

(2009년 12월 31일까지 투자한 경우에 적용)

① 사업용자산(의료장비 등)을 새로이 취득하여 투자(중고품에 의한 투자를 제외)한 경우

② 당해 투자금액의 3%의 금액을 소득세(병의원소득에 대한 소득세에 한한다)에서 공제

③ 투자는 주로 개원초기에 발생하며, 개원초기에는 손실이 발생하여 납부할 소득세가 없는 경우 세액공제의 혜택을 못 볼 수 있으나, 이러한 경우를 대비하여 4년간 이월하여 세액공제를 허용하고 있음으로 향후 4년 안에만 이익이 발생하면 결국 세액공제의 혜택을 볼 수 있는 것이다.

### 중소기업에 대한 특별세액감면

의료업에 의한 의료기관(의원 · 치과의원 및 한의원을 제외)이 중소기업에 해당하는 경우에는 2008년 12월 31일 이전에 종료하는 사업연도까지는 당해 의료기관에서 발생한 소득에 대한 소득세에 감면비율을 적용하여 산출한 세액 상당액을 감면한다.

*** 감면세액=산출세액×감면비율(병원 10%) (최저한세 대상임)**

병원에 대하여는 중소기업 중 소기업에 대하여만 감면비율 10%로 감면하도록 하고 있는데 소기업에 해당하기 위해서는 상시종업원수가 10명 이하여야 한다.

$$상시종업원수 = 당하 \ 과세연도의 \ 매월 \ 말일 \ 현재의 \ 인원 \div 해당 \ 월수$$

의원은 당초에 감면대상에서 제외되고 있고 규모가 큰 병원은 상시종업원수가 10명이하인 경우가 거의 없어 사실상 유명무실한 감면이라 할 수 있다.

---

### [의료기관의 중소기업 해당요건]

1. 의료법에 의한 의료기관의 경우 상시근로자수 300명 미만 또는 매출액 300억원 이하인 경우에는 조세특례의 적용상 중소기업에 해당한다.

2. 유예기간

   중소기업이 그 규모의 확대 등으로 중소기업기준을 초과함에 따라 중소기업에 해당하지 아니하게 된 때에는 최초 1회에 한하여 그 사유가 발생한 날이 속하는 과세연도와 그 다음 3개 과세연도까지는 이를 중소기업으로 보고, 동 기간(유예기간)이 경과한 후에는 과세연도별로 다시 중소기업 해당여부를 판정한다. 다만, 창업일이 속하는 과세연도 종료일부터 2년 이나의 과세연도 종료일 현재 중소기업기준을 초과하는 경우로 중소기업에 해당하지 아니하게 된 경우에는 유예기간을 적용하지 아니한다.

## 수입금액증가 등 세액공제

① 환자들의 신용카드 사용 증가하면서 비보험 매출의 양성화에 따라 병의원의 세 부담도 늘어나고 있다.

② 직전년도 종료일로부터 소급하여 1년 이상 병의원을 영위하고 종합소득세 확정신고를 한 병의원 사업자의 경우, 산출세액에「신용카드 매출금액의 5%가 연간매출액에서 차지하는 비율」또는「카드매출증가분의 50%가 연간매출액에서 차지하는 비율」을 곱하여 계산한 금액을 납부할 소득세에서 공제할 수 있다.

③ 세액공제금액

#### 참고

연간 매출액이 3억원, 소득세 산출세액이 3천만원이고, 매출액 중 신용카드 매출액이 1억원인 경우 세액공제액은 얼마인가?(전년대비 신용카드 매출액 증가분 4천만원)

**답) 다음 ①, ② 중 큰 금액**

① 3천만원  X  [5백만원(=1억원X5%) / 3억원] = 50만원
② 3천만원  X  [2천만원(=4천만원X50%) / 3억원] = 200만원
⇒ 두가지 방법으로 산출된 금액 중 큰 금액인 200만원을 납부할 소득세에서 공제 받을 수 있다.

## 임시투자세액공제

정부가 경기조절을 위하여 필요하다고 인정하는 때에 적용하는 특례로 의료기관에 대해서도 2008년 12월 31일까지 사업용자산을 새로이 취득하기 위한 투자를 하는 경우에 소득세의 7%를 세액공제한다.

> 세액공제액=사업용자산 투자금액×7%(최저한세 대상)

* 중소기업 불문하고 적용한다.

사업용자산은 종전에는 의료기기만 인정되었으나 2006.4.17 이후 투자에 대해서는 건물, 인테리어비용 등 기타 감가상각자산에 대해서도 인정됨.  다만, 차량(앰뷸런스 불문)은 제외한다.
* 세액공제시기는 투자가 이루어지는 각 과세연도이다.

다만, 수도권과밀억제권역에서 투자한 경우는 주의를 요한다. 중소기업에 해당하는 경우는  대체투자에 대한 임시투자세액공제가 가능하나 증설투자에 대하여는 적용배제된다. 한편, 비중소기업인 경우는 임시투자세액공제가 전면배제된다.

> 증설투자 : 사업용고정자산을 새로이 설치함으로써 사업용고정자산의 수량 또는 사업장의 연면적이 증가되는 투자

참2 (예규)

기존사업용자산(X-Ray)의 수량에는 변동이 없으면서 기능이 향상된 동일종류의 사업용자산으로 교체한 것은 증설투자에 해당하지 아니하므로 임시투자세액공제 가능한 것이다.

| | 89.12.31이전부터 수도권과밀억제권역에서 계속사업자 | 901.1이후 신설 또는 이전사업자 | |
|---|---|---|---|
| | | 중소기업 | 비중소기업 |
| 공제대상 투자 | 대체투자 | 대체투자 | - |

〈2008년 말 개정사항〉

2009년 12월 31일까지 투자한 경우로 특례기간이 연장되었다. 또한 2008년 투자분은 수도권과밀억제권역의 병의원인 경우에는 제한적이었으나 2009년 투자분은 수도권과밀억제권역의 경우에도 그 대상이 된다. 다만, 그 공제율이 3%로 낮다.

### 현금영수증발행 세액공제

현금영수증가맹점이 2010년 12월 31일까지 현금영수증(거래건별 5천원 미만의 거래에 한하며, 발급승인시 전화망을 사용한 것)을 발급하는 경우

*2008년.7.1이후 발급하는 분부터 적용

공제세액=해당 과세기간별 현금영수증 발급건수×20원 (한도: 산출세액)

## 5. 결정세액의 계산

결정세액은 종합소득산출세액에서 세액감면과 세액공제를 차감하여 계산합니다.

| 산출세액 | − | 세액공제<br>세액감면 | = | 결정세액 |

## 6. 납부세액의 계산

최종 납부세액은 결정세액에서 기납부세액을 차감하여 매년 5월에 납부한다.

| 결정세액 | − | 기납부세액 | = | 최종납부세액 |

### 기납부세액

기납부세액이라 함은 종합소득세에 해당하는 세금을 미리 납부한 것을 말한다. 따라서 기납부세액은 종합소득세확정신고시 납부할 세액에서 차감하며, 납부할 세액보다 기납부세액이 많은 경우에는 그 차액을 환급받게 된다.

병의원의 사업소득계산시 공제하는 기납부세액은 다음의 2가지가 있을 수 있다.

① 종합소득세 중간예납금액(11월에 납부한 전년도 1년치분 세액의 1/2 상당액)

② 건강보험관리공단, 자동차보험회사 및 근로복지공단 등에 공단부담분을 청구해서 지급받을 때 징수당하는 3.3%(주민세 포함)의 원천징수금액

소득세의 환급과 추가납부 판단

(산출세액-공제·감면세액)  <  (기납부세액)  ⇒ 소득세의 환급

(산출세액-공제·감면세액)  >  (기납부세액)  ⇒ 소득세의 추가납부

## 7. 병의원사업자의 사업소득금액 산출구조와 세무신고

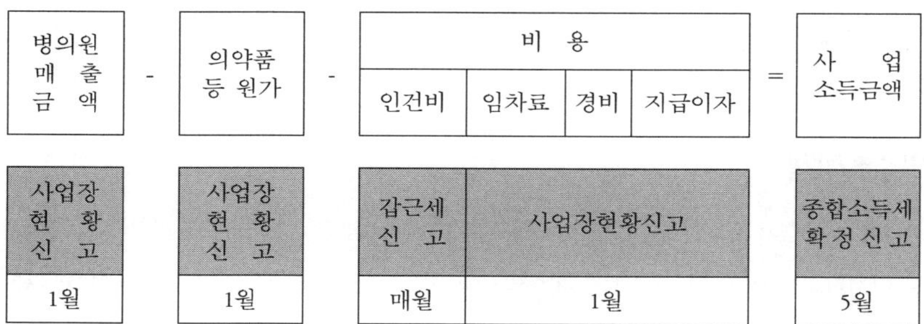


- 세무 신고 및 납부를 잘못하였다면 수정신고나 경정청구를 통해서 정정할 수 있다.

# 제9절 병의원사업자의 종합소득세신고 유의사항

## 1. 종합소득세 절세를 위한 검토사항

① 올바른 수입금액(진료 매출액)의 계상
② 적절한 의약품과 감가상각비 및 필요경비의 계상
③ 다른 종합소득금액의 합산시 누락 방지
④ 반드시 해당하는 소득공제를 모두 받을 것
⑤ 해당되는 공제. 감면은 모두 받을 것
⑥ 이미 납부한 세금을 빠뜨리지 말고 모두 반영할 것

## 2. 종합소득세신고와 세무조사

① 종합소득세의 신고납부시 세금을 절세하는 것은 경영관리의 성과이지만, 무조건 적게만 내겠다는 것은 반드시 좋은 것은 아니다.
② 어느 정도의 인지도와 매출규모가 있는 병의원은 당사업장의 실정을 감안하여 세무당국이 판단하고 있는 합당한 신고 수준

을 찾아 합리적으로 세금을 납부하는 것이 세무조사의 위험성
을 줄일 수 있는 길이다. 즉, 신고납부세액이 적정금액보다 적
으면 적을수록 세무조사의 위험성은 커진다.

## 3. 합리적인 비용계상

① 내과, 소아과, 가정의학과 등의 과목은 성형외과, 피부과, 안
과, 치과, 한의원등과는 달리 비보험수입금액이 크지 않고 진
료매출액이 거의 90%이상 노출된다고 해도 과언이 아니다.
② 따라서 필요경비를 얼마나 인정받을 수 있느냐에 따라서 납부
할 세금이 차이가 난다고 할 수 있다.
③ 필요경비를 계상함에 있어서 각 경비항목간에도 적절한 비율을
고려하여 세무보고를 하는 것이 바람직하다. 전년도 실적에 비
하여 과다 또는 과소하거나 의약품이나 인건비 혹은 기타비용
측면에서 한 쪽으로 비용이 과다하다면 세무당국의 오해를 불
러일으킬 수 있다.

## 4. 진료수입에 따른 필요경비와 이익수준 고려

① 종합소득세에는 기준경비율제도와 단순경비율제도가 있다.
② 이것은 전국동일업종에 대한 세무당국의 '수익−비용'에 관
한 평균적인 경비비율이다.
③ 이 경비비율을 역산하여 추정하면 세무당국에서 용인될 수 있는
평균적인 이익률과 각 비용간의 상관비율이 산출될 수 있다.
④ 병의원을 운영하는 개원의 및 관리자는 이 비율을 적절히 참조

하여 크게 차이가 나지 않는 방향으로 세무신고를 한다면 세무조사의 위험성도 줄이면서 적절한 절세 방안도 찾아 볼 수 있을 것이다.

## 5. 기준경비율과 표준소득율 계산사례

1. 내과와 가정의학과의 기준경비율과 표준소득율(예시 가정치 임)

| 내 과 | |
|---|---|
| 진료수입 | 100% |
| 의약품 | |
| 인건비 | 43.9% |
| 임차료 | |
| 기타비용 | 26.6% |
| 표준소득율 | 29.5% |

| 가정의학과 | |
|---|---|
| 진료수입 | 100% |
| 의약품 | |
| 인건비 | 40.5% |
| 임차료 | |
| 기타비용 | 29.7% |
| 표준소득율 | 29.8% |

## 2. 내과의 경우 다음과 같은 예를 참고

| 구분 | 진료수입 | 의약품 | 인건비 | 임차료 | 지급이자 | 기타비용 | 순이익 |
|---|---|---|---|---|---|---|---|
| 금액 | 3억원 | 3천만원 | 8천만원 | 4천만원 | 2천1백만원 | 6천만원 | 8천8백만원 |
| 비율 | 100% | 10.0% | 26.7% | 13.3% | 7.0% | 20.% | 29.3% |
| | | | 43.7% | | | 27.0% | |

※ 자료는 병의원의 특성을 고려하여 활용바람.

※ 보건업 (코드 : 851000)기준경비율표 참조

---

### ✓ 병·의원 구분

의료법 제3조 (의료기관)  규정에 따라 분류한다.
① "종합병원"이라 함은 100인 이상의 입원시설과 일정수준 이상의 진료과목을 설치하고 의사가 입원환자를 위주로 진료행위를 하는 의료기관을 말한다.
② "일반병원, 치과병원, 한방병원"이라 함은 30인 이상의 입원시설을 갖추고 의사, 치과의사 또는 한의사가 입원환자를 위주로 진료행위를 하는 의료기관을 말한다. 다만, 치과병원의 경우에는 그 입원시설의 제한을 받지 아니한다.
③ "요양병원"이라 함은 의사 또는 한의사가 그 의료를 행하는 곳으로서 요양환자 30인 이상을 수용할 수 있는 시설을 갖춘 의료기관을 말한다.
④ "의원, 치과의원 또는 한의원"이라 함은 의사, 치과의사 또는 한의사가 각각 그 의료를 행하는 곳으로서 진료에 지장이 없는 시설을 갖춘 의료기관을 말한다.

## 의료업(보건업기준경비율(단순경비율))

| 코 드<br>번 호 | 종 목 | | 적 용 범 위 및 기 준 | 단 순<br>경비율 | 기 준<br>경비율 |
|---|---|---|---|---|---|
| | 세분류 | 세세분류 | | | |
| 851101 | 병원 | • 종합병원<br>• 일반병원<br>• 요양병원 | ○고문료, 수당 기타 이와<br>유사한 성질의 대가포함 | 78.3 | 27.2 |
| 851102 | | • 치과병원 | ○고문료, 수당, 기타 이와<br>유사한 성질의 대가포함 | 63.6 | 22.6 |
| 851103 | | • 한방병원 | ○고문료, 수당, 기타 이와<br>유사한 성질의 대가포함 | 67.5 | 23.4 |
| 851201 | 의원 | • 일 반 과<br>• 내    과<br>• 소 아 과 | ○고문료, 수당, 기타 이와<br>유사한 성질의 대가포함 | 70.5 | 26.6 |
| 851202 | | • 일반외과<br>• 정형외과 | ○항문과, 신경외과 포함<br>○고문료, 수당, 기타 이와<br>유사한 성질의 대가 포함 | 74.8 | 27.5 |
| 851203 | | • 신 경 과<br>• 정 신 과 | ○신경정신과 포함<br>○고문료, 수당, 기타 이와<br>유사한 성질의 대가 포함 | 73.9 | 28.4 |
| 851204 | | • 피 부 과<br>• 비뇨기과 | ○고문료, 수당, 기타 이와<br>유사한 성질의 대가 포함 | 68.3 | 25.9 |
| 851205 | | • 안    과 | ○고문료, 수당, 기타 이와<br>유사한 성질의 대가 포함 | 69.5 | 28.7 |

| 코 드 번 호 | 종 목 | | 적용범위 및 기준 | 단 순 경비율 | 기 준 경비율 |
|---|---|---|---|---|---|
| | 세분류 | 세세분류 | | | |
| 851206 | 의원 | • 이 비 인 후 과 | ○고문료, 수당, 기타 이와 유사한 성질의 대가 포함 | 73.1 | 31.0 |
| 851207 | | • 산부인과 | ○고문료, 수당, 기타 이와 유사한 성질의 대가 포함 | 65.0 | 21.7 |
| 851208 | | • 방사선과 | ○고문료, 수당, 기타 이와 유사한 성질의 대가 포함 | 71.1 | 29.1 |
| 851209 | | • 성형외과 | ○고문료, 수당, 기타 이와 유사한 성질의 대가 포함 | 42.7 | 16.1 |
| 851211 | | • 치과의원 | ○고문료, 수당, 기타 이와 유사한 성질의 대가 포함 | 61.7 | 17.2 |
| 851212 | | • 한 의 원 | ○고문료, 수당, 기타 이와 유사한 성질의 대가 포함 | 56.6 | 18.0 |
| 851219 | | • 기타의원 | ○기타의원<br>• 마취과, 결핵과, 가정의학과, 재활의학과 등 달리 분류되지 않은 병과<br>○고문료, 수당, 기타 이와 유사한 성질의 대가 포함 | 70.2 | 29.7 |

| 코 드<br>번 호 | 종 목 | | 적 용 범 위 및 기 준 | 단 순<br>경비율 | 기 준<br>경비율 |
|---|---|---|---|---|---|
| | 세분류 | 세세분류 | | | |
| 851901 | | • 조 산 소 | ○조산원(독립된 간호사 포함)<br>○고문료, 수당, 기타 이와 유사한 성질의 대가 포함 | 70.3 | 29.7 |
| 851902 | | • 침 구 사 | ○침사, 구사<br>○고문료, 수당, 기타 이와 유사한 성질의 대가 포함 | 57.1 | 29.7 |
| 851903 | 기타<br>의료업 | • 안 마 사 | ○다음 각호에 모두 해당하는 사업자<br>1. 의료업 제61조에 의거 안마사 자격이 있는자<br>2. 안마사에 관한 규칙 제6조에 규정하는 시술소를 개설하지 아니하고 안마시술 행위를 하는자 | 68.5 | 31.2 |
| 851904 | | • 접골사<br><br>• 기 타 유 사<br>  의 료 업 | ○접골사<br>○기타유사의료업<br>• 물리요법사, 치과보조원, 검안사, 수족병치료사, 척추지압요법사 등<br>○고문료, 수당, 기타 이와 유사한 성질의 대가 포함 | 67.0 | 29.7 |

| 코 드<br>번 호 | 종 목 | | 적 용 범 위 및 기 준 | 단 순<br>경비율 | 기 준<br>경비율 |
|---|---|---|---|---|---|
| | 세분류 | 세세분류 | | | |
| 851905 | | • 치   과<br>  기 공 소<br>• 세균검사 | ○치과기공소<br>○세균검사<br>○고문료, 수당, 기타 이와<br>유사한 성질의 대가 포함 | 68.9 | 15.0 |
| 851906 | | • 혈 액 원 | ○고문료, 수당, 기타 이와<br>유사한 성질의 대가 포함 | 83.5 | 29.7 |
| 851907 | 기타<br>의료업 | • 기타병리<br>  실   험<br>  서 비 스<br>• 기타의료<br>  보   건<br>  서 비 스 | ○기타 병리실험 서비스<br>• 수수료 또는 계약에 의<br>하여 방사선촬영, 형태<br>학적 병리실험, 화학병<br>리실험, 미생물 실험,<br>혈액검사 등을 수행하<br>는 독립된 의료실험실<br>○기타 의료보건 서비스<br>식품위생검사, 산소공급,<br>의료기록 서비스, 응급환<br>자 이송업 등<br>○고문료, 수당, 기타 이와<br>유사한 성질의 대가 포함 | 70.0 | 21.0 |

## 수의업(보건업기준경비율(단순경비율))

| 코 드<br>번 호 | 종 목 | | 적 용 범 위 및 기 준 | 단 순<br>경비율 | 기 준<br>경비율 |
|---|---|---|---|---|---|
| | 세분류 | 세세분류 | | | |
| 852000 | 수의업 | • 수 의 업 | ○고문료, 수당, 기타 이와<br>유사한 성질의 대가 포함 | 65.1 | 17.5 |

# 제10절 종합소득세 신고서식 작성요령

## 1. 종합소득세 확정신고  제출서류

당해 연도의 종합소득금액이 있는 사업자는 그 종합소득세과세표준확정신고를 하여야 한다.  또한 당해 연도의 과세표준이 없거나 결손금액이 있는 때에도 신고는 하여야 한다. 종합소득세과세표준확정신고에 있어서는 종합소득세과세표준 확정신고 및 자진납부계산산서에 다음에 해당하는 서류들을 첨부하여 납세지관할세무서장에게 제출하여야 한다.


① 소득금액계산명세서
② 결손금, 이월결손금공제명세서
③ 소득공제명세서
④ 세액감면, 공제명세서
⑤ 가산세, 기납부세액명세서
⑥ 대차대조표 등과 조정명세서
⑦ 필요경비계상 관련 명세서

⑧  영수증쉬취명세서
⑨  추계소득금액계산서


## 2. 종합소득세 확정 신고서식 작성요령

[별지 제40호 서식(1)] (2006. 4. 10 개정)　　　　　　　　　　　　　　　　　(제1쪽)

## (　　년 귀속)종합소득세·농어촌특별세·주민세 과세표준확정신고 및 자진납부계산서

- 부동산임대소득 또는 사업소득 중 하나의 소득이 발생하는 하나의 사업장만이 있는 단순경비율 적용사업자로서 장부를 기장하지 아니하고, 단순경비율로 추계신고하는 경우에는 단일소득-단순경비율적용대상자용 신고서 [별지 제40호 서식(4)]를 사용하시기 바랍니다.
- 「소득세법」 제64조의 규정을 적용받는 부동산매매업자는 제25쪽의 [종합소득산출세액계산서(주택매매업자용)]에 따라 산출세액을 계산합니다.
- 직전연도 수입금액이 4,800만원 이상인 간편장부대상사업자가 장부에 따른 기장신고를 하지 아니한 경우 산출세액의 20%를 무기장가산세로 추가로 납부하여야 합니다.
- 복식부기의무자가 복식부기에 따른 장부를 기장하여 신고하지 아니한 경우 산출세액의 20%를 신고불성실가산세로 추가로 납부하여야 합니다.

〈작성순서 등〉
1. ❶기본사항란을 기입합니다.
2. ❸세무대리인란을 기입합니다(세무대리인이 기장·조정 또는 신고서를 작성한 경우에만 기입합니다).
3. ❺란 내지 ❽란의 각종 소득명세서를 작성합니다(해당사항이 있는 명세서만 작성합니다).
4. ❾종합소득금액 및 결손금·이월결손금공제명세서·❿이월결손금명세서를 작성합니다(이월결손금이 없는 경우에는 ❿이월결손금명세서는 작성하지 아니합니다).
5. ⓫소득공제명세서를 작성합니다.
6. ⓬세액감면명세서·⓭세액공제명세서·⓮준비금명세서를 작성합니다(해당사항이 있는 명세서만 작성합니다).
7. ⓯가산세명세서를 작성합니다.
8. ⓰기납부세액명세서를 작성합니다
9. ❹세액의 계산란을 기입합니다[종합소득이 있는 경우에는 제21쪽의 ⓱종합소득산출세액계산서(금융소득자용)을, 기준경비율에 따라 추계소득금액계산서를 작성하는 경우에는 제23쪽의 ⓲추계소득금액계산서(기준경비율적용대상자용)을, 부동산매매업자로서 종합소득금액에 1세대 3주택 매매차익이 있는 경우에는 제25쪽의 ⓳종합소득산출세액계산서(주택매매업자용)을, 소득에 합산되는 금융소득이 있고 주택매매차익이 있는 경우에는 제27쪽의 ⓴종합소득산출세액계산서(주택매매차익이 있는 금융소득자용)을 먼저 작성합니다].
10. ❷환급금 계좌신고란을 기입합니다[환급세액이 발생하는 경우 환급금을 송금받을 본인의 예금계좌를 기입하되, 환급세액이 2천만원 이상인 경우에는 별도의 계좌개설(변경)신고서에 통장사본을 첨부하여 신고하여야 합니다].
11. 각 서식에서 기입란이 더 필요한 경우에는 별지에 추가하여 기입합니다.
12. 신고인은 반드시 신고인의 성명을 쓰고 서명 또는 날인하여 신고하여야 합니다.

| 접 수 증 (　　년 귀속 종합소득세과세표준확정신고서) | | | |
|---|---|---|---|
| 성　명 | | 주　소 | |
| ※ 첨부서류<br>1. 대차대조표　　　　　　　　　　　　　　　　(　　)<br>5. 소득공제신고서　　　　　　　　　　　　　　(　　)<br>2. 손익계산서와 그 부속서류　　　　　　　　　(　　)<br>6. 결손금소급공제세액환급신청서　　　　　　　(　　)<br>3. 합계잔액시산표　　　　　　　　　　　　　　(　　)<br>7. 「조세특례제한법」상 세액공제·감면신청서　(　　)<br>4. 조정계산서　　　　　　　　　　　　　　　　(　　)<br>8. 그밖의 첨부서류　　　　　　　　(　　　　　) | | | 접 수 자<br><br>접수일자(인) |

[별지 제40호 서식(1)] (제2쪽)

## 작 성 방 법

1. ▒▒▒▒ 란은 작성하지 아니합니다.
2. ㉑종합소득금액란은❾종합소득금액 및 결손금・이월결손금공제명세서의 ⑤란의 합계(종합소득금액)를 옮겨 기입합니다.
3. ㉒소득공제란은 ⓫소득공제명세서의 ㉗소득공제 합계를 옮겨 기입합니다.
4. ㉓과세표준란은 ㉑종합소득금액에서 ㉒소득공제를 차감한 금액을 기입합니다.
5. ㉔세율・㉕산출세액란은 세율표에 따라 세율을 기입하고 과세표준에 세율을 곱한 금액에서 누진공제액을 차감하여 산출세액을 계산합니다. 종합과세되는 이자・배당소득이 있는 경우에는 제21쪽의 종합소득산출세액계산서(금융소득자용)를 사용하여 계산합니다.「소득세법」제64조의 규정을 적용받는 부동산매매업자인 경우에는 제25쪽의 종합소득산출세액계산서(주택매매업자용)에 따라 계산하고, 부동산매매업자가 금융소득자인 경우에는 제27쪽의 종합소득산출세액계산서(주택매매차익이 있는 금융소득자용)에 따라 계산합니다.
6. ㉖세액감면・㉗세액공제란은 세액감면 또는 세액공제가 있는 경우에는 ⓬세액감면명세서의 ⑤세액감면 합계 또는 ⓭세액공제명세서의 ⑤세액공제 합계를 옮겨 기입합니다.
7. ㉙・(55)가산세란은「소득세법」제81조와「농어촌특별세법」제11조에 따른 가산세를 각각 기입합니다.
   ㉙가산세는 ⓯가산세명세서의 ⑦합계란의 금액을 기입합니다.
8. ㉚・(56)추가납부(환급)세액란은「조세특례제한법」에 따른 추가납부세액이 있는 경우에는 추가납부세액계산서(별지 제51호 서식)을 작성한 후 추가납부세액계산서의 4. 소득세 추가납부액 합계란의 금액을 ㉚추가납부세액(농어촌특별세의 경우에는 환급세액)란에 기입하고, 그에 따른 농어촌특별세 환급세액을 (56)추가납부세액(농어촌특별세의 경우에는 환급세액)란에 기입합니다.
9. ㉜・(58)기납부세액란은 ⓰기납부세액명세서의 ⑪란 및 ㉖란의 금액을 각각 옮겨 기입합니다.
10. ㉝납부(환급)할 총세액란은 ㉛합계 금액에서 ㉜기납부세액란의 금액을 차감하여 기입합니다. 그 금액이 0보다 작은 경우에는 환급받을 세액이므로 ❷환급금 계좌신고란에 기입합니다(제1쪽 10. 참조).
    납부할 총세액이 1천만원을 초과하는 경우에는 분납할 수 있으며(총세액이 2천만원 이하인 때에는 1천만원을 초과하는 금액을, 2천만원을 초과하는 때에는 세액의 100분의 50 이하의 금액을 납부기한 경과 후 45일 이내에 분납할 수 있습니다), 분납하고자 하는 경우에는 분납할 세액을 ㉞분납할 세액란에 기입하고, 신고기한 안에 납부하여야 할 나머지 세액(㉝－㉞)을 ㉟신고기한내 납부할 세액란에 기입합니다.
11. ㊶주민세의 과세표준란은 ㉛종합소득세 합계란을 옮겨 기입하고, 세율 10%를 적용하여 ㊸산출세액을 계산합니다. ㊹기납부세액(㊹)은 [종합소득세 기납부세액(㉜)－중간예납세액(⓰기납부세액명세서의 ①)] × 10%의 방법으로 산정하여 기입합니다.
12. 농어촌특별세는「조세특례제한법」에 따른 감면 등을 받는 경우에 적용됩니다. (51)과세표준란은 농어촌특별세과세대상감면세액합계표(별지 제68호 서식)의 ⑱감면세액 합계란의 금액을 옮겨 기입하고,「농어촌특별세법」제5조의 세율(20% 또는 10%)을 적용하여 (53)산출세액을 계산합니다. (57)농어촌특별세 합계란에는 ((54)＋(55)－(56))의 금액을 기입합니다. 종합소득세를 분납하는 경우에는 그 분납금액의 비율에 따라 농어촌특별세도 분납할 수 있습니다.

세 율 표(2005년 귀속)

| 과세표준금액 | 세율(%) | 누진공제액 | 과세표준금액 | 세율(%) | 누진공제액 |
|---|---|---|---|---|---|
| 1,000만원 이하 | 8 | 0 | 4,000만원 초과 | 26 | 450만원 |
| 1,000만원 초과 | 17 | 90만원 | 8,000만원 초과 | 35 | 1,170만원 |

[별지 제40호 서식(1)] (제3쪽)

| 관리번호 | - |
|---|---|

( 년 귀속)종합소득세·농어촌특별세·
주민세과세표준확정신고 및 자진납부계산서

| | | | |
|---|---|---|---|
| 거주구분 | 거주자1 /비거주자2 | | |
| 내·외국인 | 내국인1/외국인9 | | |
| 외국인단일세율적용 | | | |
| 거주지국 | | 거주지코드 | |

❶ 기본사항

| | | | | | | | | | |
|---|---|---|---|---|---|---|---|---|---|
| ①성 명 | | | | ②주민등록번호 | | - | | | |
| ③주 소 | 도·시 | 구·군 | 동·읍·면 | 가·리 | 번지 | 호 | 아파트·연립 등 | 동 | 호 |
| | | | | | | | | | |
| ④ 주소지 전화번호 | | | | ⑤ 사업장 전화번호 | | | | | |
| ⑥휴 대 전 화 | | | | ⑦ 전자우편주소 | | | | | |
| ⑧신 고 유 형 | 11자기조정 12외부조정 20간편장부 31추계－기준율 32추계－단순율 40비사업자 | | | | | | | | |
| ⑨기 장 의 무 | 1복식부기의무자 2간편장부대상자 3비사업자 | | | | | | | | |
| ⑩신 고 구 분 | 10정기신고 20수정신고 30경정청구 40기한후신고 50추가신고(인정상여) | | | | | | | | |

| | | | | | |
|---|---|---|---|---|---|
| ❷ 환급금 계좌신고 | ⑪ 금융기관/체신관서명 | | ⑫ 계좌번호 | | |
| ❸세 무 대리인 | ⑬성 명 | | ⑭ 전화번호 | ⑮ 대리구분 | 1기장 2조정 3신고 |
| | ⑯ 관리번호 | - | | ⑰ 조정반번호 | - |

❹ 세액의 계산

| 구 분 | 종합소득세 | | 주 민 세 | | 농어촌특별세 | |
|---|---|---|---|---|---|---|
| 종 합 소 득 금 액 | ㉑ | | | | | |
| 소 득 공 제 | ㉒ | | | | | |
| 과 세 표 준(㉑－㉒) | ㉓ | | ㊶ | | ○51 | |
| 세 율 | ㉔ | | ㊷ | 10% | ○52 | |
| 산 출 세 액 | ㉕ | | ㊸ | | ○53 | |
| 세 액 감 면 | ㉖ | | | | | |
| 세 액 공 제 | ㉗ | | | | | |
| 결 정 세 액(㉕－㉖－㉗) | ㉘ | | | | ○54 | |
| 가 산 세 | ㉙ | | | | ○55 | |
| 추 가 납 부 세 액<br>(농어촌특별세의 경우에는 환급세액) | ㉚ | | | | ○56 | |
| 합 계(㉘＋㉙＋㉚) | ㉛ | | | | ○57 | |
| 기 납 부 세 액 | ㉜ | | ㊹ | | ○58 | |
| 차감 납부(환급)할 총세액(㉛－㉜) | ㉝ | | ㊺ | | ○59 | |
| 차감 분 납 할 세 액(45일 내) | ㉞ | | | | ○60 | |
| 차감 신고기한내 납부할세액(㉝－㉞) | ㉟ | | ㊻ | | ○61 | |

「소득세법」 제70조 · 「농어촌특별세법」 제7조 및 「지방세법」 제177조의 4에 따라 신고합니다.

년 월 일

신고인 (서명 또는 인)

| | |
|---|---|
| 조세전문자격자로서 위 신고서를 성실하고 공정하게 작성하였습니다.<br>세무대리인 (서명 또는 인) | 접수(영수)일자 |
| 세무서장 귀하 | |
| ※ 첨부서류(각 1부): 제1쪽 참조 / 전산입력필 | (인) |

[별지 제40호 서식(1)]                                    (제4쪽)

❺ 이자소득명세서 작성방법

1. 「소득세법」 및 「조세특례제한법」에 따른 비과세 및 분리과세 이자소득은
   이 서식의 작성대상에서 제외되나 개인별금융소득(이자·배당소득의 합
   계액)이 4천만원을 초과하는 경우로서 이자소득이 있는 때에 작성하며,
   개인별금융소득(이자·배당소득의 합계액)이 4천만원 이하인 경우에도
   국내에서 원천징수되지 아니하는 이자소득(국외금융소득 등)이 있는 때
   에는 그 이자소득에 대하여 작성하여야 합니다.

2. ①소득구분 코드란은 아래의 소득구분코드(11·12·13)를 코드순으로 기
   입합니다.
   가. 「소득세법」 제16조 제1항 제12호에 따른 비영업대금의 이익(私債이
       자):  11
   나. 「소득세법」 제127조에 따라 원천징수되지 아니하는 이자소득:  12
   다. 그밖의 이자소득:  13

3. ②일련번호란은 소득구분 코드별로 일련번호를 기입하며, 코드별 일련번
   호가 2 이상인 경우에는 마지막 일련번호 다음 줄에 코드별 합계를 기입
   합니다.

4. ③상호(성명)·④사업자등록번호(주민등록번호)란은 이자를 지급하는 자
   의 상호(성명)와 사업자등록번호(주민등록번호)를 기입합니다.

5. ⑤이자소득금액란은 이자의 지급자별로 연간 원천징수세액 차감 전의 총
   이자액의 합계액을 기입합니다.

6. ⑥소득세란은 원천징수된 소득세를 기입합니다.

7. 2001.1.1 이후 발생한 이자소득으로서 해당 이자소득의 수입시기가 2005년
   에 도래하는 경우에도 수입시기를 기준으로 작성합니다.

[별지 제40호 서식(1)]                                        (제5쪽)

| ① 소득 구분 코드 | ② 일련 번호 | 이자 지급자 | | ⑤ 이자소득금액 | 원천징수세액 | |
| | | ③ 상호(성명) | ④ 사업자등록번호 (주민등록번호) | | ⑥ 소득세 |
|---|---|---|---|---|---|
| | | | | | |
| | | | | | |
| | | | | | |
| | | | | | |
| | | | | | |
| | | | | | |
| | | | | | |
| | | | | | |
| | | | | | |
| | | | | | |
| | | | | | |
| | | | | | |
| | | | | | |
| | | | | | |
| | | | | | |
| | | | | | |
| | | | | | |
| | | | | | |
| | | | | | |
| | | | | | |
| | | | | | |

**❺ 이자소득명세서**

[별지 제40호 서식(1)]                                        (제5쪽)

## ❻ 배당소득명세서 작성방법

1. 「소득세법」 및 「조세특례제한법」에 따른 비과세 및 분리과세 이자소득은 이 서식의 작성대상에서 제외되나, 개인별금융소득(이자·배당소득의 합계액)이 4천만원을 초과하는 경우로서 배당소득이 있는 때에 작성하여야 하며, 개인별금융소득(이자·배당소득의 합계액)이 4천만원 이하인 경우에도 국내에서 원천징수되지 아니하는 배당소득(국외금융소득 등)이 있는 때에는 그 배당소득에 대하여 작성하여야 합니다.

2. ①소득구분코드란은 아래의 소득구분코드(21·22·23)를 코드순으로 기입합니다.
   가. 배당가산액(Gross-Up) 대상 배당소득: 21
   나. 배당가산액(Gross-Up) 대상 아닌 배당소득: 22
   다. 「소득세법」 제127조에 따라 원천징수되지 아니하는 배당소득: 23

3. ②일련번호란은 소득구분 코드별로 일련번호를 기입하며, 코드별 일련번호가 2 이상인 경우에는 마지막 일련번호 다음 줄에 코드별 합계를 기입합니다.

4. ③법인명·④사업자등록번호란은 배당을 지급하는 법인 또는 단체의 명칭과 사업자등록번호를 기입합니다.

5. ⑤배당액란은 배당의 지급법인별로 연간 원천징수세액차감 전의 배당액의 합계액을 기입합니다.

6. ⑥배당가산액(Gross-up) 대상금액란은 내국법인(단체)의 배당액 중 종합과세 배당소득을 기입합니다.

7. ⑦배당가산액란은 [대상금액(⑥)×가산율(100분의 19)]의 방법으로 산정한 금액을 기입합니다.

8. ⑧배당소득금액란은 [배당액(⑤)+배당가산액(⑦)]의 방법으로 산정한 금액을 기입합니다.

9. ⑨소득세란은 원천징수된 소득세를 기입합니다.

[별지 제40호 서식(1)]                              (제7쪽)

❻배당소득명세서

| ① 소득 구분 코드 | ② 일련 번호 | 배당 지급법인 ③법 인 명 ④ 사업자등록번호 | ⑤ 배당액 | 배당가산액(Gross – Up) ⑥ 대상금액 | ⑦ 가산액 (⑥×19/100) | ⑧ 배당 소득금액 (⑤+⑦) | 원천징수세액 ⑨소득세 |
|---|---|---|---|---|---|---|---|
|  |  |  |  |  |  |  |  |
|  |  |  |  |  |  |  |  |
|  |  |  |  |  |  |  |  |
|  |  |  |  |  |  |  |  |
|  |  |  |  |  |  |  |  |
|  |  |  |  |  |  |  |  |
|  |  |  |  |  |  |  |  |
|  |  |  |  |  |  |  |  |
|  |  |  |  |  |  |  |  |
|  |  |  |  |  |  |  |  |
|  |  |  |  |  |  |  |  |
|  |  |  |  |  |  |  |  |

[별지 제40호 서식(1)]                              (제7쪽)

[별지 제40호 서식(1)]                                                    (제8쪽)

❼부동산임대소득·사업소득명세서 작성방법

1. ①소득구분코드란은 아래의 소득구분코드(30·40)를 코드순으로 기입합니다.
   가. 부동산임대소득: 30
   나. 사업소득: 40

2. ②일련번호란은 부동산임대소득과 사업소득을 각각 사업장별로 일련번호를 부여하며, 부동산임대소득 또는 사업소득이 사업장별로 2 이상인 경우에는 부동산임대소득과 그 합계를 먼저 기입하고 그 다음 칸부터는 사업소득과 그 합계를 기입하여야 합니다.

3. 비과세사업소득인 농가부업소득이 있는 사업자는 비과세 사업소득(농가부업소득) 계산 명세서(별지 제37호의 3 서식)를 작성하여 ⑰과세대상금액란의 수입금액과 소득금액을 기입합니다.

4. ⑥신고유형코드란은 과세표준확정신고서에 첨부하는 조정계산서의 작성자 또는 소득금액계산서의 종류에 따라 다음과 같이 구분하여 기입합니다.
   가. 자기조정(자기가 직접 조정계산서를 작성한 경우에 해당됩니다): 11
   나. 외부조정(세무대리인이 조정계산서를 작성한 경우에 해당됩니다): 12
   다. 간편장부소득금액계산서에 따라 소득금액을 계산한 경우: 20
   라. 기준경비율에 따라 소득금액을 계산한 경우: 31
   마. 단순경비율에 따라 소득금액을 계산한 경우: 32

5. ⑦주업종코드란은 해당되는 업종 코드가 2 이상인 경우에는 주된 업종의 코드를 기입합니다.

6. ⑨필요경비란은 기준경비율에 따라 신고하는 경우 소득세신고서 제23쪽 추계소득금액계산서의 ⑮필요경비계란의 금액 기입합니다. 다만, 소득금액을 추계소득금액계산서의 ⑲비교소득금액으로 할 경우에는 ⑧총수입금액에서 ⑩소득금액을 차감한 금액을 기입합니다.

7. ⑩소득금액란은 ⑧총수입금액에서 ⑨필요경비를 차감한 금액을 기입합니다. 다만, 기준경비율에 따른 추계신고자는 추계소득금액계산서의 ⑳소득금액란의 금액을 기입합니다.

8. ⑪대표공동사업자란은 공동사업인 경우 대표공동사업자의 성명과 주민등록번호를 기입합니다.

9. ⑫특수관계자란은 공동사업자 중에 특수관계자(생계를 같이하는 동거가족으로서 직계존비속·형제자매와 그 배우자를 말합니다)가 있는 경우에는 특수관계자의 소득금액은 그 지분 또는 손익분배의 비율이 가장 큰 공동사업자의 소득금액으로 봅니다. 이와 같이 공동사업자 중 특수관계자의 소득금액을 합산신고하는 경우에는 특수관계자의 성명과 주민등록번호를 기입합니다.

10. ⑬일련번호란은 원천징수자 또는 납세조합별로 일련번호를 부여합니다.

11. ⑭상호(성명)·⑮사업자등록번호(주민등록번호)란은 원천징수자 또는 납세조합의 상호(성명)·사업자등록번호(주민등록번호)를 기입합니다.

12. ⑯소득세·⑰농어촌특별세란은 원천징수 또는 납세조합징수된 소득세·농어촌특별세를 기입합니다. 원천징수자 또는 납세조합별로 연간 합계액을 기입합니다.

[별지 제40호 서식(1)]   (제9쪽)

| ❼ 부동산임대소득 · 사업소득명세서 | | | | |
|---|---|---|---|---|
| ① 소 득 구 분 코 드 | | | | |
| ② 일 련 번 호 | | | | |
| ③ 사 업 장 소 재 지 | | | | |
| ④ 상 호 | | | | |
| ⑤ 사 업 자 등 록 번 호 | | | | |
| ⑥ 신 고 유 형 코 드 | | | | |
| ⑦ 주 업 종 코 드 | | | | |
| ⑧ 총 수 입 금 액 | | | | |
| ⑨ 필 요 경 비 | | | | |
| ⑩ 소 득 금 액 (⑧-⑨) | | | | |
| ⑪ 대 표 공동사업자 | 성 명 | | | |
| | 주민등록번호 | | | |
| ⑫ 특수관계자 | 성 명 | | | |
| | 주민등록번호 | | | |
| | 성 명 | | | |
| | 주민등록번호 | | | |
| | 성 명 | | | |
| | 주민등록번호 | | | |

| 사업소득에 대한 원천징수 및 납세조합징수 세액 | | | | |
|---|---|---|---|---|
| ⑬ 일련번호 | 원천징수자 또는 납세조합 | | 원천징수 또는 납세조합징수세액 | |
| | ⑭상호(성명) | ⑮사업자등록번호 (주민등록번호) | ⑯소득세 | ⑰농어촌특별세 |
| | | | | |
| | | | | |
| | | | | |
| | | | | |
| | | | | |
| | | | | |

[별지 제40호 서식(1)]                                                    (제10쪽)

❽ 근로소득·일시재산소득·연금소득·기타소득명세서 작성방법

1. 이 서식에 비과세소득과 분리과세소득은 기입하지 아니합니다.

2. ①소득구분코드: 다음 중 해당되는 소득구분코드를 기입합니다.
   가. 근로소득의 소득구분코드
      (1) 갑종(국내)근로소득(미국군근로소득 및 국외근로소득을 제외합니다): 51
      (2) 미국군근로소득(미국군으로부터 받는 근로소득을 말합니다): 52
      (3) 국외근로소득(국외에서 근로를 제공하고 받는 근로소득을 말합니다): 53
      (4) 을종근로소득(을근납세조합가입자가 받는 을종근로소득을 말합니다): 55
      (5) 을종근로소득(외국에 소재하는 본점 또는 모회사로부터 부여받은 주식매수
          선택권의 행사로 인하여 발생한 을종근로소득을 말합니다): 56
      (6) 을종근로소득[(4)·(5) 이외의 을종근로소득]: 57
       * 을종근로소득은 외국기관, 국제연합군(미국군을 제외합니다), 국외에 있는
          외국인 또는 외국법인으로부터 받는 근로소득(국내지점·국내영업소·국
          내사업장으로부터 받는 근로소득을 제외합니다)을 말합니다.
   나. 일시재산소득의 소득구분코드: 65
   다. 연금소득의 소득구분코드: 66
   라. 기타소득의 소득구분코드: 60

3. ②일련번호란은 소득구분 코드별로 일련번호를 기입하며, 코드별 일련번호가 2 이
   상인 경우에는 마지막 일련번호 다음 줄에 코드별 합계를 기입합니다.

4. ③상호(성명)·④사업자등록번호(주민등록번호)란은   근로소득·일시재산소득·연
   금소득·기타소득을 지급하는 자의 상호(성명) 및 사업자등록번호(주민등록번호)를
   기입합니다. 다만, 주식매수선택권(스톡옵션)의 행사로 인하여 발생한 을종근로소
   득이 있는 근로자는 당해 주식매수선택권을 부여한 외국소재 본점 또는 모회사의
   국내소재 지점·연락사무소 또는 외국인투자기업의 상호 및 사업자등록번호를 기
   입합니다.

5. ⑤총수입금액란은 지급자별로 연간 합계액을 기입합니다.

6. ⑥필요경비란은 필요경비를 기입합니다. 근로소득의 경우에는 근로소득공제액을
   기입하며, 근무지가 2 이상인 경우에는 주된근무지의 근로소득에서 공제하되 주된
   근무지의 근로소득이 근로소득공제액에 미달하는 경우에는 종된근무지의 근로소
   득에서 공제합니다.

7. ⑦소득금액란은 ⑤총수입금액에서 ⑥필요경비를 차감한 금액을 기입합니다.

8. ⑧소득세·⑨농어촌특별세란은 원천징수 또는 납세조합징수된 소득세·농어촌특
   별세를 기입합니다.

[별지 제40호 서식(1)]  (제11쪽)

❽ 근로소득·일시재산소득·연금소득·기타소득명세서

| ①<br>소득<br>구분<br>코드 | ②<br>일련<br>번호 | 소득의 지급자<br>(부여자의 국내사업장)<br><br>③ 상        호(성명)<br>④ 사업자등록번호<br>(주민등록번호) | ⑤총수입<br>금 액 | ⑥필요경비 | ⑦소득금액<br>(⑤-⑥) | 원천징수 또는<br>납세조합징수세액 | |
|---|---|---|---|---|---|---|---|
| | | | | | | ⑧<br>소득세 | ⑨<br>농어촌<br>특별세 |
| | | | | | | | |
| | | | | | | | |
| | | | | | | | |
| | | | | | | | |
| | | | | | | | |
| | | | | | | | |
| | | | | | | | |
| | | | | | | | |
| | | | | | | | |
| | | | | | | | |
| | | | | | | | |

[별지 제40호 서식(1)]  (제11쪽)

[별지 제40호 서식(1)]                                                            (제12쪽)

❾ 종합소득금액 및 결손금 · 이월결손금공제명세서 작성방법

1. ①소득별 소득금액란은 ❺이자소득명세서의 ⑤이자소득금액의 합계액 · ❻배당소득명세서의 ⑧
   배당소득금액의 합계액 · ❼부동산임대소득 · 사업소득명세서의 ⑩소득금액란의 각 소득별 소득
   금액의 합계액 및 ❽근로소득 · 일시재산소득 · 연금소득 · 기타소득명세서의 ⑦소득금액란의 각
   소득별 소득금액의 합계액을 기입합니다. 다만, 부동산임대소득금액의 합계액이 결손(−)인 경우
   에는 "0"으로 기입하고, 그 결손금은 ❿이월결손금명세서의 부동산임대소득의 이월결손금 발생
   금액(②)란에 기입합니다.

2. ②사업소득결손금 공제금액란은 사업소득금액이 결손(−)인 경우에는 그 결손금액을 부동산임대
   소득금액 · 근로소득금액 · 일시재산소득금액 · 연금소득금액 · 기타소득금액 · 이자소득금액   및
   배당소득금액에서 순차로 공제합니다. 사업소득의 결손금 또는 이월결손금을 배당소득이나 이
   자소득에서 공제할 것인지 여부 및 그 공제할 금액은 「소득세법」 제45조 제5항에 따라 납세자
   가 결정합니다.

3. ③사업소득 이월결손금 공제란은 사업소득의 이월결손금이 있는 경우에는 그 이월결손금을 사
   업소득금액 · 부동산임대소득금액 · 근로소득금액 · 일시재산소득금액 · 연금소득금액 · 기타소득
   금액 · 이자소득금액 및 배당소득금액에서 순차로 공제합니다.

4. ④부동산임대소득 이월결손금 공제란은 부동산임대소득에서 공제하는 부동산임대소득 이월결
   손금을 기입합니다.

5. ⑤결손금 · 이월결손금 공제 후 소득금액란은 (①−②−③−④)의 방법으로 산정한 금액을 기입
   합니다. 다만, 사업소득금액이 음수(−)인 경우(사업소득의 결손금을 ②와 같이 다른 소득에서 공
   제한 후에도 결손금이 남는 경우를 말합니다)에는 "0"으로 기입하고, 그 남은 결손금은 ❿이월
   결손금명세서의 ②사업소득의 이월결손금 발생금액란에 기입합니다.

❿ 이월결손금명세서 작성방법

1. ①발생과세기간 · ②발생금액란은 직전 5개 과세기간과 해당 과세기간에 발생한 이월결손금을
   과세기간별로 순차적으로 기입합니다.

2. ③전기까지 공제액란은 직전과세기간까지 공제한 금액을 기입합니다.

3. ④당기공제액란은 당기에 공제한 금액을 기입합니다. 먼저 발생한 이월결손금부터 순차로 공제
   합니다(당기공제액의 합계액은 ❾종합소득금액 및 결손금 · 이월결손금공제명세서 ④란 또는 ③
   란의 합계액과 같습니다).

4. ⑤소급공제액란은 「조세특례제한법 시행령」 제2조에 따른 중소기업자가 해당 과세기간에 발생
   한 결손금을 「소득세법」 제85조의 2에 따라 소급공제하는 경우 그 소급공제하는 금액[결손금소
   급공제세액환급신청서(별지 제40호의 4 서식)의 ⑫소급공제를 받고자 하는 이월결손금을 말합니
   다]을 기입합니다.

5. ⑥그밖의 공제액란은 이월결손금을 자산수증익 및 채무면제익으로 보전(충당)한 경우 그 금액을
   기입합니다.

6. ⑦잔액란은 이월결손금 발생금액 중 당기까지 공제하고 남은 잔액을 (②−③−④−⑤−⑥)의 방
   법으로 산정하여 기입합니다.

[별지 제40호 서식(1)]                                                    (제13쪽)

**❾종합소득금액 및 결손금·이월결손금공제명세서**

| 구 분 | ① 소 득 별 소득금액 | ② 사업소득 결 손 금 공제금액 | 이월결손금 공제금액 | | ⑤ 결손금·이월 결손금공제 후 소득금액 |
| --- | --- | --- | --- | --- | --- |
| | | | ③ 사업소득 이월결손금 공제금액 | ④ 부동산임대소득 이월결손금 공제금액 | |
| 이자소득금액 | | | | | |
| 배당소득금액 | | | | | |
| 부동산임대소득금액 | | | | | |
| 사업소득금액 | | | | | |
| 근로소득금액 | | | | | |
| 일시재산소득금액 | | | | | |
| 연금소득금액 | | | | | |
| 기타소득금액 | | | | | |
| 합     계 (종합소득금액) | | | | | |

**❿이월결손금명세서**

| 구 분 | 이월결손금 발생내역 | | ③ 전기까지 공제액 | 당기 공제액 | | | ⑦ 잔 액 |
| --- | --- | --- | --- | --- | --- | --- | --- |
| | ① 발생 과세기간 | ② 발생금액 | | ④ 당기공제액 | ⑤ 소급공제액 | ⑥ 그밖의 공제액 | |
| 부동산 임대소득 (30) | | | | | | | |
| | | | | | | | |
| | | | | | | | |
| | | | | | | | |
| | | | | | | | |
| | | | | | | | |
| 사업소득 (40) | | | | | | | |
| | | | | | | | |
| | | | | | | | |
| | | | | | | | |
| | | | | | | | |
| | | | | | | | |

[별지 제40호 서식(1)]                                                    (제14쪽)

❶소득공제명세서 작성방법

※ 이 서식의 인적공제와 특별공제는 소득공제신고서(별지 제37호 서식)를, 「조세특례제한법」 상
의 소득공제는 해당 공제신청서를 작성한 후 작성합니다.

1. 인적공제(①~⑨)란은 다음과 같은 방법으로 기입합니다.
   가. ①기본공제란은 본인과 연간소득금액이 100만원 이하인 부양가족(배우자를 포함합니다)에
       대하여 1인당 100만원(해당인원×100만원)을 공제합니다(「소득세법」 제50조).
   나. ②추가공제(③~⑦)란은 기본공제 대상자 중 70세 이상인 자는 ③70에 이상자란에 1인당
       150만원을 공제하고, 65세 이상인 자는 ④65세 이상자란에 1인당 100만원을 공제하며, 장애
       인인 경우에는 ⑤장애인란에 1인당 200만원을 추가로 공제합니다. 본인이 여성으로서 부양
       가족이 있는 세대주이거나 배우자가 있는 경우 ⑥부녀자란에는 50만원을 추가로 공제합니
       다. 거주자에게 기본공제 대상자 중 6세 이하의 직계비속이 있는 경우에는 ⑦6세 이하자란
       에 1인당 100만원을 추가로 공제합니다(「소득세법」 제51조).
   다. ⑨소수공제자 추가공제란은 근로소득자(일용근로자는 제외합니다)로서 기본공제 대상인원
       이 본인 1인뿐인 경우에는 100만원을, 본인을 포함하여 2인뿐인 경우에는 50만원을 근로소
       득금액에서 추가로 공제합니다(「소득세법」 제51조의 2).

2. ⑪연금보험료공제란은 「국민연금법」에 따라 부담하는 연금보험료(사용자부담금 제외합니다)
   와 각 연금법 또는 「별정우체국법」에 따라 근로자 본인이 부담하는 기여금·부담금을 공제
   합니다(「소득세법」 제51조의 3).

3. ⑫퇴직연금소득공제란은 「근로자퇴직급여보장법」에 따라 근로자가 부담하는 부담금·「조세
   특례제한법」 제86조의 2에 따른 저축불입액과의 합계액 중 연 300만원까지 공제합니다(「소
   득세법」 제51조의 3).

4. 특별공제(⑬~⑳)란은 다음과 같은 방법으로 기입합니다.
   가. ⑬보험료공제·⑭의료비공제·⑮교육비공제·⑯주택자금공제란은 근로소득자(일용근로자
       를 제외합니다)에 한하여 근로소득금액에서 공제합니다(「소득세법」 제52조 제1항 내지 제
       5항, 제10항 및 제14항).
   나. ⑰기부금공제란은 기부금(지정기부금의 경우에는 종합소득금액의 10%를 한도로 합니다)으
       로서 사업소득 또는 부동산임대소득의 필요경비에 산입하지 아니한 기부금을 공제합니다
       (「소득세법」 제52조 제6항·제7항 및 제10항).
   다. ⑱혼인·장례·이사비공제란은 총급여액이 2천5백만원 이하인 근로소득자의 기본공제 대상자
       의 혼인·장례·이사에 대하여 각각 100만원을 공제합니다(「소득세법」 제52조 제9항).
   라. ⑲표준공제란은 근로소득이 있는 자로서 ⑬보험료공제란 내지 ⑱혼인·장례·이사비공제
       란의 공제를 받지 아니하는 경우에는 100만원을 표준공제하고, 종합소득이 있는 자로서 근
       로소득이 없는 경우에는 60만원을 표준공제합니다(「소득세법」 제52조 제11항).
   마. ⑳특별공제합계란은 근로소득이 있는 자는 ⑬보험료공제란 내지 ⑱혼인·장례비·이사비
       공제란의 합계액 또는 ⑲표준공제액을 기입하며, 종합소득이 있는 자로서 근로소득이 없는
       경우에는 ⑰기부금공제와 ⑲표준공제액의 합계액을 기입합니다.

5. 「조세특례제한법」 상 소득공제(㉒~㉖)란은 다음과 같은 방법으로 기입합니다.
   가. 해당 소득공제에 관한 「조세특례제한법」의 조문(제목)을 ㉒「조세특례제한법」 조문(제목)
       란에 기입한 후, 그 소득공제 금액을 ㉔금액란에 기입하며, 사업소득에 대한 소득공제인 경
       우에는 ㉕사업자등록번호란에 사업자등록번호를 기입합니다.
   나. ㉓코드란은 기입하지 아니합니다.
   다. 「정치자금에 관한 법률」에 따라 정당(동법에 따른 후원회 및 선거관리위원회를 포함합니
       다)에 기부한 정치자금 중 10만원을 초과한 금액은 「조세특례제한법」 제76조에 따라 소득
       공제대상입니다.

6. ㉑기본공제자 명세란은 인적공제 중 기본공제대상자의 인적사항을 기입하며, 본인은 기입하지
   아니합니다. 외국인의 경우에는 외국인란에 "○"표시를 합니다.

[별지 제40호 서식(1)]　(제15쪽)

❶ 소득공제명세서

<table>
<tr><td colspan="7" style="text-align:center">「소득세법」상 소득공제</td></tr>
<tr><td colspan="2" style="text-align:center">인　적　공　제</td><td></td><td colspan="3" style="text-align:center">특　별　공　제</td><td></td></tr>
<tr><td colspan="2" style="text-align:center">구　분</td><td>금　액</td><td colspan="3" style="text-align:center">구　분</td><td>금　액</td></tr>
<tr><td colspan="2">①기 본 공 제( 명)</td><td></td><td colspan="3">⑬보 험 료 공 제</td><td></td></tr>
<tr><td rowspan="5">②<br>추가<br>공제</td><td>③70세 이 상 자( 명)</td><td></td><td colspan="3">⑭의 료 비 공 제</td><td></td></tr>
<tr><td>④65세 이 상 자( 명)</td><td></td><td colspan="3">⑮교 육 비 공 제</td><td></td></tr>
<tr><td>⑤장 애 인( 명)</td><td></td><td colspan="3">⑯주 택 자 금 공 제</td><td></td></tr>
<tr><td>⑥부 녀 자</td><td></td><td colspan="3">⑰기 부 금 공 제</td><td></td></tr>
<tr><td>⑦6세 이 하 자( 명)</td><td></td><td colspan="3">⑱혼인·장례·이사비 공 제</td><td></td></tr>
<tr><td></td><td>⑧계 　　(③~⑦)</td><td></td><td colspan="3"></td><td></td></tr>
<tr><td colspan="2">⑨소 수 공 제 자 추 가 공 제</td><td></td><td colspan="3">⑲표 　 준 　 공 　 제</td><td></td></tr>
<tr><td colspan="2">⑩인적공제 합계(①+⑧+⑨)</td><td></td><td rowspan="2">⑳<br>특별공제<br>합계</td><td colspan="2">근로소득이 있는 자<br>(⑬~⑱ 또는 ⑲)</td><td></td></tr>
<tr><td colspan="2">⑪연 금 보 험 료 공 제</td><td></td><td colspan="2" rowspan="2">근로소득이 없는 자<br>(⑰+⑲)</td><td rowspan="2"></td></tr>
<tr><td colspan="2">⑫퇴 직 연 금 소 득 공 제</td><td></td></tr>
</table>

<table>
<tr><td colspan="8">㉑기본공제자 명세(해당 소득자의 기본공제 대상자를 기입합니다. 다만, 본인은 표기하지 아니하며, 외국인의 경우는 "○"표시를 합니다)</td></tr>
<tr><td>관계</td><td>성명</td><td>외국인</td><td>주 민 등 록 번 호</td><td>관계</td><td>성명</td><td>외국인</td><td>주 민 등 록 번 호</td></tr>
<tr><td></td><td></td><td></td><td>-</td><td></td><td></td><td></td><td>-</td></tr>
<tr><td></td><td></td><td></td><td>-</td><td></td><td></td><td></td><td>-</td></tr>
<tr><td></td><td></td><td></td><td>-</td><td></td><td></td><td></td><td>-</td></tr>
<tr><td></td><td></td><td></td><td>-</td><td></td><td></td><td></td><td>-</td></tr>
<tr><td colspan="8">※ 관계코드: 소득자의 직계존속=1, 배우자의 직계존속=2, 배우자=3, 직계비속=4, 형제자매=5, 기타=6(4·5·6의 경우 소득자와 배우자의 각각의 관계를 포함합니다)</td></tr>
</table>

<table>
<tr><td colspan="4" style="text-align:center">「조세특례제한법」상 소득공제</td></tr>
<tr><td>㉒「조세특례제한법」 조문(제목)</td><td>㉓코드</td><td>㉔금 액</td><td>㉕사업자등록번호</td></tr>
<tr><td></td><td></td><td></td><td></td></tr>
<tr><td></td><td></td><td></td><td></td></tr>
<tr><td></td><td></td><td></td><td></td></tr>
<tr><td></td><td></td><td></td><td></td></tr>
<tr><td></td><td></td><td></td><td></td></tr>
<tr><td colspan="2">㉖「조세특례제한법」상 소득공제 합계</td><td></td><td></td></tr>
</table>

| 소득공제 합계<br>㉗(⑩+⑪+⑫+⑳+㉖) | |
|---|---|

※ ㉓코드 는 납세자가 기입하지 아니합니다.

[별지 제40호 서식(1)] (제16쪽)

⑫세액감면명세서 및 ⑬세액공제명세서 작성방법

1. 소득세의 감면에 관한 규정과 세액공제에 관한 규정이 동시에 적용되는 경우에는 다음의 순서에 따라 적용합니다.
   가. 당해 과세기간의 소득에 대한 세액감면
   나. 이월공제가 인정되지 아니하는 세액공제
   다. 이월공제가 인정되는 세액공제. 이 경우 당해 과세기간의 세액공제와 전 과세기간에서 이월된 미공제액이 함께 있는 때에는 이월된 미공제액을 먼저 공제합니다.

※ 세액감면 및 세액공제의 합계액이 납부할 세액(가산세 제외)을 초과하는 경우에는 그 초과하는 금액은 없는 것으로 보며, 납부할 세액이 「조세특례제한법」 제132조에 따른 최저한세에 미달하는 경우 그 미달하는 세액에 상당하는 부분에 대하여는 감면 등을 하지 아니합니다. 다만, 이월공제가 인정되는 세액공제의 경우에는 다음 과세기간으로 이월하여 공제할 수 있습니다.

2. ①해당 법 조문(제목)란은 세액감면 또는 세액공제에 관한 해당 「소득세법」 또는 「조세특례제한법」의 조문(제목)을 기입합니다.
   가. 「조세특례제한법」 제76조(정치자금 손금산입 특례 등)에 따라 2004.3.12 이후 기부한 정치자금의 경우에는 10만원(10만원 미만인 경우에는 당해 금액)까지 세액을 공제합니다.
   나. 배당세액공제(「소득세법」 제56조)는 제21쪽 「종합소득산출세액계산서(금융소득자용)」의 ❹배당세액공제의 ㊴란의 금액을 기입합니다. 「소득세법」 제64조에 따른 1세대3주택 이상 소유한 부동산매매업자의 주택매매차익 해당자는 제27쪽[종합소득산출세액계산서(주택매매차익이 있는 금융소득자용)]의 ❹배당세액공제의 (57)란의 금액을 기입합니다.
   다. 2005.1.1 이후 국세정보통신망에 따라 지급조서를 직접 제출한 경우에는 「조세특례제한법」 제104조의 5에 따라 세액공제를 받을 수 있습니다.

3. ②코드란은 납세자가 기입하지 아니합니다.

4. ③세액감면 또는 세액공제란은 해당 세액감면 또는 세액공제 금액을 기입합니다. 이월공제가 인정되는 세액공제의 경우 전 과세기간에서 이월된 미공제액이 있는 때에는 그 금액을 포함하며, 해당 과세기간에 공제되지 아니하고 다음 과세기간으로 이월되는 금액은 포함하지 아니한 금액으로 기입합니다.

5. ④사업자등록번호란은 세액감면 또는 세액공제가 발생한 사업장의 사업자등록번호를 기입합니다.

⑭준비금명세서 작성방법

1. ①「조세특례제한법」 조문(제목)란은 준비금의 필요경비 산입에 관한 「조세특례제한법」의 조문(제목)을 기입합니다. [예 : 「조세특례제한법」 제4조(중소기업투자준비금)]

2. ②코드란은 납세자가 기입하지 아니합니다.

3. ③연도 및 ④금액란은 준비금을 필요경비로 산입한 연도 및 준비금의 금액을 기입합니다.

4. ⑤당기환입액 및 ⑥환입액 누계란은 준비금을 당기에 환입하여 총수입금액에 산입한 금액 및 당기까지 환입한 누계금액(전기까지의 환입액누계+당기환입액)을 기입합니다.

5. ⑦사업자등록번호란은 준비금이 발생한 사업장의 사업자등록번호를 기입합니다.

[별지 제40호 서식(1)]                                           (제17쪽)

**⓬세액감면명세서**

| ①해당 법 조문(제목) | ②코드 | ③세액감면 | ④사업자등록번호 |
|---|---|---|---|
|  |  |  |  |
|  |  |  |  |
|  |  |  |  |
|  |  |  |  |
|  |  |  |  |
| ⑤세액감면 합계 |  |  |  |

**⓭세액공제명세서**

| ①해당 법 조문(제목) | ②코드 | ③세액공제 | ④사업자등록번호 |
|---|---|---|---|
|  |  |  |  |
|  |  |  |  |
|  |  |  |  |
|  |  |  |  |
|  |  |  |  |
| ⑤세액공제 합계 |  |  |  |

**⓮준비금명세서**

| ①「조세특례제한법」조문(제목) | ②코드 | 준비금 손금산입액 | | 준비금 환입액 | | ⑦사업자등록번호 |
|---|---|---|---|---|---|---|
|  |  | ③연도 | ④금액 | ⑤당기환입액 | ⑥환입액 누계 |  |
|  |  |  |  |  |  |  |
|  |  |  |  |  |  |  |
|  |  |  |  |  |  |  |
|  |  |  |  |  |  |  |
|  |  |  |  |  |  |  |
|  |  |  |  |  |  |  |

※ ②코드 는 납세자가 기입하지 아니합니다.

❺ 가산세명세서 작성방법

1. ①신고불성실란은 미달세액 또는 수입금액(무신고의 경우를 말합니다)에 가산세율을 적용하여 산출된 금액 중 큰 금액을 기입합니다「소득세법」 제81조 제1항).

2. ②납부불성실란의 가산세율은 2002년 귀속 소득분부터 3/10,000을 적용합니다.

3. ④증빙불비란은 정규증빙서류(세금계산서·계산서·신용카드매출전표) 외의 증빙서류를 수취한 분에 상당하는 금액에 가산세율을 적용하여 기입합니다.(「소득세법」 제81조 제8항)

4. ⑥무기장가산세란은 직전과세기간의 실제 발생한 수입금액이 4,800만원 이상인 간편장부대상사업자로서 장부를 기장하지 아니하고 기준(단순)경비율에 따라 추계신고를 하는 경우에는 산출세액에 20%를 곱한 금액을 기입합니다. 다만, 복식부기의무자는 신고불성실가산세를 적용합니다.(「소득세법」 제81조 제10항)

❻ 기납부세액명세서 작성방법

1. ①중간예납세액란은 소득세 중간예납세액을 기입합니다.

2. ②토지 등 매매차익 예정신고납부세액 및 ③토지 등 매매차익예정고지세액란은 부동산매매업자가 「소득세법」 제69조에 따라 토지 등의 매매차익에 대하여 예정신고납부한 세액 또는 관할세무서장 등이 결정·경정하여 고지한 소득세액을 기입합니다.

3. ④·㉑수시부과세액란은 「소득세법」·「농어촌특별세법」 에 따라 수시부과한 소득세액·농어촌특별세액을 각각 기입합니다.

4. ⑤이자소득란은 ❺이자소득명세서 ⑥란의 합계액을 기입합니다.

5. ⑥배당소득란은 ❻배당소득명세서 ⑨란의 합계액을 기입합니다.

6. ⑦·㉔사업소득란은 ❼부동산임대소득·사업소득명세서 ⑯란의 합계액과 ⑰란의 합계액을 각각 기입합니다.

7. ⑧·㉕근로소득란은 ❽근로소득·일시재산소득·연금소득·기타소득명세서 중 근로소득에 대한 ⑧란의 합계액과 ⑨란의 합계액을 각각 기입합니다.

8. ⑨연금소득·⑩기타소득란은   ❽근로소득·일시재산소득·연금소득·기타소득명세서 중 연금소득 및 기타소득에 대한 ⑧란의 합계액을 기입합니다.

9. ⑪·㉖기납부세액 합계란은 ①중간예납세액란 내지 ⑩기타소득란의 소득세 금액을 합계하여 ⑪란에 기입하며, ㉑수시부과세액란 내지 ㉕근로소득란의 농어촌특별세 금액을 합계하여 ㉖란에 기입합니다.

[별지 제40호 서식(1)]                                              (제19쪽)

**⓯가산세명세서**

| 구 분 | | 계 산 기 준 | 대상금액 | 가산세율 | 가산세액 |
|---|---|---|---|---|---|
| ①신　　고　　불　　성　　실 | | 미 달 세 액 | | 20/100 | |
| | | 수 입 금 액 | | 7/10,000 | |
| ②납　　부　　불　　성　　실 | | 미 납 일 수 | | 3/10,000 | |
| | | 미 납 부 세 액 | | | |
| ③<br>보고불성실 | 지 급 조 서 미 제 출(틀명) | 지급 (불명) 금액 | | 2/100 | |
| | 계 산 서 미 교 부(틀명) | 공급 (불명) 가액 | | 1/100 | |
| | 계산서합계표 미제출(틀명) | 공급 (불명) 가액 | | 1/100 | |
| | 소　　　　　　　　계 | | | | |
| ④증　　　빙　　　불　　　비 | | 미 수 취 금 액 | | 2/100 | |
| ⑤영 수 증 수 취 명 세 서 미 제 출(불명) | | 미제출(불명)금액 | | 1/100 | |
| ⑥무　　　　기　　　　장 | | 산 출 세 액 | | 20/100 | |
| ⑦합　　　　　　　　계 | | | | | |

**⓰ 기납부세액명세서**

| 구 분 | | 소 득 세 | 농 어 촌 특 별 세 | |
|---|---|---|---|---|
| 중 간 예 납 세 액 | ㉠ | | | |
| 토지등 매매차익 예정신고납부<br>세　　　　　　액 | ㉡ | | | |
| 토 지 등 매 매 차 익 예 정 고<br>지　　세　　　　액 | ㉢ | | | |
| 수 시 부 과 세 액 | ㉣ | | ㉑ | |
| 원천징수세액 및<br>납세조합징수세액 | 이 자 소 득 | ㉤ | | ㉒ |
| | 배 당 소 득 | ㉥ | | ㉓ |
| | 사 업 소 득 | ㉦ | | ㉔ |
| | 근 로 소 득 | ㉧ | | ㉕ |
| | 연 금 소 득 | ㉨ | | |
| | 기 타 소 득 | ㉩ | | |
| 기 납 부 세 액 　 합계 | ㉪ | | ㉖ | |

※　　　　란은 납세자가 기입하지 아니합니다.

### ❶ 종합소득산출세액계산서(금융소득자용) 작성방법

※ 개인별 금융소득이 「소득세법」・「조세특례제한법」에 따른 비과세 및 분리과세 이자・배당소득만 있는 경우에는 이 서식을 작성하지 아니합니다.

1. 용어정의
    가. "금융소득"은 「소득세법」・「조세특례제한법」에 따른 비과세 및 분리과세 이자・배당소득 이외의 종합소득 과세대상이 되는 이자・배당소득입니다.
    나. "원천징수되지 아니하는 이자・배당소득"은 「소득세법」 제127조에 따라 원천징수되지 아니하는 이자・배당소득(국외금융소득 등을 말합니다)입니다.
    라. "기준초과금액"은 과세대상금융소득에서 종합과세기준금액(4천만원)을 공제한 금액입니다.

2. 작성란의 선택은 다음과 같습니다.
    가. 종합소득과세대상 개인별 금융소득이 연간 4천만원을 초과하는 경우는 금융소득금액(④＋⑧)이 종합과세기준금액(4,000만원)을 초과하는 경우란에 작성합니다.
    나. 종합소득과세대상 개인별 금융소득이 연간 4천만원 이하인 경우는 금융소득금액(④＋⑧)이 종합과세기준금액(4,000만원) 이하인 경우란에 작성합니다.

3. 배당세액공제란은 [⑫와 (㉚-㉙) 중 작은 금액]을 기입하며, 별도의 신청서는 작성하지 아니합니다.

4. ①비영업대금이자란 내지 ⑧원천징수되지 않은 이자소득란의 금액은 ❺이자소득명세서의 ⑤이자소득금액 및 ❻배당소득명세서의 ⑤배당액을 해당 항목별로 구분하여 기입합니다.

5. ⑫배당가산액란은 ❻배당소득명세서의 ⑦가산액을 기입합니다.

6. ⑬・㉔・㉝ 금융소득 외의 다른 종합소득란은 ❾종합소득금액 및 결손금・이월결손금공제명세서의 ⑤결손금・이월결손금 공제 후 소득금액 중 이자소득금액과 배당소득금액을 제외한 소득금액의 합계액을 기입합니다. 다만, 이자소득 등에서 사업소득의 결손금 또는 이월결손금을 공제한 경우에는 그 공제금액을 차감하여 기입합니다.

7. ⑮・㉕・㉞란의 소득공제는 ⓫소득공제명세서의 ㉗소득공제 합계를 기입합니다.

[별지 제40호 서식(1)]                                                （제21쪽）

<table>
<tr><td colspan="5" align="center">❶종합소득산출세액계산서(금융소득자용)</td></tr>
<tr><td colspan="5" align="center">금융소득 명세</td></tr>
<tr><td align="center">구　분</td><td align="center">금　액</td><td align="center">구　분</td><td colspan="2" align="center">금　액</td></tr>
<tr><td>①비영업대금이익</td><td></td><td>⑤배당세액공제(Gross-Up) 대상 배당소득</td><td colspan="2"></td></tr>
<tr><td>②원천징수 되지 아니하는 이자소득</td><td></td><td>⑥배당세액공제(Gross-Up) 대상이 아닌 배당소득</td><td colspan="2"></td></tr>
<tr><td>③① · ② 외의 이자소득</td><td></td><td>⑦원천징수되지 아니하는 배당소득</td><td colspan="2"></td></tr>
<tr><td>④이자소득합계(①+②+③)</td><td></td><td>⑧배당소득합계(⑤+⑥+⑦)</td><td colspan="2"></td></tr>
<tr><td colspan="2">금융소득금액(④+⑧)이 종합과세기준금액(4,000만원)을 초과하는 경우</td><td colspan="3">금융소득금액(④+⑧)이 종합과세기준금액(4,000만원) 이하인 경우</td></tr>
<tr><td align="center">구　분</td><td align="center">금　액</td><td align="center">구　분</td><td colspan="2" align="center">금　액</td></tr>
<tr><td>⑨금융소득금액(④+⑧)</td><td></td><td>㉛원천징수되지 아니하는 금융소득(②+⑦)</td><td colspan="2"></td></tr>
<tr><td>⑩종합과세기준금액</td><td>40,000,000</td><td>㉜「㉛」×14/100(2004.12.31 이전발생 이자소득 15/100)</td><td colspan="2"></td></tr>
<tr><td>⑪기준초과금액(⑨-⑩)</td><td></td><td>㉝금융소득 외의 다른 종합소득</td><td colspan="2"></td></tr>
<tr><td>⑫배당가산액</td><td></td><td>㉞소득공제</td><td colspan="2"></td></tr>
<tr><td>⑬금융소득 외의 다른 종합소득</td><td></td><td>㉟과세표준(㉝-㉞)</td><td colspan="2"></td></tr>
<tr><td>⑭종합소득금액(⑪+⑫+⑬)</td><td></td><td>㊱기본세율</td><td colspan="2"></td></tr>
<tr><td>⑮소득공제</td><td></td><td>㊲산출세액</td><td colspan="2"></td></tr>
<tr><td>⑯과세표준(⑭-⑮)</td><td></td><td>㊳종합소득산출세액(㉜+㊲)</td><td></td><td></td></tr>
<tr><td>⑰기본세율</td><td></td><td></td><td colspan="2"></td></tr>
<tr><td>⑱산출세액</td><td></td><td></td><td colspan="2"></td></tr>
<tr><td>⑲「⑩」×14/100(2004.12.31 이전 발생 이자소득 15/100)</td><td></td><td></td><td colspan="2"></td></tr>
<tr><td>⑳비교산출세액계(⑱+⑲)</td><td></td><td></td><td colspan="2"></td></tr>
<tr><td>㉑비영업대금이익(①)×25/100</td><td></td><td></td><td colspan="2"></td></tr>
<tr><td>㉒비영업대금이익 제외한 금융소득 (⑨-①)</td><td></td><td></td><td colspan="2"></td></tr>
<tr><td>㉓「㉒」×14/100(2004.12.31 이전 발생 이자소득 15/100)</td><td></td><td></td><td colspan="2"></td></tr>
<tr><td>㉔금융소득 외의 다른 종합소득</td><td></td><td></td><td colspan="2"></td></tr>
<tr><td>㉕소득공제</td><td></td><td></td><td colspan="2"></td></tr>
<tr><td>㉖과세표준(㉔-㉕)</td><td></td><td></td><td colspan="2"></td></tr>
<tr><td>㉗기본세율</td><td></td><td></td><td colspan="2"></td></tr>
<tr><td>㉘산출세액</td><td></td><td></td><td colspan="2"></td></tr>
<tr><td>㉙비교산출세액계(㉑+㉓+㉘)</td><td></td><td></td><td colspan="2"></td></tr>
<tr><td>㉚종합소득산출세액(⑳와 ㉙중 큰 금액)</td><td></td><td></td><td colspan="2"></td></tr>
<tr><td>배당세액공제</td><td></td><td></td><td colspan="2"></td></tr>
<tr><td>[⑫와 (㉚-㉙) 중 작은 금액]</td><td>㊴</td><td></td><td colspan="2"></td></tr>
</table>

[별지 제40호 서식(1)]                                                    (제22쪽)

❶❽추계소득금액계산서(기준경비율적용대상자용) 작성방법

※ 이 서식은 기준경비율에 따라 추계신고하는 경우에만 작성하며, 소득구분별·사업
   장별로 별지에 작성하되, ①란 내지 ⑧란, ㉑란 내지 ㊱란 및 ⑨란 내지 ⑳란의 순
   서로 작성합니다.

1. ①소득구분코드란은 부동산임대소득은 "30"으로 하고 사업소득은 "40"으로 한다.

2. ②일련번호란은 제8쪽 ❼부동산임대소득·사업소득명세서 작성방법의 ②일련번호
   를 참조합니다.

3. 가. 소득금액계산(①~⑧)작성시 동일사업장에 여러 업종이 있는 경우에는 ⑥업태/
      종목·⑦업종코드·⑧총수입금액란에 업종별로 기입한 후, "계(   )"항목에 업종별
      금액을 합계하여 기입합니다. 단일업종인 경우에는 오른쪽의 "계(   )"항목에 작성
      합니다.

4. 매입비용(㉑~㉔)과 임차료(㉕~㉘)란은 다음과 같은 방법으로 기입합니다.
   가. 정규증빙서류(세금계산서·계산서·신용카드매출전표·현금영수증 등)를 수취
      한 금액은 ㉒·㉖란에 기입합니다.
   나. 정규증빙서류 외의 증빙을 수취한 경우에는 주요경비지출명세서에 기입한 금액
      을 ㉓·㉗란에 기입합니다.
   다. 공급받은 재화의 거래 건당 금액이 5만원 이하인 거래 등 정규증빙서류를 수취
      하지 아니하여도 되는 금액은 ㉔·㉘란에 기입합니다.

5. 인건비(㉙~㉜)란은 다음과 같이 기입합니다.
   가. 급여·임금·퇴직급여에 대한 원천징수영수증·지급조서를 관할세무서에 제출
      한 금액을 ㉚란에 기입합니다.
   나. 원천징수영수증·지급조서를 제출할 수 없는 경우와 일용근로소득에 대하여는
      지급관련 증빙서류를 비치·보관하고 있는 금액을 ㉜란에 기입합니다.

6. ⑨기초재고자산에 포함된 주요경비란과 ⑪기말재고자산에 포함된 주요경비란은 기
   초와 기말재고자산에 포함된 주요경비를 따로 계산할 수 있는 경우에만 작성합니
   다. ⑩당기에 지출한 주요경비는 ㉝란의 금액을 기입합니다.

7. ⑳란은 ⑯란의 기준소득금액을 기입합니다. 다만, ⑯란의 기준소득금액과 ⑲란의
   비교소득금액 중 적은 금액을 소득금액으로 할 수 있습니다.

※ 주요경비의 범위·증빙서류의 종류, 주요경비지출명세서 작성금액·제외금액 등은
   매입비용·임차료의 범위와 증빙서류의 종류고시(국세청고시 제2003-36호)를 참
   고하기 바랍니다.

[별지 제40호 서식(1)]                                             (제23쪽)

<table>
<tr><td colspan="7" align="center">⓲추계소득금액계산서(기준경비율적용대상자용)</td></tr>
<tr><td colspan="7">가. 소득금액 계산</td></tr>
<tr><td colspan="2">①소득구분코드</td><td colspan="2" align="center">(    )</td><td colspan="2" align="center">(    )</td><td>계(    )</td></tr>
<tr><td colspan="2">②일련번호</td><td colspan="2"></td><td colspan="2"></td><td></td></tr>
<tr><td colspan="2">③사업장소재지</td><td colspan="2"></td><td colspan="2"></td><td></td></tr>
<tr><td colspan="2">④상호</td><td colspan="2"></td><td colspan="2"></td><td></td></tr>
<tr><td colspan="2">⑤사업자등록번호</td><td colspan="2"></td><td colspan="2"></td><td></td></tr>
<tr><td colspan="2">⑥업태/종 목</td><td colspan="2" align="center">/</td><td colspan="2" align="center">/</td><td>/</td></tr>
<tr><td colspan="2">⑦업종코드</td><td colspan="2"></td><td colspan="2"></td><td></td></tr>
<tr><td colspan="2">⑧총수입금액</td><td colspan="2"></td><td colspan="2"></td><td></td></tr>
<tr><td rowspan="8">기<br>준<br>소<br>득<br>금<br>액</td><td rowspan="6">필<br>요<br>경<br>비</td><td colspan="2">⑨기초재고자산에 포함된 주요경비</td><td></td><td></td><td></td></tr>
<tr><td colspan="2">⑩당기에 지출한 주요경비(=㉝)</td><td></td><td></td><td></td></tr>
<tr><td colspan="2">⑪기말재고자산에 포함된 주요경비</td><td></td><td></td><td></td></tr>
<tr><td colspan="2">⑫계(⑨+⑩－⑪)</td><td></td><td></td><td></td></tr>
<tr><td rowspan="2">기준경비율에 따라<br>계산한 경비</td><td>⑬기준경비율(%)</td><td></td><td></td><td></td></tr>
<tr><td>⑭금 액(⑧×⑬)</td><td></td><td></td><td></td></tr>
<tr><td colspan="3">⑮필 요 경 비 계(⑫+⑭)</td><td></td><td></td><td></td></tr>
<tr><td colspan="3">⑯기준소득금액(⑧－⑮)<br>(0보다 작은 경우 "0"으로 기입합니다)</td><td></td><td></td><td></td></tr>
<tr><td rowspan="3">비교<br>소득<br>금액</td><td rowspan="2">단순경비율에 따라<br>계산한 소득금액</td><td>⑰단순경비율(%)</td><td></td><td></td><td></td></tr>
<tr><td>⑱금액[⑧×(1－⑰)]</td><td></td><td></td><td></td></tr>
<tr><td colspan="2">⑲비교소득금액(⑱×국세청장이 정한 배율)</td><td></td><td></td><td></td></tr>
<tr><td colspan="3">⑳소 득 금 액(⑯ 또는 ⑲)</td><td></td><td></td><td></td></tr>
</table>

나. 당기 주요경비 계산명세(소득구분별·사업장별)

<table>
<tr><td rowspan="2">구  분</td><td rowspan="2">계(A)<br>(=B+C+D)</td><td>정규증빙서류<br>수취금액 (B)</td><td>주요경비지출명세서<br>작성금액(C)</td><td>주요경비지출명세서<br>작성제외금액(D)</td></tr>
<tr><td></td><td></td><td></td></tr>
<tr><td>매 입 비 용</td><td>㉑</td><td>㉒</td><td>㉓</td><td>㉔</td></tr>
<tr><td>임 차 료</td><td>㉕</td><td>㉖</td><td>㉗</td><td>㉘</td></tr>
<tr><td>인 건 비</td><td>㉙</td><td>㉚</td><td>㉛</td><td>㉜</td></tr>
<tr><td>계(㉝=⑩)</td><td>㉝</td><td>㉞</td><td>㉟</td><td>㊱</td></tr>
</table>

※ 첨부서류: 주요경비지출명세서 1부

※ [          ]란은 납세자가 작성하지 아니합니다.

[별지 제40호 서식(1)]                                          (제24쪽)

❶❾종합소득산출세액계산서(주택매매업자용) 작성방법

1. 이 서식은 「소득세법」 제69조에 따른 부동산매매업을 영위하는 거주자로서 종합
   소득금액에 주택(그 부수토지를 포함합니다)의 매매차익이 있는 자(「소득세법 시
   행령」 제122조에 따른 1세대 3주택을 소유한 거주자를 말합니다)에 해당하는 경우
   에만 작성합니다.

2. ⑪합계란은 1세대 3주택 이상자의 주택매매차익을 기입하며, 주택매매차익은 매매
   가액에서 「소득세법 시행령」 제163조 제1항 내지 제5항에 따른 필요경비와 양도
   소득공제금액(250만원)을 차감하여 계산합니다.

3. ①총수입금액란은 [⑧종합소득금액합계＝⑨합계(⑩＋⑪)]의 방법으로 산정한 금액
   을 기입합니다.

4. ②필요경비란은 [⑧종합소득금액합계＝⑨합계(⑩＋⑪)]의 방법으로 산정한 금액을
   기입합니다.

5. ③소득금액란은 [⑧종합소득금액합계＝⑨합계(⑩＋⑪)]의 방법으로 산정한 금액을
   기입합니다.

6. ④소득공제란은 [⑧종합소득금액합계＝⑩주택매매차익외종합소득]의 방법으로 산
   정한 금액을 기입합니다.

7. ⑥세율란은 「소득세법」 제55조 및 제104조에 따른 세율 중 해당되는 세율을 적용
   합니다.

8. ⑦산출세액란의 ⑭란과 ⑮란 중 큰 금액을 종합소득 산출세액으로 하며, 제3쪽의
   ㉕산출세액란에 그 금액을 기입합니다. 다만, 종합과세되는 이자·배당소득이 있
   는 경우에는 제27쪽의 [종합소득산출세액계산서(주택매매차익이 있는 금융소득자
   용)]을 사용하여 계산한 금액을 제3쪽의㉕산출세액란에 기입합니다.

9. 「⑧종합소득금액합계」 란의 금액은 다음과 같이 기입합니다.
   가. ①총수입금액란은 제5쪽의 ⑤이자소득금액란의 합계액·제7쪽의 ⑧배당소득
       금액란의 합계액·제9쪽의 ⑧필요경비의 합계액·제11쪽의 ⑤총수입금액란의
       합계액을 전부 합산한 금액을 기입합니다.
   나. ③소득금액란은 제13쪽의 ⑤결손금·이월결손금 공제 후 소득금액란의 합계액
       을 기입합니다.
   다. ②필요경비란은 ①총수입금액에서 ③소득금액을 차감한 금액을 기입합니다.
   라. ④소득공제란은 제15쪽의 ㉗소득공제 합계란의 금액과 동일합니다.

10. ⑩3주택매매차익 외 종합소득은 ⑪합계란 내지 ⑬미등기 주택매매차익란을 먼저
    작성한 후 ⑧종합소득금액합계에서 차감하여 기입합니다. (다만, ④소득공제(양도
    소득공제)란의 ⑧종합소득금액 합계란의 금액은 ⑩3주택매매차익 외 종합소득금
    액란의 금액과 같아야 합니다.

11. ⑮란은 ⑯·⑰란의 세액을 각각 계산한 후, ⑯란 및 ⑰란을 합계한 금액을 기입
    합니다.

[별지 제40호 서식(1)]  (제24쪽)

<table>
<tr><td colspan="7" align="center">❿종합소득산출세액계산서(주택매매업자용)</td></tr>
<tr><td align="center">성 명</td><td></td><td align="center">주민등록번호</td><td colspan="4"></td></tr>
<tr><td align="center">주 소</td><td colspan="6"></td></tr>
<tr><td colspan="7" align="center">종합소득산출세액 비교</td></tr>
<tr><td rowspan="3" align="center">구 분</td><td rowspan="3" align="center">⑧<br>종합소득금액<br>합계</td><td colspan="5" align="center">주택매매차익 구분</td></tr>
<tr><td rowspan="2" align="center">⑨<br>합계(⑩+⑪)</td><td rowspan="2" align="center">⑩<br>3주택<br>매매차익 외<br>종합소득</td><td colspan="3" align="center">3주택 이상 매매차익</td></tr>
<tr><td align="center">⑪<br>합계<br>(⑫+⑬)</td><td align="center">⑫<br>3주택<br>매매차익</td><td align="center">⑬<br>미등기<br>주택<br>매매차익</td></tr>
<tr><td>①총 수 입 금 액<br>(주택매매가액)</td><td></td><td></td><td></td><td></td><td></td><td></td></tr>
<tr><td>②필 요 경 비</td><td></td><td></td><td></td><td></td><td></td><td></td></tr>
<tr><td>③소 득 금 액</td><td></td><td></td><td></td><td></td><td></td><td></td></tr>
<tr><td>④소 득 공 제<br>(양도소득공제)</td><td></td><td></td><td></td><td colspan="3" align="center">250만원</td></tr>
<tr><td>⑤과 세 표 준</td><td></td><td></td><td></td><td></td><td></td><td></td></tr>
<tr><td>⑥세      율<br>(8%~35%, 60%)</td><td></td><td></td><td></td><td></td><td align="center">60%</td><td align="center">70%</td></tr>
<tr><td>⑦산 출 세 액</td><td align="center">⑭</td><td align="center">⑮</td><td align="center">⑯</td><td align="center">⑰</td><td align="center">⑱</td><td align="center">⑲</td></tr>
</table>

[별지 제40호 서식(1)]                                                (제26쪽)

❷⓿종합소득산출세액계산서(주택매매차익이 있는 금융소득자용) 작성방법

※ 개인별 금융소득이 「소득세법」 및 「조세특례제한법」에 따른 비과세 및 분리과세
  이자·배당소득만 있는 경우에는 이 서식을 작성하지 아니합니다.

1. 용어정의
   가. "금융소득"은 「소득세법」 및 「조세특례제한법」에 따른 비과세 및 분리과세
      이자·배당소득 이외의 종합소득 과세대상이 되는 이자·배당소득입니다.
   나. "원천징수되지 아니하는 이자·배당소득"은 「소득세법」 제127조에 따라 원천징
      수되지 아니하는 이자·배당소득(국외금융소득 등)입니다.
   다. "기준초과금액"은 과세대상금융소득에서 종합과세기준금액(4천만원)을 공제한
      금액입니다.

2. 작성란의 선택은 다음과 같습니다.
   가. 종합소득과세대상 개인별 금융소득이 연간 4천만원을 초과하는 경우는 금융소
      득금액(④+⑧)이 종합과세기준금액(4,000만원)을 초과하는 경우란에 기입합니다.
   나. 종합소득과세대상 개인별 금융소득이 연간 4천만원 이하인 경우는 금융소득금
      액(④+⑧)이 종합과세기준금액(4,000만원) 이하인 경우란에 기입합니다.

3. 배당세액공제란은 ⑫와 (㉚-㉙) 중 작은 금액을 기입하며, 별도의 신청서는 작성하
   지 아니합니다.

4. ①비영업대금이자란 내지 ⑧원천징수되지 아니하는 이자소득란의 금액은 ❺이자소
   득명세서의 ⑤이자소득금액 및 ❻배당소득명세서의 ⑤배당액을 해당 항목별로 구
   분하여 기입합니다.

5. ⑫란 배당가산액은 ❻배당소득명세서의 ⑦가산액을 기입합니다.

6. ⑬·㉚·㊸금융소득 외의 종합소득금액란은 ❾종합소득금액 및 결손금·이월결손
   금공제명세서의 ⑤결손금·이월결손금 공제 후 소득금액 중 이자소득금액과 배당
   소득금액을 제외한 소득금액의 합계액을 기입합니다. 다만, 이자소득 등에서 사업
   소득의 결손금 또는 이월결손금을 공제한 경우에는 그 공제금액을 차감하여 기입
   합니다.

7. ⑮·㉛·㊺란의 소득공제는 ⓫소득공제명세서의 ㉗소득공제 합계를 기입합니다.

8. ㉑·㊿란의 양도소득공제 전 주택매매차익은 제25쪽의 ❶종합소득산출세액 비교
   의 ③소득금액의 ⑪란의 해당금액을 기입합니다.

[별지 제40호 서식(1)]  (제27쪽)

**⑳종합소득산출세액계산서(주택매매차익이 있는 금융소득자용)**

금융소득 명세

| 구　분 | 금　액 | 구　분 | 금　액 |
|---|---|---|---|
| ①비영업대금이익 | | ⑤배당세액공제(Gross-Up) 대상 배당소득 | |
| ②원천징수 되지 아니하는 이자소득 | | ⑥배당세액공제(Gross-Up) 대상이 아닌 배당소득 | |
| ③위 ①·② 외의 이자소득 | | ⑦원천징수되지 아니하는 배당소득 | |
| ④이자소득 합계(①+②+③) | | ⑧배당소득 합계(⑤+⑥+⑦) | |
| 금융소득금액(④+⑧)이 종합과세기준금액(4,000만원)을 초과하는 경우 | | 금융소득금액(④+⑧)이 종합과세기준금액(4,000만원) 이하인 경우 | |
| 구　분 | 금　액 | 구　분 | 금　액 |
| ⑨금융소득금액(④+⑧) | | ㊶원천징수되지 아니하는 금융소득(②+⑦) | |
| ⑩종합과세기준금액 | 40,000,000 | ㊷「㊶」×14/100(2004.12.31 이전발생 이자소득 15/100) | |
| ⑪기준초과금액(⑨-⑩) | | ㊸금융소득 외의 다른 종합소득 | |
| ⑫배당가산액 | | ㊹종합소득금액(㊸) | |
| ⑬금융소득 외의 다른 종합소득 | | ㊺소득공제 | |
| ⑭종합소득 금액(⑪+⑫+⑬) | | ㊻과세표준(㊹-㊺) | |
| ⑮소득공제 | | ㊼기본세율 | |
| ⑯과세표준(⑭-⑮) | | ㊽산출세액 | |
| ⑰기본세율 | | ㊾비교산출세액 계(㊷+㊽) | |
| ⑱산출세액 | | ㊿양도소득공제 전 주택매매차익 | |
| ⑲「⑩」×14/100(2004.12.31 이전발생 이자소득 15/100) | | 51주택매매차익 외의 과세표준(㊻-㊿) | |
| ⑳비교산출세액 계(⑱+⑲) | | 52기본세율 | |
| ㉑양도소득공제 전 주택매매차익 | | 53산출세액 | |
| ㉒주택매매차익 외의 과세표준(⑯-㉑) | | 54주택매매차익세액[(㊿-250만원)×60%)] | |
| ㉓기본세율 | | 55비교산출세액(㊷+53+54) | |
| ㉔산출세액 | | 56종합소득산출세액(㊾와 55중 큰금액) | |
| ㉕주택매매차익세액[(㉑-250만원)×60%)] | | 배당세액공제액 | |
| ㉖비교산출세액(⑲+㉔+㉕) | | ⑫와 [(㊵-(㉟와 ㊳ 중 큰 금액)] 중 작은 금액 | 57 |
| ㉗비영업대금이익(①)×25/100 | | | |
| ㉘비영업대금이익 제외한 금융소득(⑨-○) | | | |
| ㉙「㉘」×14/100(2004.12.31 이전발생 ㅇ자소득 15/100) | | | |
| ㉚금융소득 외의 다른종합소득(⑬) | | | |
| ㉛소득공제 | | | |
| ㉜과세표준(㉚-㉛) | | | |
| ㉝기본세율 | | | |
| ㉞산출세액 | | | |
| ㉟비교산출세액 계(㉗+㉙+㉞) | | | |
| ㊱주택매매차익 이외의 과세표준(㉜-㉑) | | | |
| ㊲기본세율 | | | |
| ㊳산출세액 | | | |
| ㊴비교산출세액 계(㉕+㉗+㉙+㊳) | | | |
| ㊵종합소득산출세액(⑳·㉖·㉟·㊴ 중 큰 금액) | | | |

# 제7장
# 연말정산과 신고

# 제1절 연말정산의 이해

## 1. 연말정산 이란

연말정산이란 근로소득(일반적으로 월급·봉급생활자가 받는 급여 등을 말함)을 지급하는 자가 당해 연도의 다음 연도 2월분의 급여를 지급하는 때에 1년간의 총급여액에 대한 근로소득세액을 세법에 따라 정확하게 계산한 후, 매월 급여 지급시 간이세액표에 의하여 이미 원천징수한 세액과 비교하여 많이 징수한 경우에는 돌려주고 덜 징수한 경우에는 더 징수하여 납부하는 절차를 말한다.

### 세액환급이 발생하는 경우

| 1월~12월까지 매달<br>원천징수한 갑근세총합계액 | > | (1년간총급여액-비과세소득-소득공제)×세율 = 납부할 세금 |
|---|---|---|

### 세액납부를 해야 하는 경우

| 1월~12월까지 매달<br>원천징수한 갑근세총합계액 | < | (1년간총급여액-비과세소득-소득공제)×세율 = 납부할 세금 |
|---|---|---|

**유의사항**

① 연말정산은 갑근세 신고를 하는 근로자에게만 해당한다.
② 중도입사자는 전 근무처에서 "근로소득원천징수영수증"을 수
취 후 반드시 제출하여 합산신고 하여야 한다.


## 2. 연말정산이 필요한 이유

① 종합소득이 있는 거주자는 매년 1.1~12.31까지 발생한 소득을
다음연도 5월1일~31일까지 개인별로 종합소득세 확정신고를
하게 된다.
② 근로소득만이 있는 사람(근로자)에 대하여는 근로소득을 지급하
는 자(원천징수의무자)가 근로소득세 연말정산을 하는 경우, 근
로자 각 개인별로 종합소득세 확정신고를 하는 번거로움을 생략
할 수 있도록 하기 위하여 매년 말 연말 정산을 하게 된다.
③ 근로소득만 있는 사람은 직장에서 연말정산을 함으로써 종합소
득세 확정신고를 하지 않아도 되지만 근로소득 외에 다른 종합
소득이 있을 경우에는 근로소득과 합산하여 다음 연도 5월에
종합소득세 확정신고를 하여야 한다.

# 제2절 연말정산의 절차

## 1. 연말정산의 흐름

<table>
<tr><td></td><td>총급여액</td></tr>
<tr><td>−</td><td>근로소득공제</td></tr>
<tr><td>=</td><td>근로소득금액</td></tr>
<tr><td>−</td><td>소득공제</td></tr>
<tr><td>=</td><td>과세표준</td></tr>
<tr><td>×</td><td>세　율</td></tr>
<tr><td>=</td><td>산출세액</td></tr>
<tr><td>−</td><td>세액공제·세액감면</td></tr>
<tr><td>=</td><td>결정세액</td></tr>
<tr><td>−</td><td>기납부세액</td></tr>
<tr><td>=</td><td>납부세액(환급세액)</td></tr>
</table>

## 2. 연말정산 절차별 주요내용

급여액

**(-)비과세소득**

- 실비변상적급여
  - 자가운전보조금(월20만원 이내의 금액)
- 현물식대 또는 월10만원 이하 식사대 등
- 출산수당 또는 6세 이하의 자녀를 위한 보육수당(월10만원 이내의 금액)

총급여액

**(-)근로소득공제**

- 연500만원까지                 : 전액공제
- 500만원 초과 1,500만원 이하    : 500만원＋500만원 초과분의 50%
- 1,500만원 초과 3,000만원 이하  : 1,000만원＋1,500만원 초과분의 15%
- 3,000만원 초과 4,500만원 이하  : 1,225만원＋3,000만원 초과분의 10%
- 4,500만원 초과                 : 1,375만원＋4,500만원 초과분의 5%

근로소득금액

**(-)인적공제**

- 기본공제 : 근로자 본인 및 연간소득금액 100만원 이하인 배우자, 부양가족(1인당 연100만원)
- 추가공제
  - 경로우대자공제 : 65~69세 100만원, 70세 이상 150만원
  - 장애인공제 : 1인당 연200만원, 자녀양육비공제 : 연100만원
  - 부녀자공제 : 연 50만원
  - 출생(입양)공제 : 1인당 200만원
- 다자녀추가공제 : 자녀 2인인 경우 50만원, 3인인 경우 150만원, 4인인 경우 250만원....(자녀 1인당 100만원씩 증가)

**(-)연금보험료공제**

- 국민연금, 공무원연금, 군인연금, 사립학교교직원연금, 별정우체국연금의 보험료 「(본인 기여금)」 100% 공제
- 근로자퇴직급여보장법에 따라 근로자가 부담하는 부담금 한도액(당해금액＋연금저축불입액) : 300만원

**(-)특별공제**

- 보험료
  - 전액공제(건강보험료, 고용보험료)
  - 보장성 보험(자동차보험, 화재보험 등의 보장성 보험 연100만원 한도 제한)
  - 장애인전용보험(연100만원 한도, 일반보장성 보험과 중복적용 배제)

근로소득금액

### (-)특별공제

- 의료비 : 총급여의 3% 초과분(한도 : 연500만원, 단 본인, 장애인, 경로우대자를 위한 의료비합계액은 한도없음)
- 교육비
  - 근로자 본인 : 전액공제(대학원비 포함)
  - 유치원아, 영유아, 최학전아동 및 초·중·고등학생 : 1인당 200만원 한도
  - 대학생 : 1인당 700만원 한도
- 주택자금
  ① 주택마련저축공제 : 당해연도 저축불입액의 40%
  ② 주택임차차입금 원리금상환액공제 : 당해연도 원리금상환액의 40%
  ③ 장기주택저당차입글 이자상환액공제 : 당해연도 지급한 이자상환금액
    - 공제한도 : 1,000칸원(단, ①+②의 공제한도는 300만원)
- 기부금 : 법정기부금(전액공제), 정치자금기부금 중 10만원 초과금액(전액공제), 조특법상 기브금(소득금액 50% 범위내), 우리사주조합기부금(소득금액의 30% 범위내), 지정기부금(소득금액의 10%범위내)
- 혼인·장례·이사비용 공제 : 총급여액이 2,500만원 이하인 자가 각 사유에 해당하는 경우 100만원 공제
- ※ 표준공제 : 상기 특별공제금액이 없거나 100만원 미만인 경우 100만원 공제

### (-)조특법상 소득공제

- 연금저축소득공제 : 연간 저축불입액 전액
  한도액(근로자퇴직급여보장법에 따라 근로자가 부담하는 부담금+연금저축불입액): 300만원
- ☞ 2000.12.31 이전 개인연금저축가입자 : 연간저축불입액의 40%(72만원 한도)
- 투자조합출자등 소득공제
  - 2002.1.1 이후 투자분 : 투자금액의 15%(소득금액의 50% 한도)
- 신용카드 등 사용금액 소득공제
  공제액=[(신용카드 등 결재액+학원비 지로납부액)-총급여액×15%]×15%
  ※ 신용카드 등: 신용카드·직불카드·기명식선불카드·현금영수증
  ※ 2005.12.1부터 2006 11.30까지(2006년도 연말정산의 경우) 사용액 기준
  한도액=MIN(①500만윌, ②총급여액×20%)
- 우리사주조합출연금 소득공제 : 당해연도 출연금액과 400만원 중 적은 금액

| 과세표준 |
| --- |

(×)기본세율(8 ~ 35%)

```
1,200만원 이하                         : 8%
1,200만원 초과 ~ 4,600만원 이하   : 17% (-108만원)
4,600만원 초과 ~ 8,800만원 이하   : 26% (-522만원)
8,800만원 초과                        : 35% (-1,314만원)
```

| 산출세액 |
| --- |

(−)세액공제, 세액감면

- 근로소득세액공제
  산출세액 50만원 이하분 : 55%, 산출세액 50만원 초과분 : 30% ⇒ 공제한도 50만원
- 정치자금기부금세액공제 : 정당(후원회 등 포함)에 기부한 정치자금
  공제한도 : 10만원(10만원 초과금액은 소득공제)
- 을근납세조합공제
  납세조합에 의하여 원천징수된 종합소득산출세액의 10%에 상당하는 금액
- 주택자금 차입금이자세액공제 : 주택자금 차입금에 대한 당해연도 이자 상환액의 30%
- 외국납부세액공제

| 결정세액 |
| --- |

(−)기납부세액

| 납부세액 또는 환급세액 |
| --- |

# 제3절 소득공제와 세액공제

## 1. 근로소득공제

| 구 분 | 공 제 요 건 | 공 제 금 액 |
|---|---|---|
| 근로소득<br>공    제 | • 500만원 이하<br>• 500만원 초과~1,500만원 이하<br>• 1,500만원 초과~3,000만원 이하<br>• 3,000만원 초과~4,500만원 이하<br>• 4,500만원 초과 | • 전액<br>• 500만원+500만원 초과액의 50%<br>• 1,000만원+1,500만원 초과액의 15%<br>• 1,225만원+3,000만원 초과액의 10%<br>• 1,375만원+4,500만원 초과액의 5% |

## 2. 인적공제

인적공제 = 기본공제 + 추가공제 + 다자녀추가공제

## 기본공제

다음에 해당하는 가족수(기본공제대상자) 1인당 연 100만원 공제

① 근로자 본인

② 근로자의 배우자로서 연간 소득금액이 없거나 연간 소득금액이 100만원 이하인 자

③ 근로자(배우자 포함)와 생계를 같이하는 다음의 부양가족으로서 연간 소득금액이 100만원 이하인 자(다만, 장애인은 연령제한없음).

　가. 직계존속으로서 60세(여자 55세) 이상인 자

　　직계존속이 재혼한 경우에는 당해 거주자의 직계존속과 혼인(사실혼을 제외한다)중임이 증명되는 자를 포함한다.

　나. ⓐ직계비속 ⓑ배우자가 재혼한 경우로서 당해 배우자가 종전의 배우자와의 혼인(사실혼 제외)중에 출산한 자로서 주민등록표상 동거사실이 확인되는 자 ⓒ동거입양자로서 20세 이하인 자. 이 경우 해당 직계비속 또는 입양자와 그 배우자가 모두 장애인에 해당하는 경우에는 그 배우자를 포함한다.

　다. 거주자의 형제자매로서 20세 이하 또는 60세(여자 55세)이상인 자

　라.「국민기초생활 보장법」제2조 제2호의 수급자

　※ 근로자의 인적공제대상자(공제대상가족)가 동시에 다른 근로자의 공제대상가족에 해당되는 경우에는 근로소득자소득공제신고서에 기재된 바에 따라 그 중 1인의 공제대상가족으로 한다. 다만, 거주자의 기본공제대상자가 다른 거주자의 추가공제대상자에 해당하는 경우에는 다른 거주자의 당해 추가공제대상자로 할 수 있다.

### 추가공제

기본공제대상자가 다음에 해당하는 경우에는 당해 금액을 추가로 공제한다.

① 경로우대자공제
- 65세 이상인  경우 1인당 연 100만원
- 70세 이상인 경우에는 1인당 연 150만원

② 장애인공제 : 1인당 연 200만원

③ 부녀자공제

당해 근로자가 배우자가 없는 여성으로서 부양가족이 있는 세대주이거나 배우자가 있는 여성인 경우 1인당 연 50만원

④ 자녀양육비공제

6세 이하의 직계비속 또는 입양자인 경우 1인당 연 100만원(입양자는 2008년부터 적용한다)

⑤ 출산·입양공제(2008년 이후 출산,입양하는 경우부터 적용)

해당 과세기간에 출생한 직계비속과 입양신고한 입양자의 경우 1인당 200만원

### 다자녀추가공제

근로소득 또는 사업소득이 있는 거주자(일용근로자 제외)의 기본공제대상자에 해당하는 자녀가 2인인 경우에는 연 50만원을, 2인을 초과하는 경우에는 50만원과 2인을 초과하는 1인당 연 100만원을 합한 금액을 그 거주자의 해당 연도의 근로소득금액 또는 사업소득금액에서 추가로 공제한다.

(즉, 자녀2인 50만원, 자녀3인 150만원, 자녀4인 250만원.....을 공제함)

## 3. 연금보험료공제

다음에 해당하는 보험료 등을 납부한 경우에는 당해 연도에 납부한 보험료 등을 공제한다.

① 국민연금보험료 본인부담분 전액

② 공무원연금법·군인연금법·사립학교교직원연금법에 의하여 근로자가 부담하는 기여금 또는 부담금

③ 「근로자퇴직급여 보장법」에 따라 근로자가 부담하는 부담금

한도액(당해금액+연금저축불입액) : 300만원


## 4. 특별공제

신청에 의하여 다음과 같은 항목별로 공제 받을 수 있으나 항목별 신청을 하지 아니한 자에 대하여는 연 100만원을 공제(표준공제)한다. 항목별공제는 근로자에 대하여만 적용된다.

### 보험료공제

① 국민건강보험법 또는 고용보험법에 의하여 근로자가 부담하는 보험료 전액

② 보장성보험

기본공제 대상자를 피보험자로 하는 보험 중 만기에 환급되는 금액이 납입보험료를 초과하지 아니하는 보험으로서 보험계약 또는 보험료납입영수증에 보험료 공제대상임이 표시된 보험의 보험료.

- 한도액 : 연 100만원

③ 장애인전용보장성보험

기본공제대상자 중 장애인을 피보험자 또는 수익자로 하는 보장성

보험의 보험료.

- 일반보장성보험(②)과 중복적용 배제함.
- 한도액 : 연 100만원

## 의료비공제

기본공제대상자(연령 및 소득금액의 제한 없음)를 위하여 해당연도에 지급한 의료비로서 다음의 금액을 합산한 금액

① 당해 거주자, 과세기간 종료일 현재 65세 이상인 자 및 장애인을 위하여 지급한 의료비. 다만, 다음 ②의 대상자의 의료비 금액이 총급여액의 3%에 미달하는 경우에는 그 미달하는 금액을 차감한다.

② 위①의 대상자를 제외한 기본공제대상자를 위하여 지급한 의료비로서 총급여액에 3%를 초과하는 금액. 다만, 당해 금액이 연500만원(2009년 이후 연 700만원)을 초과하는 경우에는 연500만원(2009년이후 연 700만원)으로 한다.

> 1. 2007년도 소득에 대한 의료비공제대상
>    : 2006년 12월부터 2007년 11월까지 지급한 의료비
> 2. 2008년도 소득에 대한 의료비공제대상
>    : 2007년 12월부터 2008년 12월까지 지급한 의료비
> 3. 2009년도 이후소득에 대한 의료비공제대상
>    : 당해 연도 1월부터 12월까지 지급한 의료비

※ 의료비는 당해 근로자가 직접 부담하는 다음에 해당하는 의료비를 말한다. 미용성형수술을 위한 비용 및 건강증진을 위한 의약품 구입비용은 포함하지 아니한다. (다만, 2007년부터 2009년까

지는 이를 포함한다.)

1. 진찰 · 진료 · 질병예방을 위하여 의료기관에 지급하는 비용
2. 치료 · 요양을 위하여 「의약품」(한약 포함)을 구입하고 지급하는 비용
3. 장애인이 보장구 및 의사 · 치과의사 · 한의사 등의 처방에 따라 의료기기를 직접 구입 또는 임차하기 위하여 지출한 비용
4. 시력보정용 안경 또는 콘택트렌즈 구입을 위하여 지출한 비용으로서 기본공제대상자(연령 및 소득금액의 제한을 받지 아니한다) 1인당 연 50만원 이내의 금액
5. 보청기 구입을 위하여 지출한 비용


※ 원천징수의무자는 근로소득세액 연말정산시 종합소득금액에서 공제받는 의료비가 연 200만 원 이상인 근로자에 대하여는 근로소득지급조서와 당해 근로자의 의료비지급명세서가 전산처리된 테이프 또는 디스켓을 관할세무서장에게 제출하여야 한다.

[계산사례]

(예제1)

총급여 6천만원인 근로자가 다음과 같이 의료비를 지출한 경우 2008년 귀속 소득에 대한 의료비공제액은?

- 2007년 12월 본인 진료비 1,000,000원
- 2008년 5월 부인 성형수술비 5,000,000원
- 2008년 10월 자녀(부양가족임) 치아교정비 4,800,000
- 2008년 12월 부친(66세, 부양가족임)수술비 6,000,000원

(해답)

① 한도내공제 : 부인성형수술비(5,000,000)+자녀치아교정비
(4,800,000)-60,000,000×3%=8,000,000원(한도5백만원을  초
과하므로 5백만원만 공제)

② 전액공제　　　 : 본인진료비(1,000,000원)

③ 의료비공제액 : 1,000,000+5,000,000=6,000,000원

(예제2)

총급여 6천만원인 근로자가 다음과 같이 의료비를 지출한 경우
2009년 귀속 소득에 대한 의료비공제액은?

- 2008년 12월 본인 진료비 1,000,000원
- 2008년 5월 부인 건강증진의약품비 800,000원
- 2009년 12월 부친(66세, 부양가족임)수술비 6,000,000원

(해답)

① 한도내공제 :
부인건강증진의약품(800,000)-60,000,000×3%=(-1,000,000원)

② 전액공제　　 :
본인진료비(1,000,000)+부친수술비(6,000,000)-1,000,000
=6,000,000원

③ 의료비공제액 : 6,000,000원

## 교육비공제

기본공제대상자(연령제한 없음)를 위하여 당해연도에 공제대상교육
기관에 지출한 수업료 등 중 일정액.

〈 공제대상교육기관 〉

① 유아교육법, 초·중등교육법과 고등교육법 및 특별법에 의한 학교, 원격대학

② 학점인정등에관한법률 및 독학에의한학위취득에관한법률에 의한 학위취득과정

③ 국외교육기관- 국외에 소재하는 교육기관으로서 우리나라의 「유아교육법」에 의한 유치원, 「초·중등교육법」 또는 「고등교육법」에 의한 학교에 해당하는 것

④ 초등학교 취학전 아동을 위하여 「영유아보육법」에 따른 보육시설, 「학원의 설립·운영 및 과외교습에 관한 법률」에 따른 학원 또는 일정한 체육시설에 지급한 교육비(학원 및 체육시설에 지급하는 비용의 경우에는 대통령령으로 정하는 금액에 한한다)

---

**[체육시설]**

1. 「체육시설의 설치·이용에 관한 법률」에 따른 체육시설업자가 운영하는 체육시설
2. 국가, 지방자치단체 또는 「청소년활동진흥법」에 따른 청소년수련시설로 허가·등록된 시설을 운영하는 자가 운영(위탁운영을 포함한다)하는 체육시설

---

〈 수업료 등 〉

① 공제대상교육기관에 지급한 수업료·입학금·보육비용·수강료 및 그 밖의 공납금

② 초등학교 취학전아동이 학원에 지급하는 비용의 경우에는 학원에 1일 3시간 이상, 1주 5일 이상 실시하는 교습과정의 교습을 받고 지출한 수강료를 말한다.

③ 근로자 본인 이외의 기본공제대상자를 위하여 대학원에 지급하는 비용은 제외

④ 소득세 또는 증여세가 비과세되는 다음의 수업료 등은 제외
  1. 「사내근로복지기금법」에 의한 사내근로복지기금으로부터 받은 장학금 등
  2. 재학중인 학교로부터 받은 장학금 등
  3. 근로자인 학생이 직장으로부터 받은 장학금 등
  4. 국외근무공무원에게 지급되는 자녀 등에 대한 장학금 등
  5. 그 밖에 각종 단체로부터 받은 장학금 등
⑥ 초·중·고등학생을 위한 교육비에는 「학교급식법」에 따라 학교급식을 실시하는 학교에 지급한 급식비와 학교에서 구입한 교과서대 및 방과후학교 수강료(교재비제외)를 포함한다. (2008년 1.1이후 지출분부터 적용)

〈 공제금액 〉

① 학생인 당해 근로자를 위하여 지급한 수업료등 전액.
  이 경우 대학(원격대학 및 학위취득과정포함) 또는 대학원의 1학기 이상에 상당하는 교육과정과 「고등교육법」 제36조에 따른 시간제 과정에 등록하여 지급하는 수업료등을 포함한다.
② 기본공제대상자인 배우자·직계비속·형제자매 및 입양자를 위하여 지급한 수업료 등으로서 다음의 것을 한도로 한 금액.
  1. 대학생인 경우에는 1인당 연 700만원 (2009년 이후 년 900만원)
  2. 유치원아, 보육시설의 영유아, 취학전아동, 초·중·고등학생인 경우에는 1인당 연 200만원(2009년 이후 년 300만원)
  ※ 다만, 국외교육기관의 학생을 위하여 수업료 등을 지급하는 경우에는 당해 근로자가 국내에서 근무하는 경우로서 다음에 해당하는 학생에 한하여 공제한다.

- 「국외유학에 관한 규정」 제5조의 규정에 의한 자비유학의 자격
  이 있는 자
- 「국외유학에 관한 규정」 제15조의 규정에 의하여 유학을 하는
  자로서 부양의무자와 국외에서 동거한 기간이 1년 이상인 자
③ 당해 근로자를 위하여 직업능력개발훈련시설에서 실시하는 직업
능력개발훈련을 위하여 지급한 수강료 전액.
   ※ 다만, 고용보험법에 따라 근로자수강지원을 받는 경우에는
이를 차감함
④ 기본공제대상자인 장애인(소득금액 제한없음)을 위하여 다음의
자에게 지급하는 장애인의 재활교육을 위하여 지급하는 비용 전
액.
1. 「사회복지사업법」에 의한 사회복지시설
2. 「민법」에 의하여 설립된 비영리법인으로서 보건복지부장관이
   장애인 재활교육을 실시하는 기관으로 인정한 법인
3. 위의 시설 또는 법인과 유사한 것으로서 외국에 있는 시설 또
   는 법인

## 주택자금공제

> 한도액  ①+②    : 연 300만원,    ①+②+③ : 연 1천만원

① 주택마련저축공제
   당해 과세기간 중 주택을 소유하지 아니한 자 또는 국민주택규모
의 주택으로서 주택마련저축 가입당시 주택의 기준시가가 3억원 이
하인 주택을 한 채만 소유한 자가 주택마련저축을 하는 경우(가입 후
주택을 취득하는 경우에는 취득당시 주택의 기준시가가 3억원 이하

인 경우)

　　　- 공제액 : 당해 저축불입금액 × 40%

② 주택임차차입금 원리금상환공제

　과세기간 종료일 현재 주택을 소유하지 아니한 세대의 세대주로서 주택마련저축에 가입한 근로소득이 있는 거주자가 국민주택규모의 주택을 임차하기 위하여 당해 주택마련저축을 한 저축기관에서 주택임차자금을 차입하고 차입금의 원리금을 상환하는 경우

　*주택마련저축

　(주택청약저축, 근로자주택마련저축, 장기주택마련저축)

　- 공제액: 상환금액 × 40%

　2008년부터 신규 차입하는 분은 당해 주택마련저축을 한 저축기관에서 주택임차자금을 차입하지 않아도 되나 다음의 요건을 충족하여야 한다.

　　1. 임차차입금의 대출기관은 소득세법시행령 별표 1의2에 따른 대출기관일 것

　　2. 임대차계약서상 입주일과 주민등록등본상 전입일 중 빠른날부터 전후 3개월 이내에 차입한 자금일 것

　　3. 차입금이 대출기관에서 임대인의 계좌로 직접 입금될 것

③ 장기주택저당차입금 이자상환공제

　근로자로서 주택을 소유하지 아니한 세대의 세대주가 국민주택규모의 주택으로서 취득당시 기준시가가 3억원 이하인 주택을 취득하기 위하여 당해 주택에 저당권을 설정하고 금융기관 또는 국민주택기금으로부터 차입한 장기주택저당차입금의 이자를 지급한 경우

　　1. 국민주택규모의 주택의 취득으로 인하여 승계받은 장기주택저당차입금도 공제 가능함

2. 세대주가 아무런 주택자금공제를 적용받지 아니하는 경우에는 세대의 구성원 중 근로소득이 있는자가 본 장기주택저당차입금 이자상환공제 가능함

3. 세대주에 대하여는 실제 거주여부에 관계없이 공제 가능하나 세대주가 아닌 경우에는 본인이 실제 거주하는 경우에 한하여 공제 가능함

4. 세대주인지 여부는 과세기간 종료일 현재의 상황에 의함

5. 공제액 : 당해 연도에 지급한 이자상환액.

2007년까지는 2주택보유기간의 장단에 관계없이 무조건 공제 배제했으나 2008년부터는 세대구성원이 보유한 주택을 포함하여 거주자가 과세기간 종료일 현재 2주택 이상을 보유하거나 해당 과세기간에 2주택 이상을 보유한 기간이 3개월을 초과한 경우에는 그 보유기간이 속하는 과세기간에 지급한 이자상환액은 근로소득금액에서 공제하지 아니한다.

무주택자인 세대주가 주택분양권으로서 가격이 3억 원 이하인 권리를 취득하고 당해 주택을 취득하기 위하여 동 주택의 완공시 장기주택저당차입금으로 전환할 것을 조건으로 금융기관 또는 국민주택기금으로부터 차입한 경우에는 그 차입일 부터 당해 주택의 소유권보존등기일까지 당해 차입금을 장기주택저당차입금으로 보아 그 이자상환액도 공제 가능함

다만, 거주자가 주택분양권을 2 이상 보유하게 된 경우에는 그 보유기간이 속하는 과세연도에 있어서는 공제 안 됨.

※ 주택분양권 :

ⓐ 「주택법」에 의한 사업계획승인을 얻어 건설되는 국민주택규모의 주택(「주택법」에 의한 주택조합

ⓑ 「도시 및 주거환경정비법」에 의한 정비사업조합의 조합원이 취득하는 주택 또는 동조합을 통하여 취득하는 주택 포함)을 취득할 수 있는 권리

※ 주택분양권의 가격

ⓐ 조합원입주권을 제외한 주택분양권 : 분양가격

ⓑ 조합원입주권

가. 청산금을 납부한 경우 : 기존건물과 그 부수토지의 평가액 + 납부한 청산금

나. 청산금을 지급받은 경우 : 기존건물과 그 부수토지의 평가액 − 지급받은 청산금

## 기부금공제

① 법정기부금(불우이웃돕기 등) : 전액공제
② 정치자금기부금 : 10만원초과금액 전액공제(10만원이내금액은 세액공제)
③ 특례기부금(문화예술진흥기금 등) : 소득금액의 50% 범위  내
④ 지정기부금(사회복지단체 등) : 소득금액의 15% 범위 내 (단, 종교단체는 10%)
※ 배우자 및 직계비속(기본공제대상자)이 지출한 금액도 포함

## 혼인·장례·이주비공제

총급여액이 2천500만원 이하인 근로소득자가 다음의 사유에 해당하는 경우에는 당해 연도의 근로소득금액에서 각각 100만원을 공제한다.

① 기본공제대상자의 혼인

② 기본공제대상자의 장례

③ 당해 거주자의 주소의 이동(당해 거주자와 생계를 같이하는 가족이 있는 경우에는 그 가족과 함께 주소를 이동하는 것에 한한다)


## 5. 조세특례제한법상의 소득공제


### 개인연금저축공제

본인명의 2000.12.31 이전 가입분 불입액의 40%

한도액 : 72만원


### 연금저축공제

본인명의 2001.1.1 이후 가입분 불입액

한도액("근로자퇴직급여보장법"에 따라 근로자가 부담하는 부담금+연금저축불입액) : 300만원


### 신용카드 등 소득공제

① 공제액 = [(신용카드등결재액 + 학원비지로납부액)

　　　　　　 − 총급여액 × 20%] × 20%

　* 신용카드 등 : 신용카드·직불카드·기명식선불카드·현금영수증

　* 2009년도부터는 매년 1.1 ~ 12.31까지 사용액 기준

② 한도액 = MIN(①500만원, ②총급여액×20%)

### ■1 소득공제 신용카드 사용금액에 포함하는 경우

근로자와 다음의 관계에 있는 자의 신용카드 등 사용금액은 당해 근로자의 신용카드 등 소득공제금액에 이를 포함시킬 수 있다.

① 거주자의 배우자로서 연간소득금액의 합계액이 100만원 이하인 자

② 거주자와 생계를 같이 하는 직계존비속(배우자의 직계존속과 동거입양자 포함)으로서 연간소득금액의 합계액이 100만원 이하인 자

  1. 생계를 같이 하는 직계존비속은 주민등록표상의 동거가족으로서 당해 거주자의 주소 또는 거소에서 현실적으로 생계를 같이 하는 자를 말한다. 다만, 직계비속의 경우는 그러하지 아니하며, 취학, 질병의 요양, 근무상 또는 사업상의 형편으로 본래의 주소 또는 거소를 일시 퇴거한 경우에는 생계를 같이 하는 자로 본다.

  2. 근로자의 부양가족 중 근로자(그 배우자를 포함한다)의 직계존속이 주거의 형편에 따라 별거하고 있는 경우에는 생계를 같이 하는 자로 본다.

  3. 생계를 같이 하는지 여부의 판단은 당해 연도의 과세기간종료일(과세기간종료일 전에 사망한 자인 경우에는 사망일 전일을 말한다) 현재의 상황에 의한다.

### ■2 소득공제 신용카드 사용금액에 포함되지 않는 경우 (1)

다음의 경우는 소득공제 신용카드 등 사용금액에 포함하지 아니한다.

① 부동산임대소득 · 사업소득 · 산림소득과 관련된 비용 또는 법인

의 비용에 해당하는 경우

② 물품 또는 용역의 거래 없이 이를 가장하거나 실제 매출금액을 초과하여 신용카드 등에 의한 거래를 하는 행위

③ 신용카드 등을 사용하여 대가를 지급하는 자가 다른 신용카드 · 직불카드가맹점 또는 현금영수증가맹점 명의로 거래가 이루어지는 것을 알고도 신용카드 등에 의한 거래를 하는 행위. 이 경우 상호가 실제와 달리 기재된 매출전표 등을 교부받은 때에는 그 사실을 알고 거래한 것으로 본다.

④ 신규로 출고되는 자동차를 신용카드, 직불카드, 기명식선물카드, 또는 현금영수증으로 구입하는 경우

⑤ 건강보험료 · 국민연금보험료 또는 고용보험료, 「소득세법 시행령」 제25조 제2항의 규정에 의한 보험계약의 보험료 또는 공제료

**❸ 소득공제 신용카드 사용금액에 포함되지 않는 경우 (2)**

다음의 경우는 소득공제 신용카드 등 사용금액에 포함하지 아니한다.

① 학교(대학원 포함) 및 보육시설에 납부하는 수업료 · 입학금 · 보육비용 기타 공납금

③ 정부 또는 지방자치단체에 납부하는 국세 · 지방세, 전기료 · 수도료 · 전화료(정보사용료 · 인터넷이용료 등을 포함한다) · 아파트관리비 · 텔레비전시청료(「종합유선방송법」에 의한 종합유선방송의 이용료를 포함한다) 및 고속도로통행료

④ 상품권 등 유가증권 구입비

⑤ 리스료(자동차대여료 포함)

⑥ 의료비 소득공제액

⑦ 등록세가 부과되는 재산의 구입비용

## 6. 세액공제

| 구 분 | | 공 제 요 건 | 공 제 금 액 |
|---|---|---|---|
| 세액공제 | 근로소득 | • 산출세액<br>  - 50만원 이하분 : 55%<br>  - 50만원 초과분 : 30% | • 50만원 이하 : 50% ⇒ 55%<br>• 한도 확대 : 45만원 ⇒ 50만원 |
| | 주택자금이자 | • '95.11.1 ~ '97.12.31중 미분양주택 취득을 위한 차입금의 이자 | ⇒ 차입금이자상환액의 30% |
| | 장기증권저축 | • 2002.3.31까지 장기증권저축가입시<br>  - 1인당 5천만원 한도 | ⇒ 2002년 불입액의 7%<br>  - 1년(2년)이내 해지<br>  - 주식보유비율(70%)미달되거나 매매회전율 초과시 세액 추징 |

# 제4절 연말정산 신고서류

## 1. 세무서에 신고하는 서류

1. 소득자별 근로소득원천징수부
2. 근로소득원천징수영수증(지급조서)
3. 원천징수이행상황신고서
4. 원천징수이행상황신고서 부표
5. 소득자료제출집계표
6. 원천징수세액 환급신청서

## 2. 사업자에게 제출하는 서류

1. 소득공제신고서
2. 소득공제관련 증빙서류

## 3. 소득공제 관련서류

| 공 제 종 류 | | 기 본 요 건 | 준 비 서 류 |
|---|---|---|---|
| 기 본 공 제 | | 모든 근로자 | 소득공제신고서 |
| 추 가 공 제 | 경로우대자 | 기본공제대상자가 65세이상인 경우 | • 주민등록표등본 또는 호적등본<br>• 상이증명서, 장애인 등록증(수첩) 사본, 장애인증명서 |
| | 장애인 | 기본공제대상자가 장애인인 경우 | |
| | 부녀자 | • 배우자가 없는 여성 근로자로서 부양가족이 있는 세대주이거나<br>• 배우자가 있는 여성 근로자 | |
| | 자 녀 양육비 | •6세 이하의 직계비속을 둔 모든 근로자<br>(* 유치원비, 보육비 및 취학전아동의 학원비와 선택하여 공제) | |
| 특 별 공 제 | 보험료 공 제 | • 보장성 보험일 것<br>• 근로자 본인이 계약한 것<br>• 근로소득이 없는 기본공제대상자가계약한 것으로 근로자 본인이 납부한 보험료일 것<br>• 피보험자가 기본공제대상자일 것 | • 보험료납입증명서 또는납입영수증<br>* 2005년부터는 자동이체 통장사본으로 가능 |
| | 의료비 공 제 | • 연간 의료비 지급액이 총급여액의 3%를 초과하는 의료비 | • 의료비지급명세서<br>• 의료비영수증 |
| | 교육비 공 제 | • 본인 · 배우자 · 자녀 · 형제자매 및 입양자의<br>- 유치원 · 학원 · 보육시설(취학전아동에 한함)<br>- 초 · 중 · 고 · 대학<br>- 대학원(본인에 한함) | • 교육비납입증명서(공납금납입영수증)<br>• 보육료납입영수증<br>• 학원수강료납입 영수증 |
| | 장애인 특 수 교육비 공 제 | 장애인 특수교육시설 교육비 | •입학금, 공납금 등 영수증<br>• 국외교육비공제대상 입증서류 |
| | 주 택 자 금 공 제 | • 장기주택마련저축불입액<br>• 주택임차차입금 원리금상환액<br>• 장기주택저당차입금이자상환액 | •주택마련저축납입 및 상환증명서<br>• 당해주택의 등기부등본 |

| 공 제 종 류 | | 기 본 요 건 | 준 비 서 류 |
|---|---|---|---|
| 특별공제 | 기부금공제 | 근로자 본인명의로 지출한 기부금 | 기부금납입증명서 |
| | 혼인·장례·이사비용공제 | • 총급여액 2,500만원 이하 근로자<br>• 혼인·장례·이사 사유당 100만원 | • 주민등록등본<br>• 호적등본 등 |
| 기타소득공제 | 연금저축공제 | • 본인명의로 가입한 개인연금(2000.12.31 이전 가입분) 및 연금저축(2001.1.1 이후 가입분) 불입분 | • 개인연금, 연금저축 납입 증명서 원본<br>*다음부터는 통장사본제출 가능 |
| | 투자조합출자공제 | • 창업투자조합등에 직접출자한 경우<br>• 벤처기업증권 투자신탁의 수익증권에 투자한 경우<br>• 벤처기업육성조합에 출자한 금액을 조합이 벤처기업에 투자한 경우<br>• 벤처기업에 직접투자하는 경우 | • 투자조합출자(투자)확인서<br>• 출자등소득공제신청서 |
| | 신용카드등공제 | • 본인과 배우자·직계존비속이 사용한 카드금액 및 학원수강료 지로납부금액<br>* 배우자·직계존비속의 소득금액이 100만원 초과시 제외(연령제한 없음), 형제자매 제외 | • 신용카드등 소득공제신청서<br>• 신용카드등 사용금액확인서 |
| | 우리사주조합출연금공제 | 우리사주조합에 본인이 출연한 금액 | 우리사주조합의 출연금액 확인서 |

## 4. 세액공제 관련서류

| 공제종류 | 기 본 요 건 | 준 비 서 류 |
|---|---|---|
| 주택자금<br>이   자 | • 무주택 또는 1세대 1주택<br>(국민주택규모이하)소유세대주가<br>- '95.11.1∼'97.12.31까지 '95.10월말 현재<br>  미분양주택을 취득하면서<br>- 국민주택기금 또는 주택은행으로부터<br>  미분양주택특별융자를 받아<br>- 동 융자금의 이자를 상환하는 경우 | • 세액공제신청서<br>• 미분양주택확인서<br>• 차입금이자상환증<br>  명서<br>• 매매계약서, 등기<br>  부등본 |
| 장기증권<br>저   축 | 본인명의로 가입한 장기증권저축 | 저축납입증명서 |
| 외   국<br>납부세액 | 외국에서 근로를 제공하고 당해 국가에<br>소득세를 납부하였거나 납부할 근로자 | 외국납부세액공제<br>신청서 |

## 5. 추가제출 증빙서류

### 동거하지 아니하는 직계존속을 부양가족으로 공제하는 경우

근로자의 주민등록상 동거가족이 아닌 직계존속에 대하여 부양가족 공제 등을 받고자 하는 경우에는 주민등록표상 부양능력이 있는 동거 가족의 유무를 확인하여야 하므로 반드시 주민등록표등본을 제출하여야 한다.

※ 호적등본은 가족관계 확인이 필요한 경우에 제출

## 일시퇴거자가 있는 근로자

부양가족중 일시퇴거자가 있는 근로자는 본래의 주소지 및 일시퇴거지의 주민등록표등본 각 1부와 「일시퇴거자동거가족상황표」에 다음 서류를 첨부하여 제출하여야 한다.

| 퇴거사유별 | 추가 증빙서류 |
|---|---|
| 취          학 | 학교장이 발행하는 재학증명서 |
| 질 병 의  요양 | 의료기관이 발행하는 요양증명서 |
| 취          직 | 근무처의 장이 발행하는 재직증명서 |
| 사          업 | 사업자등록증 사본 |

## 둘 이상의 직장에 동시 근무하는 근로자

- 「근무지(변동)신고서」를 원천징수의무자에게 제출하고 원천징수의무자는 관할세무서장에게 이를 제출하여야 한다.
- 주된 근무지 이외의 근무지(종된 근무지)에서 교부받은 「근로소득원천징수영수증」 1부를 연말정산 기간내에 주된 근무지 원천징수의무자에게 제출하여야 한다.

## 중도에 퇴직하고 다른 직장에 입사한 근로자

중도 퇴직한 근무지에서 교부받은 「근로소득원천징수영수증」 및 「소득자별근로소득원천징수부」 사본 각 1부를 새로운 직장에 제출하여야 한다.

## 6. 외국인등록사실증명 등 제출

① 내국인의 주민등록표등본에 갈음하여 관할 출입국관리사무소장
(또는 출장소장)이 발행하는 「외국인등록사실증명」을 「소득공
제신고서」에 첨부하여 원천징수의무자(또는 납세조합)에게 제
출하여야 한다.

② 국내에 주민등록이 없는 재외국민의 경우에 본인 및 가족상황
이 필요한 때에는 재외공관에서 확인하는 「재외국민등록부등본
」을 원천징수의무자에게 제출하여야 한다.

# 제5절 연말정산의 신고

## 1. 연말정산 신고기한

- 원천징수이행상황신고서 : 다음해 2월 10일까지
- 지급조서 : 다음해 2월 말일까지

근로소득세액에 대한 연말정산결과 차감납부할 세액이 있는 경우에는 근로소득지급 시 원천징수하여 2월 10일까지 납부와 함께 원천징수이행상황신고서를 관할세무서장에게 제출하여야 하고, 원천징수하여 납부할 세액이 없는 자도 동일하다.

## 2. 연말정산 세액환급

근로소득세액에 대한 연말정산을 하는 경우 원천징수의무자가 이미 원천징수하여 납부한 소득세에 과오납이 있어 근로소득자에게 환급하는 때에는 그 환급액은 원천징수의무자가 원천징수하여 납부할 소득세에서 조정하여 환급한다.

또한 원천징수의무자가 환급할 소득세가 연말정산하는 달에 원천징수하여 납부할 소득세를 초과하는 경우에는 다음달 이후에 원천징수하여 납부할 소득세에서 조정하여 환급한다. 다만, 환급신청이 있는 경우에는 원천징수관할세무서에서 그 초과액을 환급하게 된다.

사업자의 폐업이나 원천징수할 대상이 없어지는 등으로 다음달 이후에도 원천징수하여 납부할 소득세가 없거나 납부할 소득세가 환급할 금액에 미달하는 경우에는 환급을 받고자 하는 자가 원천징수세액환급신청서를 관할세무서에 제출해야 하며 관할세무서는 환급세액을 환급하게 된다.


## 3. 지급조서의 제출

소득을 지급하는 자는 지급일이 속하는 다음연도 2월 말일(휴업 또는 폐업한 경우에는 휴업일 또는 폐업일이 속하는 달의 다음 다음 달 말일)까지 지급조서를 제출하여야 한다.

### 미제출 가산세

법인이나 복식부기의무자가 지급조서를 제출하지 아니하였거나 제출된 지급조서가 불분명한 경우(지급자 또는 소득자의 주소·성명·납세번호(주민등록번호등)나 사업자등록번호·소득의 종류·소득의 귀속연도 또는 지급액을 기재하지 아니하였거나 잘못 기재하여 지급사실을 확인할수 없는 경우)에는 가산세를 징수 당하게 된다.

지급조서제출불성실가산세 = 미제출 또는 불분명한 분의 지급금액 × 2%

## 4. 연말정산신고 유의사항

① 근로자는 세법에서 정한 각종 소득공제 및 세액공제·감면에 필요한 각종 법정 증빙서류를 구비하여 연말정산신고 기한 이내에 연말정산의무자에게 제출하여야 한다.

② 각종 증빙서류를 연말정산신고기한 이내에 제출하지 못한 경우에는 개인적으로 5월 말일까지 증빙서류를 구비하여 주소지 관할세무서에 종합소득세 확정신고를 이행하여야 각종 공제 혜택을 받을 수 있으므로 신고기한 이내에 증빙서류를 제출하여 번거로운 일이 없도록 하여야 한다.

③ 근로자는 허위영수증 등에 의해 부당공제를 받는 경우 사후에 가산세를 포함하여 추징 당하는 등 불이익을 받게 되므로 성실히 신고하여야 한다.

# 제8장
# 개인병의원의 절세전략

# 제1절 개인병의원 사업소득의 절세방안

## 1. 개인병의원 사업자

병의원 사업자의 경우 대개 수입금액이 큰 편이고 타 업종에 비하여 평균적인 이익율 또한 높은 업종에 해당한다. 더욱이 성형외과, 피부과, 치과, 안과 그리고 한의원과 같이 비보험이 많은 5개 과목을 제외하고는, 내과나 소아과, 정형외과와 같이 주로 건강보험수가가 수입의 대부분을 차지하는 과목들은 매출의 90% 이상이 노출된다고 하여도 과언이 아니다. 그렇다면 세금부담을 합리적이고 적법하게 줄이기 위해서 병의원 사업자는 어떻게 대처하고, 어떤 부분에 신경 써야 할까?

## 2. 장부의 작성

병의원 사업자는 대개 장부기장 의무가 있고 또 대부분 장부를 작성하고 있다. 이는 무 기장에 따른 세법상 불이익(가산세, 세무조사 위험 등)을 피할 수 있고, 절세를 도모함과 동시에 경영상의 관리 및 수익·비용의 기간별 비교·분석 등 재무분석자료를 적시에 파악할 수 있다는 장점도 있다.

## 3. 인건비의 신고

세금은 진료수입에서 각종비용을 제외한 금액을 가지고 산출하게 된다. 그래서 '비용'을 적법하게 계상함으로써 이익을 적절히 줄이게 되고, 이는 곧 절세가 되는 것이다. 이러한 비용을 과세당국으로부터 적법한 것으로 인정받기 위해서는 인건비신고 및 정규지출증빙이 반드시 필요하다.

매월 갑근세의 원천징수와 동시에 신고를 하게 되면 인건비를 비용으로서 적법하게 인정받을 수 있다. 인건비는 병의원 운영에 있어서 가장 많은 부분을 차지하는 비용이고, 절세의 주요한 요건인 것이다. 대신에 인건비 신고를 함으로서 직원들의 4대보험(국민연금, 건강보험, 고용보험, 산재보험)료를 사업자가 일부 부담해야 하고, 갑근세의 연말정산도 실시해야 한다.

전체적인 매출규모와 평균적인 업종의 인건비 비율을 무시하고, 인건비를 과다 또는 과소하게 신고한다면 이후 불합리한 4대 보험료를 납부하거나 또는 종합소득세 신고시, 세무당국의 조사대상선정시 불이익을 받을 수 있으므로, 전문가와 반드시 상담해야 하는 중요한 부분이다.

## 4. 증빙서류의 수취

사업에 필요한 의료품이나 사업장 임차료, 기타 경비에 들어간 비용을 인정받기 위하여 비용을 지급할 때 정규지출증빙을 반드시 수취해야 한다.

이 때 필요한 정규지출증빙은 세금계산서, 계산서, 신용카드영수증, 현금영수증 등이다. 간이영수증은 1만 원 이하 지출시 인정한다. 사업과 관련하여 필요한 지출을 했을 경우 관련 증빙을 모두 빠짐없이 수취해야 하고, 이를 잘 보관하여 세무신고시 반영하는 것이 곧 절세의 길이다. 세무 신고 후에도 5년간 이를 보관해야 할 의무가 있다.

## 5. 수입과 비용의 점검

사업연도 중에 재무 상태나 이익 상황에 대하여 중간결산 등을 통하여 미리미리 파악하여, 과다한 수익계상이나 부족한 경비 등에 대하여 체크한 후 이에 대한 절세 방안을 찾는 것이 중요하다. 중간결산을 하다보면 세무회계상의 문제점도 발견할 수 있고, 이에 대한 대처 방안도 충분한 시간을 두고 연구 해 볼 수 있다.

## 6. 재무제표와 세무서식의 이해

병의원 경영자라면 세무서에 신고·제출하는 신고 서식과 재무제표에 대해서 최소한의 지식은 습득할 수 있도록 관심을 가지고 노력해야 한다. 세무사 사무실은 대부분 거래처의 세금을 관리하는 양식과 경영자에게 이를 미리 보고하는 양식을 나름대로 갖추고 있는 경우가 많다. 이러한 양식에는 경영과 관련된 정보와 세무조사의 위험을 줄일 수 있는 노하우 등이 많이 함축되어 있음으로 이러한 양식들을 활용하여 경영자 나름대로 세무신고 서식과 재무제표를 볼 수 있는 안목을 기르도록 하자.

## 7. 공제와 감면 활용

이 밖에 종합소득세를 절세 할 수 있는 방법으로는 동업(공동사업)을 한다거나 소득공제를 많이 받는다거나 세액감면 및 세액공제 규정들을 적절히 활용하는 등 여러 가지가 있을 수 있다.

## 8. 사업자라면 꼭 알아야 할 절세 포인트

(1) 업무와 관련된 지출영수증은 모두 빠뜨리지 않고 받아야 한다.

식당에 가면 급하게 나가느라고 영수증을 받지 못하는 경우가 있다. 3만 원짜리 영수증을 받지 않으면 법인은 최고 8,250원을 개인은 최고 11,550원을 버리는 것과 같다. 영수증을 꼬박 꼬박 챙기는 것이 절세의 지름길이다.

(2) 모든 거래는 가능한 한 세금계산서를 주고받는 것을 원칙으로 해야 한다.

- 개업 초기에 인테리어를 하는 경우 세금계산서를 달라고 하면 10%의 부가세를 따로 달라고 하는 경우가 많다.
- 간이사업자의 경우에는 상관없지만 일반과세자의 경우에는 부가세를 더 주더라도 세금계산서를 받는 것이 좋다. 어차피 매입세액은 환급 받는다.
- 면세사업자인 병의원의 경우에는 매입세액을 100% 환급 받지는 못하지만, 경비로 처리하여 소득세를 줄일 수는 있다.

(3) 3만원 이상 지출 시에는 반드시 세금계산서, 계산서, 신용카드 매출전표, 현금영수증 등 정규증빙서류를 주고받아야 한다.

　이러한 증빙서류만 부가세를 돌려받을 수 있는 매입세액 공제가 가능한 것이다.　증빙의 수취 기준금액은 2009년부터 일반비용 및 접대비가 3만원이다. 다만, 경조사비는 10만원 기준이다.　복잡하게 계산하지 말고 무조건 법적 증빙서류를 받는 것이 최선이다.

(4) 증빙없이 지출된 비용은 비용명세를 기록하되 고액으로 지출된 것은 백지에 성명, 주소, 주민등록번호를 기재하고 날인을 받아 두고 주민등록증을 복사해 둔다.

　간이과세자인 임대자에게 임대료를 지급할 경우에는 은행 통장을 통해서 지급해야 한다. 물론 법적증빙서류는 법인이나 복식부기의무자에게 해당하는 것이지만 처음부터 가산세가 해당되지 않더라도 법적증빙서류를 받아두는 습관을 들이는 것이 좋다.

(5) 자료상과 허위 세금계산서를 거래하면 불부합 자료로 인한 손해를 초래할 수 있으므로 주의해야 한다.

　자료상과의 거래는 절대 하면 안 된다.

　부가세를 아끼려고 부가율을 낮게 하고, 이를 위해서 가짜 세금계산서를 받으면 부가세와 법인세, 소득세를 추징당하는 것도 큰 금액이지만 세무조사를 받아 수년간의 세금을 추징받을 수 있으므로 조심해야 한다.

---

<참고> 거래상대방의 과세 유형 또는 휴·폐업 조회서비스를 이용하려면 국세청 홈페이지(www.nts.go.kr)에 접속한 후 『사업자 과세유형 및 휴·폐업 조회』배너를 클릭해 화면을 연 다음 자신의 사업자등록번호(또는 고유번호)와 조회할 사업자등록번호를 입력하면 된다.

(6) 개인사업자인 복식부기의무자는 사업용계좌를 꼭 개설해야 한다.

사업에 관련된 수입이나 지출은 사업용계좌로 거래하시도록 해야 한다. 그렇지 않으면 높은 가산세를 물게 된다.

(7) 거래대금 지급은 금융거래를 이용한다.

(8) 궁금하면 상담하자.

국세청종합상담센터 전화 1588-0060 으로 전화하면 시내통화요금으로 무료상담이 가능하다.

(9) 억울한 세금은 도움을 청하자

납세자를 보호하기 위하여 전국세무서에는 납세자보호담당관이 설치되어 있다. 국세와 관련될 애로사항은 납세자보호담당관과 상담하는 것이 좋다.

(10) 세무대리인을 적극 활용하자.

# 제2절 개인병의원의 세무관리

## 1. 세금 체납의 경우

### 가산세부담

세금을 체납하는 경우 가산금을 추가로 부담하게 된다. 세금을 납부기한 내에 납부하지 않으면 3%의 가산금이 붙으며, 계속 세금을 내지 않게 되면 1개월에 1.2%에 상당하는 중가산금이 5년간 매월 붙게 된다(체납세금이 50만원 미만인 경우에는 제외).

### 재산압류

귀중한 재산이 압류되어 공매처분 될 수 있다.

납부기한이 지나면 독촉장이 발부되고 독촉장을 받고서도 세금을 내지 않으면 재산을 압류·공매처분 하여 매각대금으로 체납된 세금을 충당하게 된다.

### 금융제재

세금을 체납한 경우 신용정보자료로 제공되어 각종 금융제재를 받을 수 있다.

① 체납사실 자료제공일 현재 500만원 이상인 체납자로서 체납발생
　　일로부터 1년 이상이 경과하였거나 1년에 3회 이상 체납한 경우
② 체납사실 자료제공일 현재 결손처분액이 500만원 이상인 경우


## 2. 사업자 명의대여의 불이익

① 사업과 관련된 각종 세금이 명의를 빌려준 사람에게 나온다.
② 명의를 빌려준 사람이 다른 소득이 있으면 합산되어 세금부담이
　　크게 늘어나게 된다.
③ 소득이 많은 사람이 되어 국민연금 및 건강보험료를 더 내야 한
　　다.
④ 명의를 빌려간 사람이 세금을 체납하게 되면 명의를 빌려준 사람
　　이 체납자로서 재산이 압류되어 공매처분 되는 등 큰 피해를 볼
　　수 있다.


## 3. 신용카드 가맹점의 혜택

　소매업, 음식업·숙박업, 서비스업 등 소비자를 대상으로 하는 업
종으로 연간 매출액이 2,400만원 이상인 사업자는 신용카드가맹점
으로 가입하여야 한다.

### 신용카드 가맹점

　신용카드가맹점으로 가입하면 다음과 같은 혜택이 있다.
① 물건을 판매하거나 서비스를 제공하고 신용카드영수증을 발행하
　　는 경우 발행금액의 일정비율을 납부할 부가가치세에서 연간 500

만원까지 공제 받을 수 있다(이는 면세사업자인 병의원과는 관계가 없고, 병의원에서 별도로 운영하는 과세사업에만 적용된다).
② 신용카드에 의한 매출증가분에 대해 일정액을 소득세에서 공제 받을 수 있다(수입금액 증가 등 세액공제).
③ 매월 신용카드영수증복권 추첨을 통해 최고 2천만원의 당첨금을 받을 수 있다.

### 신용카드 구매혜택

신용카드로 물건을 구매하면 다음과 같은 혜택이 있다.
① 신용카드매출전표에 공급받는 자와 부가가치세액을 별도로 기재한 경우 매입세액으로 납부할 부가가치세액에서 공제 받을 수 있다(병의원에서 별도로 운영하는 과세사업에만 적용됨).
② 소득세를 계산할 때 필요경비 증빙자료로 인정된다.
③ 매월 신용카드영수증복권 추첨을 통해 최고 1억원의 당첨금을 받을 수 있다.


## 4. 폐업할 때 신고사항


### 폐업신고

사업을 그만 두게 되면 지체없이 폐업신고를 하여야 한다. 폐업신고서를 작성하여 사업자등록증과 함께 제출하거나, 부가가치세 확정신고서에 폐업연월일 및 사유를 적고 신고서와 함께 사업자등록증을 제출하면 된다.

## 세금신고

부가가치세, 소득세 등을 신고하여야 한다.

① 폐업일로부터 25일 이내에 폐업분 부가가치세 신고를 하여야 한다.

② 면세사업만 있는 경우 1월 1일부터 폐업일까지의 진료수입과 경비 등에 대하여 사업장현황신고와 소득세신고를 하여야 한다. 이때 소득세에 대해서도 수시부과 신고를 할 수 있는데, 폐업 후 다른 추가소득이 발생하는 경우에는 그 소득과 합산하여 다음해 5월에 종합소득세 신고를 하여야 한다.

## 4대보험 변경신고

국민연금, 건강보험, 고용보험, 산재보험 등의 당해 공단에 폐업사실을 신고하여 보험료 감액 및 환급을 받는다.

# 제3절 절세와 탈세

## 1. 탈세와 절세의 차이

절세와 탈세는 둘 다 세금을 줄이고자 하는 의도로 행해진다는 점에서는 동일하다고 할 수 있다. 그러나 합법적인 것이면 절세"이고, 고의적인 불법행위이면 탈세' 이다.

일반적으로 조세 전문가들은 절세를 위해서는 최선을 다해야 하지만, 탈세를 하지는 말라고 조언한다. 그런데, 과연 절세와 탈세는 얼마나 다른 것일까?

과연 무엇이 탈세이고, 무엇이 절세인가?

연놀부씨는 아파트를 구입하면서 참으로 난감한 경험을 하게 되었다. 아파트를 판 사람이 실제 계약한 금액보다 훨씬 낮은 금액으로 계약서를 한 장 더 쓰자고 떼를 쓰는 것이었다. 그는 몇 백만 원을 깎아 주겠다는 제안까지 하면서, 만일 그렇게 해주지 않으면 그냥 다른 매수자를 찾아 보겠다고까지 말했다. 그 아파트가 너무 맘에 들었던 연놀부씨는 어쩔 수 없이 이면계약서를 작성해 주고 말았다.

생필품 도매업을 하는 김선달 사장은 매번 거래처와 실랑이를 벌여야만 한다. 김선달 사장은 세금계산서를 거래처에 교부하려 하고, 거래처는 이를 받지 않겠다고 한다. 김선달 사장은 실제 거래한대로 세금계산서를 교부하고, 신고도 제대로 하고 싶지만 솔직히 받지 않겠다는 거래처에 끝까지 세금계산서 수취를 요구할 수도 없는 일이다.

때론 피할 수 없는 탈세도 얼마든지 있다는데?

앞의 두 가지 사례에서, 연놀부씨와 김선달 사장은 탈세범일까?

연놀부씨의 경우를 살펴보자.

분명히 거래금액을 의도적으로 줄여 상대방의 양도소득세를 낮추는데 기여(?)를 했기 때문에 결과적으로는 탈세에 가담한 것이다. 하지만, 이 경우 진명씨 자신은 세금을 고의로 줄인 것이 아니므로 탈세가 아니라고 주장할 지도 모르겠다.

김선달 사장의 경우는 어떠한가?

거래처가 세금계산서 수취를 거부하는 이유는 궁극적으로 매출을 줄여서 소득세를 줄여 보겠다는 계산일 것이다. 결국, 거래처의 탈세 행위에 일조를 한 것이다. 김선달 사장 자신의 경우, 세금계산서를 교부하지 않았다 하더라도 매출신고가 불가능한 것은 아니므로, 여기까지는 탈세 행위라 할 수 없다. 이 상황에서의 탈세 여부는 매출의 누락 여부에 따라 탈세일 수도 아닐 수도 있는 것이다.

과연 이러한 상황에 대해 직접 당사자가 된다면, 어떤 행동을 할 수 있겠는가? 꼭 맘에 드는 아파트를 눈앞에 두고 이면계약서를 써 줄 수 없다고 해서 계약을 포기할 수 있는 사람이 얼마나 될까? 세금계산서 수취를 결코 하지 않겠다는 거래처에게 더 이상 상품을 공급하지 않겠다고 용감하게 말 한다는 것이 과연 가능한 것일까? 아마도 연놀부씨와 김선달 사장에게 탈세에 가담했다고 해서 비난할 수는 없을 것 같다. 다만, 사례의 거래 상대방의 경우에는 명백하게 탈세가 인정된다고 할 수 있을 것이다.


## 2. 탈세는 정당화 될 수 없다

분명한 것은 어쩔 수 없는 탈세라고 해서, 세법이 이를 인정해 주지는 않는다는 것이다. 탈세는 명백히 위법한 행동이기 때문이다.

다만, 앞의 두 사례와 같이 어쩔 수 없이 탈세 행위에 가담(?)할 수밖에 없는 상황이라면, 최소한 그러한 행위로 인해 자신에게 어떤 결과가 나타날 수 있는가에 대한 검증은 꼭 필요한 것 같다.

앞 사례에서의 연놀부씨는 결과적으로 향후에 양도소득세를 실제보다 더 많이 내야 하는 상황에 처할 수도 있으며, 김 사장의 경우 재고자산의 과다계상 등으로 세무조사의 대상이 될 수도 있다는 점을 간과해서는 안 될 것이다.

# 제9장
# 개인병의원 세무조사대책

# 제1절 세무조사의 이해

## 1. 세무조사의 이해

세무조사라 함은 조사공무원이 납세자 또는 당해 납세자와 거래가 있다고 인정되는 자 등을 상대로 질문을 하거나 장부, 서류 기타 물건을 검사, 조사 또는 확인하는 행위를 말한다.

이러한 세무조사는 납세자가 세법이 규정한대로 과세표준과 세액을 정확하게 신고하였는지를 사후에 검증하는 절차로서 납세자의 자율적인 성실신고를 유도하는데 그 의의가 있다.

## 2. 세무조사의 사유

개별세법은 '직무수행상 필요한 때' 또는 '업무를 위해 필요한 때'만 세무조사를 할 수 있다고 되어 있다. 현재의 의료업에 대한 세무조사는 종합소득세의 신고가 분석지표에 의할 때 불성실하다고 인정되거나 신용카드사용비율이 떨어지거나 고발 등이 있는 경우 실시되는 것이 일반적이다.

## 3. 세무조사대상의 선정

조사관리 대상자는 성실납세를 보장하고 공평과세를 실현하는데 필요한 최소한의 범위 안에서 선정함으로써 납세자의 자율신고를 존중하여야 한다. 조사관리 대상자는 업종, 사업규모 및 납세성실도 등을 기준으로 하여 직접조사대상자와 기중관리대상자로 구분하여 선정한다.

조사관리 대상자 선정기준을 정함에 있어서는 납세자가 납득할 수 있는 명백하고 객관적인 기준을 규정함으로써 세무조사의 공정성과 타당성을 유지하여야 한다

### (1) 선정원칙

① 납세수준별 구분 선정

② 공정, 타당한 선정기준 마련

③ 납세자의 자율신고 존중

### (2) 선정기준

세무조사대상의 선정기준은 세무조사나 사례나 경험 등에 비추어 아래와 같이 설명할 수 있으나, 이러한 기준은 유동적이므로 여기에서 제외된다 하더라도 세무조사대상이 되는 경우가 많으므로 다음의 항목들은 예시적인 것으로 생각하면 될 것이다.

① 신고성실도가 낮은 사업자

전산 및 수동분석으로 매출신장률, 소득률, 보험비율 등을 동일 병과의 평균비율과 비교 → 성실도 여부 판명

② 음성 탈루소득자 및 호화사치 생활

- 소득에 비해 지출이 과다한 자
- 신고소득에 비해 과다한 해외여행 빈도, 고급주택, 부동산, 골

　　프회원권 등 취득자
③ 신용카드결제 기피자
④ 위장 및 가공 거래자
⑤ 사회 지탄대상자로서 탈세혐의자
⑥ 장기미조사 업체
⑦ 호황업종으로 소득누락자

## (3) 선정절차

조사관리 대상자 선정은 납세지를 관할하는 세무서장 또는 지방국세청장이 행한다. 다만, 세무서장이 특별조사 대상자를 선정하고자 하는 경우에는 지방국세청장의 승인을 얻어야 한다.


## 4. 세무조사대상의 선정방법

### 일반조사대상

① 수동작업에 의한 선정 : 이는 국세청 내부지침에 따라 세무서장 관장하에 조사대상을 선정하는 것을 말한다. 구체적인 내부지침은 공표되지 않으므로 상세한 것은 알 수 없다.
② 심사분석방법에 의한 선정 : 이는 납세신고서등을 전산조직에 입력한 후 납세성실도 등을 주요기준에 따라 조사대상을 선정하는 방법을 말한다. 이도 역시 그 선정절차를 비공개로 하고 있어 구체적인 것은 알 수 없다.


### 순환조사대상

최근 4과세기간(또는 4사업연도) 이상 동일세목의 세무조사를 받지 아니한 납세자에 대하여 업종, 규모 등을 감안하여 신고내용의 적정성 여부를 검증할 필요가 있는 경우에는 신고내용의 정확성 검증 등을 위하여 필요한 최소한의 범위 내에서 세무조사를 할 수 있다.

# 제2절 세무조사대상 선정기준

국세청이 개인병의원사업자에 대한 세무조사대상자 선정 시에 고려대상으로 하고 있는 것으로 다음과 같은 것이 있다.

## 1. 사업규모

- 사업장 면적, 입지요건에 비해 수입금액 과소신고 여부
- 종업원수, 동업자 등 종사직원당 평균 수입금액

## 2. 유명도 및 업황

- 방송출연, 신문 및 전문잡지 기고 경력 및 횟수
- 신문 등 언론매체 개별 광고실적
- 인터넷 홈페이지 게재내용

## 3. 수입금액 증가비율

- 직전연도 대비 신고수입금액 및 증가비율
- 성실신고 추정사업자의 평균 신장률과 대비

## 4. 신용카드 사용금액

- 수입금액 신용카드 대비 매출비율
- 직전년도 대비 신용카드매출액 증가비율

※ 고객이 신용카드를 사용하려 했으나 이를 기피한 경우 그 고객이 세무서
에 투서를 하면 조사를 나올 수 있다.

## 5. 소득세 신고소득율 및 소득증가율

- 성실신고 추정사업자의 평균 신고소득율과 대비
- 경비지출내역, 임차료비율, 인건비비율, 원재료비율 등을 성실
  신고추정사업자의 평균비율보다 과다계상 했는지 비교
- 소득세확정신고시 성실신고개별안내 사항의 반영여부 확인

## 6. 재산증가 과다 등

- 최근 3년간 신고소득 합계액 대비 재산증가 과다 자
- 신고소득 수준에 비혜 고급승용차 유지
- 골프회원권 및 콘도회원권 보유, 해외여행 등 과도한 호화생활
  여부

## 7. 현장 확인 및 제보 등

- 평균지출액 등 기본업황
- 인근업소 탐문에 의한 영업실적 동향 등
- 신용카드 미가맹 및 기피, 수입금액 누락관련 탈세제보 존재
  사실


## 8. 기타 사항

사업장현황신고시 각종 기재사항 부실기재 여부

# 제3절 의료업에 대한 세무조사

## 1. 의료업 중점조사 항목

비보험 비중이 큰 성형외과, 치과, 안과 등은 수입금액 탈루조사를 중점적으로 한다. 반면 보험이 많은 내과, 산부인과, 외과 등은 경비 분석을 통한 과다 또는 부당경비를 조사한다.

## 2. 의료업 준비조사

① 사업개황 및 소비실터 파악
  - 개업연월일, 휴.폐업 여부
  - 전문의 자격 보유자수 파악
  - 유명도와 건강잔단 단체 파악
  - 주요 취급품목 및 변동사항
  - 사업주 변동사항(공동사업자의 경우 상호관계 및 출자내용)
  - 동업자가래 특수성 및 취급병과의 연도별 경기변동 상황
  - 거주주택 규모, 부동산보유 및 거래상황

② 신고서류 등 내부자료 분석 검토
- 신고서 및 첨부서류 검토
- 전기 신고 및 소득률, 조사적출 사항 등
- 감가상각방법, 기타 수집된 자료 분석
- 산재보험, 의료보험, 의료보호, 가족계획수당, 자동차보험, 자동차공제조합, 어민의료비대금, 손해보험, 모자보건법에 의한 국고보조자료 수집 분석
- 세금계산서 제출일람표에 의거 의료기기, 의약품, 소모품 등 확인

③ 재무제표 추세분석
- 비용구성비율 비교 및 증감비율 분석
- 주요 비용 관계비율 검토
- 추이분석

④ 동업자 비교
- 동일병과, 사업규모가 비슷한 사업자와 비교
- 수입금액 신장률, 신고소득률, 동업종 평균비용 관계비율 등 비교

⑤ 소비생활 수준에 의한 추정소득 검토
- 주택, 승용차, 골프 등 회원권, 해외여행빈도 등을 기준으로 이를 유지하기 위한 소득을 산정하여 신고소득과 비교 활용

## 3. 의료업 기본사항 조사

기본사항조사는 당해 사업장에 대한 시설이나 인원 등에 대한 기본적인 사항을 조사하는 것을 말한다.

## 4. 의료업 내부기록 조사

① 진찰권 발행대장과 처방전 조사
② 의료비 계산과 청구의 적정성 여부 확인
③ 접수부
④ 입원실이나 조사실 조사
⑤ 의료장비 이용 실태조사
⑥ 기타


## 5. 기타 확인 사항

① 영수증
② 전표
③ 메모

# 제4절 세무조사의 주요사항

## 1. 매출의 누락여부

비보험비중이 큰 성형외과·치과·피부과·안과·한의원 등은 매출액의 상당부분이 현금매출일 것으로 추정된다.

보험부분은 모두 세무서에 노출되지만 비보험부분은 아직까지 현금매출이 많고 신고에 있어서 당해 현금매출부분의 누락이 많은 것으로 세무서는 추측하고 있다. 그러므로 주로 현금매출의 누락여부가 조사대상이 된다.

① 진료차트·처방전·입원환자 현황·의료장비 이용상황·접수부 기타 관리대장 등을 상호비교하여 그 적정성을 조사한다.

② 통장의 입출금내역을 조사한다.

③ 약품 또는 진료재료사용량 등에 의해 매출액을 역추산한다.

④ 당해 과세연도에 진료는 하였으나 기말 현재 청구하지 않은 금액 또는 청구는 하였으나 기말 현재 아직 지급받지 않은 금액의 수입금액 신고누락여부를 조사한다.

⑤ 병의원수입외의 수입(강의료, 원고료 등)이 있는지 조사한다.

## 2. 인건비의 과다계상

세무서에 신고한 인건비가 실제 지출한 인건비보다 과다한지를 조사한다.

① 세무서 신고내용과는 상이한 실제 급여지급명세서 또는 종업원현황표가 있는지를 조사한다.

② 4대보험신고내역이 세두서신고와 일치하는지를 조사한다.

③ 통장에 급여이체 내역이 있는지와 신고내용과 일치하는지를 조사한다.

④ 사업장에 근무하는 종업원에게 질문하여 과다계상여부를 조사한다.

## 3. 약품비의 과다계상

실제경비가 업종평균율어 미치지 못하는 경우에는 매입한 약품매입보다 과다하게 매입자료를 받아 경비처리 하는 경우가 종종 있으므로 이에 대해 조사한다.

① 재고조사를 실시하여 재고의 적정성을 조사한다.

② 매입처에 대한 세무조사를 실시하여 거래금액을 확인한다.

③ 실제대금지급액을 통장 등에 의해 확인한다.

## 4. 기타 경비의 가공계상 여부

경비의 부족으로 실제보다 과다하게 경비를 계상하였는지를 조사한다.

① 복리후생비의 과다계상여부를 확인한다.

② 접대비로서 공휴일 또는 원격지 사용분의 내역을 조사한다.

③ 가사용 전자제품 등을 사업용으로 세금계산서를 교부받아 감가상
　각하여 비용처리 하였는지를 조사한다.

④ 기타 경비의 사업관련성여부를 조사한다.

⑤ 기타 영수증이 실제 지출한 것인지를 조사한다.

# 제5절 세무조사 대비와 대책

## 1. 세무조사에 대한 대처방안

### ① 장부 및 증빙 관리

장부 및 증빙서류는 근거과세와 과세형평을 위한 기초자료이며 이에 대한 개별세법의 관련규정은 많다. 따라서 사업과 관련된 거래는 정확히 장부에 반영하여야 하며 그 거래에 관련한 증빙서류 또한 명확히 구비하여야 한다.

### ② 세무조사 위험진단에 따른 관리

미리 세무조사에 닥칠 위험을 진단하고 진단결과에 따른 적절한 관리를 하는 것이 필요하다.

### ③ 세무조사 통지서를 받은 경우

세무조사 통지서를 받는 경우 담당 세무사에게 연락을 하여 조사에 대한 조력을 받도록 한다. 조사연기를 받아야 하는지 검토를 하고, 장부.증빙 등 각종 서류에 대한 보완 작업을 한다.

### ④ 세무조사가 진행중인 경우

세무조사가 진행되는경우 조사공무원은 조사에 필요한 내용을 확인하기 위해 질문 및 자료를 요구할 것이다. 이 경우 질문에는 정확한 답변을 해야 하며 필요한 경우 내부검토를 해야 한다.

## 2. 장부기장과 증빙관리

정확한 장부기장과 증빙관리가 중요하다 정확한 수입금액의 관리, 경비 지출에 대한 철저한 증빙관리 등 기본에 충실한다면 세무조사시 크게 걱정하지 않아도 되고, 대체로 안전하다고 볼 수 있다

## 3. 이익과 비용의 반영

이익수준과 경비비율 정도를 연도별로 적절히 반영해야 한다. 전체 동종업종의 평균적인 이익수준과 경비비율을 전혀 무시할 수는 없다. 최대한 이러한 수치들도 고려해서 세무신고에 적절히 반영하면 좋다.

이익수준이나 경비비율이 동종업종 동일과목의 병의원의 평균수치에 비하여 과도하게 차이가 나거나, 지난연도와 비교해서 해당 비율의 편차가 크다면 과세당국의 의심을 불러일으킬 수도 있다.

## 4. 전문가와 상담

개인병의원은 세무당국의 중점관리대상 업종 중의 하나다. 변화하는 국세행정경향과 개정되는 세법에 대처하면서 합리적인 절세와 세

무조사 위험에 대한 진단 등을 위해서 정기적으로 담당 세무사와 상의하면 좋을 것이다.

## 5. 세무조사 위험진단

### ① 세무조사 수감연도

세무조사는 통상 5년이 넘어가면 조사대상자에 선정될 확률이 높아지므로 5년이 되는 경우에는 통상적인 세무조사 대책관리를 한다.

### ② 업종환경

비 보험율이 높은 성형외과. 안과. 치과 등은 다른 병과에 비해 현금비율이 높고 호황병과로 세무조사 대상에 우선 선정될 가능성이 높다. 따라서 이러한 병과의 경우에는 세무조사에 대한 대비를 체계적으로 하여야 한다.

### ③ 수입관련 항목 또는 주요 계정과목별 점검

다양한 각도에서 수입이나 비용관리를 한다. 특히 수입이나 비용은 분기별 결산과 아울러 항목별로 점검하되, 최근 3개 연도와 비교를 하고 동종업계 더 나아가 전국적인 지표    와 비교분석을 한다.

### ④ 기타

개인이 취득한 자산은 자금출처의 대상이 될 수 있다. 물론 자금의 원천이 투명한 경우에는 문제가 없으나 사업소득의 일부를 탈루하여 자금의 원천으로 삼는 경우에는 자금출처 조사시 병의원 소득에 대한 세무조사로 연결될 수 있음에 유의하여야 한다.

# 제6절 납세자 권리구제 방법

## 1. 납세자 권리구제 제도

납세자의 권리 구제를 위하여 다음과 같은 제도를 두고 있다.

> ① 과세 전 적부심사 제도
> ② 이의신청, 심사청구 · 심판청구
> ③ 행정소송
> ④ 납세자 보호담당관 제도

※ 과세전적부심사제도, 이의신청은 생략할 수 있으며, 심사청구와 심판청구는 둘 중 하나만 선택해서 청구하면 된다.

## 2. 과세 전 적부심사 제도

① 세무서 · 지방국세청으로부터 세무조사결과통지 또는 업무감사 및 세무조사 파생자료에 의한 과세예고통지를 받았을 때 청구하는 제도이다.

② 서면통지를 받은 날로부터 20일 이내에 해당 세무서 · 지방국세청에 억울하거나 부당하다고 생각하는 내용을 문서(적부심사청구

서)로 제출하면 된다.

③ 청구서가 접수되면 해당 세무서·지방국세청에서는 접수받은 날로부터 30일 이내에 과세전적부심사위원회의 심의를 거쳐 결과를 알려 주게 된다.


## 3. 이의신청

① 납세고지서를 받은 날로부터 90일 이내에 고지한 세무서에 이의신청을 할 수 있다.

② 해당 세무관서는 이의신청일로부터 30일 이내에 결정하여 신청인에게 결과를 통지하게 된다.


## 4. 심사·심판청구

① 납세고지를 받은 날로부터 90일 이내에 심사청구나 심판청구를 하여야 하며,

② 이의신청을 한 경우에는 이의신청의 결정통지를 받은 날로부터 90일 이내에 심사 또는 심판청구를 하여야 한다.

  • 심사청구서 및 심판청구서는 관할세무서에 제출하면 된다.

③ 접수한 날로부터 심사청구는 60일 이내에, 심판청구는 90일 이내에 결정하여 신청인에게 결과를 통지하게 된다.

  ※ 감사원에 심사청구를 제기할 수 있는데, 이 경우에는 납세고지를 받은 날로부터 90일 이내에 신청하여야 하며 감사원은 심사청구를 접수한 날로부터 3개월 이내에 심의결과를 통지하게 된다.

## 5. 행정소송

심사청구, 심판청구 또는 감사원 심사청구의 결정에 이의가 있을
경우에는 결정통지를 받은 날로부터 90일 이내에 행정법원에 소송을
제기하면 된다.


## 6. 납세자 보호담당관 제도

① 세금의 부과·징수 그리고 조사과정에서 납세자의 권익이 침해되
  었거나 침해될 우려가 있는 경우 납세자의 입장에서 고충을 해결
  하여 납세자가 억울한 일이 없도록 하는 보호 장치가 필요하게
  된다. 이에 일선 각 세무서와 지방국세청에 세금에 관한 고충이
  있을 때 이를 납세자 입장에서 해결해 줄 수 있는 납세자보호담
  당관을 설치하게 되었다.
② 납세자보호담당관은 납세자의 편에 서서 고충을 최대한 해결해
  주는 역할을 하고 있다. 납세자의 권리구제수단으로는 위에서 살
  펴본 바와 같이 과세적부심, 이의신청, 심사청구, 심판청구 등이
  있으나 이들은 사후적 권리구제수단으로써 납세자의 사전적 권리
  구제와 절차적 권익침해의 구제에는 한계가 있다. 특히 권리가
  침해되었거나 침해될 우려가 있는 경우 신속하게 납세자의 고충
  을 해결할 필요가 있다. 또한 국민의 다양한 세금관련 요구를 국
  민의 입장에서 적극수용하여 조세제도와 행정집행에 반영함으로
  써 국민들의 세금과 세정에 대한 불만을 해소해 주는 보호장치가
  필요하다는 취지 아래 국세청이 전격 도입한 호민관(옴부즈맨 :
  Ombudsman) 제도인 것이다.

③ 고충처리대상은 다음과 같다.

- 세금부과처분
- 세금과 직접적인 관련은 없으나 세무행정으로 인한 온갖 불편 및 애로사항
- 세금행정과 관련된 개선 및 건의사항 등

# 제10장
# 부동산임대차계약 체크포인트

# 제1절 임대차계약서 체크포인트

## 1. 임대차계약서 작성 전 검토사항

창업할 때 발생하는 비용 중 임대하는 점포의 비용이 크기 때문에 부동산임대차계약서는 주의해서 작성해야 한다. 부동산임대차계약서 작성시 아래 항목들을 꼼꼼히 점검해야 한다. 점포를 가지고 사업을 하려면 아래와 같이 토지등기부등본, 건물등기부등본·건축물관리대장·도시계획확인원 등을 살펴본 후 건물주와 임대차계약을 해야 한다.

## 2. 토지·건물 등기부등본

등기부등본상의 '갑구' 란은 '소유권에 관한 사항' 으로 토지와 건물 주인이 누구인지, 압류나 가압류 또는 가처분 등이 있는지를 확인할 수 있다. 만약에 주인이 따로따로이거나, 여러명인 경우에는 주인 모두와 계약을 해야 한다. 다만, 주인들이 대리인를 통해서(위임장구비) 임대차 계약을 할 수도 있다.

등기부등본의 '을구' 란은 '소유권 이외의 권리에 관한 사항'

으로 그 부동산의 근저당권·전세권 등이 얼마나 설정되어 있는지를 확인할 수 있다. (근저당권 등이 없는 부동산 등기부등본에는 '을구' 란 자체가 없다.) 부동산의 시가에 비해서 근저당이 과다하게 설정되었다면, 임대차계약을 다시 한번 재고하는 것도 안정된 사업을 위한 방법이다.

## 3. 건축물관리대장

사업장이 무허가건물인지 허가된 건물인지의 여부를 확인할 수 있다. 인·허가가 필요한 업종을 하는 경우에 무허가건물과 계약시 각종 규제를 받으므로 이점을 유념해야 한다. 예를 들어 음식업(인허가 업종)의 경우 무허가건물에는 '영업신고증' 이 발급되지 않는다. 그리고, 허가된 건물이더라도 음식점을 하기 위해서는 1층을 제외한 사업장에는 정화조 용량이 충족되어야 '영업신고증' 을 발급받을 수 있다.

## 4. 도시계획확인원

사업장이 국가에서 시행하는 재건축이나, 신도시개발예정지역인지 여부를 확인할 수 있다. 사업을 시작한지 얼마 되지 않은 상황에서 재건축이 진행 된다면, 사업자는 큰 경제적인 손해를 볼 수도 있다.

## 5. 확정일자 받기

점포를 임차하여 창업을 하고자하는 예비창업자들은 점포계약과 동시에 무조건 확정일자부터 받아두는 것을 잊지 말아야 한다.

2002년 11월1일 상가건물임대차보호법이 시행 되었으며, 세무서에서 사업자등록과 함께 임대차계약서에 확정일자를 받으면 건물의 경매 또는 공매 시 후순위 권리자 및 기타채권자에 우선하여 보증금을 변제 받을 수 있는 권리를 확보하게 된다.

# 제2절 상가건물임대차보호법 체크포인트

## 1. 상가건물임대차보호법이란

　상가건물 임대차의 공정한 거래질서를 확립하고 영세상인들이 안정적으로 생업에 종사할 수 있도록 과도한 임대료 인상 방지와 세입자의 권리를 보장하기 위해 의원입법으로 제정, 2001.12.29 공포되었으며 그 시행시기를 당초 부칙에서는 2003.1.1이었으나 2002.7월 임시국회에서 2002.11.1로 앞당겨 시행된 법률이다.

　이 법률의 핵심은 일정요건을 갖춘 임차인에게 다음과 같은 권리를 부여한데 있다.

① 임대차 존속기간 보장 : 최대 5년간의 계약갱신요구권 보장

② 대항력 발생 : 임차인이 건물을 인도받고 사업자등록을 신청하면 이후 건물소유주가 바뀌어도 새로운 소유주에 대해 임차권을 주장할 수 있다.

③ 보증금 우선변제권 보장 : 대항력을 취득하고 확정일자를 받은 경우 전세권등기와 같은 효력을 인정하여 경매·공매시 후순위 채권자보다 보증금 우선 변제권 보장

④ 월세나 보증금의 인상상한선 설정 : 연 12%의 범위 내 인상 제한

⑤ 보증금 월세 전환 제한  최고산정율 15% 한도
⑥ 소액임차보증금의 최우선변제권
⑦ 이해관계자의 열람요구권


## 2. 보호대상 보증금액은

보호대상 금액은 당해 지역의 경제여건 및 상가 규모를 고려하여 시행령에서 구체적으로 정하고 있으며, 환산보증금이 아래에 해당하는 상가건물의 임차인은 이 법의 적용을 받는다.

보호대상은 환산보증금액수준이 지역별로 다음금액 이하이어야 한다.

| 지 역 구 분 | 환산보증금액 |
| --- | --- |
| 서울특별시 | 2억6천만원 |
| 수도권 과밀억제권역(서울특별시 제외) | 2억1천만원 |
| 광역시(군지역과 인천광역시 제외) | 1억6천만원 |
| 기타지역 | 1억5천만원 |

**참2** [수도권과밀억제권역]

(수도권정비계획법시행령 제9조의 규정에 의한 권역)

1. 다음 지역을 제외한 인천광역시 전지역
강화군, 옹진군, 중구(운남동, 운북동, 운서동, 중산동, 남북동, 덕교동, 을왕동, 무의동), 서구(대곡동, 불노동, 마전동, 금곡동, 오류동, 왕갈동, 당하동, 원당동), 연수구(송도매립지), 늗동유치지역

2. 기타지역 중 다음지역
의정부시, 남양주시(호평동, 평내동, 금곡동, 일패동, 이패동, 삼패동, 가운동, 수석동, 지금동, 도농동 한함), 하남시, 수원시, 안양시, 광명시, 의왕시, 시흥시(반월특수지역을 제외함), 구리시, 고양시, 성남시, 부천시, 과천시, 군포시

## 3. 보호대상 보증금액은 어떻게 계산하나

보호대상 보증금액은 보증금과 월세환산액(연 12%의 금리를 적용해 보증금으로 환산한 액수)를 더한 금액이다.

월세를 보증금으로 환산할 때에는 월세에 100을 곱하면 된다(월세의 보증금 환산율이 연12%이므로).

예를 들면, 보증금 1억원에 월세가 120만원인 임대차계약의 경우
환산보증금액 = 1억원(보증금)+120만원(월세)×100 = 2억2천만원
이 되고, 이 금액은 지역이 서울이라면 법 적용을 받을 수 있지만 다른 지역이라면 적용 대상에서 제외된다.

## 4. 상가권리금도 보호를 받을 수 있는가

보호대상이 아니다. 권리금은 관행상 기존 임차인과 새로운 임차인 사이에 주고받는 것으로 이 법과 무관하다. 단, 무형자산(영업권)으로 "사업 포괄 양도 · 양수"의 경우에는 제한적으로 감가상각방법을 통해 경비 처리가 가능하다.

## 5. 계약갱신 요구권

① 이 법 시행일 이전 계약한 경우에도 임차인은 5년간 임대차 기간이 보장 되는 가
☞ 아니다. 계약갱신요구권은 2002.11.1 이후 임대차 계약을 한 경우에 적용된다.
　예) 2002.10.25 1년계약 체결 ⇒ 2003.10.25 새로 체결된 계약부터 5년

간 임대차존속기간이 보장됨

## ② 임대차계약기간은 5년 단위로 하여야 하나

☞ 아니다. 계약기간은 자유로이 정할 수 있다. 다만, 1년 미만으로 정한 임대차는 그 기간을 1년으로 보게 되나, 이때에도 임차인은 1년 미만으로 정한 기간이 유효함을 주장할 수 있다. 임차인은 최초의 임대차 기간을 포함한 전체 임대차 기간이 5년을 초과하지 않는 범위내에서 계약갱신을 요구할 수 있다.

## ③ 임차인이 재계약을 원할 경우 해야 할 사항은

☞ 임차인은 재계약을 원하면 임대차기간 만료전 6월부터 1월까지 사이에 계약갱신 요구(내용증명 등 발송)를 하여야 한다. 단, 이때 임대인은 다음 8가지요건에 해당하는 경우 재계약을 거부할 수 있다.
1. 임차인이 3회에 해당하는 임대료를 연체한 사실이 있는 경우
2. 임차인이 거짓 그 밖의 부정한 방법으로 임차한 경우
3. 쌍방의 합의하에 임대인이 임차인에게 상당한 보상을 제공한 경우
4. 임차인이 임대인의 동의없이 목적 건물의 전부 또는 일부를 전대한 경우
5. 임차인이 임차한 건물의 전부 또는 일부를 고의 또는 중대한 과실로 파손한 경우
6. 임차한 건물의 전부 또는 일부가 멸실되어 임대차의 목적을 달성하지 못할 경우
7. 임대인이 목적 건물의 전부 또는 대부분을 철거하거나 재건축하기 위해 목적 건물의 점유 회복이 필요한 경우
8. 그밖에 임차인이 임차인으로서의 의무를 현저히 위반하거나 임대차를 존속하기 어려운 중대한 사유가 있는 경우

## ④ 이 법 시행일 이전에 이미 계약을 한 사람은 어떻게 해야 하나

☞ 동법 시행령이 공포된 날부터 임차건물소재지 관할세무서를 찾아가 사업자등록정정 신고 및 임대차계약서원본상 확정일자를 받으면 2002.11.1부터 보호를 받는다. 다만, 임차인의 계약갱신요구권은 2002.11.1 이후 체결된 임대차계약부터 적용된다.

⑤ 전대차계약을 체결한 전차인도 계약갱신요구권이 있는가
☞ 임대인의 동의를 받고 전대차계약을 체결한 전차인은 임차인의 계약
갱신요구권 행사기간 범위내에서 임차인을 대위하여 임대인에게 계약
갱신요구권을 행사할 수 있다.


## 6. 임차인의 대항력 요건은

① 대항력이란 무엇이며 어떤 요건을 갖추어야 하나
☞ 임차인이 임대차계약기간동안은 건물주가 바뀌더라도 임차권자로서의
지위를 유지하여, 임대차계약기간동안 거주할 수 있음은 물론 임대차
기간이 끝나더라도 보증금을 반환받을 때까지 계속 거주할 수 있는 권
리를 대항력이라 하며, 임차인은 임대인으로부터 건물을 인도받고, 세
무서에 사업자등록을 신청한 경우 신청일의 다음 날부터 대항력이 발
생한다.

② 사업자등록을 하지 않은 임차인은 어떻게 해야 하나
☞ 이 법의 보호를 받으려면 반드시 사업자등록신청을 하여야 한다. 확정
일자는 사업자등록신청과 동시에 받을 수 있다.

③ 이 법 시행전 사업자등록을 한 임차인이 이 법의 보호를 받으려면 반
드시 사업자등록정정신고를 하여야 하나
☞ 그렇다. 건물소재지가 등기부등본(또는 건축물관리대장), 사업자등록신
청서, 임대차계약서상에서 일치하지 아니하는 경우 보호를 받지 못 할
수도 있다. 따라서 임대차의 목적물이 사실과 일치하도록 하여야 하므
로 차이가 나는 경우 사업자등록정정신고 등을 통하여 일치시켜야 한
다. 한편, 임차인은 임대인의 인적사항, 보증금, 임대료, 임대차기간, 면
적, 임대차 목적물, 건물일부 임차시 해당 도면 등이 변경되는 경우 사
업자등록정정신고를 하여야 이 법의 보호를 받을 수 있다. 이 법 시행
전 사업자등록을 한 임차인의 경우에도 부가가치세법시행령 등의 개
정으로 위의 내용이 새로 사업자등록정정사항에 포함되었으므로 이를

포함한 사업자등록정정신고서를 작성하여 신고하여야 이 법의 보호를 받을 수 있다.

④ 임차인에게 대항력과 우선변제권이 발생하는 시점은 언제부터인가
☞ 대항력은 건물의 인도(입주) 및 사업자등록의 두 가지 요건을 모두 갖추어야 하고, 두 가지 요건 중 가장 늦은 날을 기준으로 대항력이 생긴다. 확정일자 순위에 따른 우선변제권은 건물의 인도(입주), 사업자 등록, 확정일자라는 세 가지 요건을 모두 갖추어야 하고, 3가지 요건 중 가장 늦은 날을 기준으로 순위가 결정된다.


## 7. 우선변제권이란

① 우선변제권이란 무엇을 말하며 어떠한 경우 발생하는가
☞ 경매 또는 공매시 임차건물의 환가대금에서 후순위권리자나 그밖의 채권자에 우선하여 보증금을 변제받는 권리를 말한다. 임차인이 건물의 인도와 사업자등록 신청으로 대항력 요건을 갖추고 관할세무서장으로부터 임대차계약서상 확정일자를 받은 경우 확정일과 다른 담보물권 설정일을 비교하여 우선순위를 가리게 된다. 결국 이 법은 확정일자를 전세권 등기와 대등한 효력을 갖도록 하고 있다.
② 이 법 시행전에 금융기관등이 상가건물에 저당권을 설정했다면 우선변제권은 어떻게 되나
☞ 이 법 시행전에 설정한 저당권 등 우선채권이 있는 경우에는 임차인이 우선변제권을 요구할 수 없다.

③ 최우선변제권이란 무엇인가
☞ 임차건물이 경매 또는 공매에 의하여 소유권이 이전되는 경우에도 경매절차에서 보증금중 일정액을 모든 권리자(선순위권리자 뿐만이 아니라 국세채권도 포함)보다 최우선하여 배당을 받을 수 있는 권리를 말한다. 최우선변제권은 임차인이 대항력을 갖추면(건물을 인도받고 사업자등록 신청) 생기는 것으로 확정일자와는 상관이 없다. 확정일자 없

이도 대항력을 갖추면 당연히 최우선변제권이 생긴다.

④ 최우선변제권의 보호범위 및 액수는

☞ 임차인이 보증금 중 일정액을 다른 담보물권자보다 우선하여 변제받을 수 있는 보증금의 범위 및 액수는 아래와 같다. 최우선변제권을 주장하려면 건물에 대한 경매신청의 등기전에 대항력을 갖추어야 한다. 보호대상은 환산보증금액이 서울 지역은 4,500만원 이하, 수도권 과밀억제권역은 3,900만원 이하, 광역시는 3,000만원 이하, 기타지역은 2,500만원 이하인 임차인이며, 임대건물가액의 1/3 해당액을 최우선적으로 변제 받을 수 있다(한도 : 서울 지역은 1,350만원, 수도권 과밀억제권역은 1,170만원, 광역시는 900만원, 기타지역은 750만원이다).

| 지 역 구 분 | 보호대상<br>환산보증금액의 범위 | 최우선변제 금액 |
| --- | --- | --- |
| 서울특별시 | 4,500만원 | 1,350만원 |
| 과밀억제권역(서울특별시 제외) | 3,900만원 | 1,170만원 |
| 광역시(군지역,인천광역시 제외) | 3,000만원 | 900만원 |
| 기타지역 | 2,500만원 | 750만원 |

⑤ 이 법 시행 이전에 계약체결한 자의 최우선변제권은

☞ 건물인도ㆍ사업자등록으로 대항력을 갖추면 최우선변제권이 생긴다. 다만, 법시행일인 2002.11.1 이전에 물권을 취득한 제3자에 대하여는 효력이 없다.

⑥ 이 법에서 정한 소액임차인으로서 대항력만 갖추면 일정액의 우선변제를 받을 수 있는가

☞ 최우선 변제권은 상기의 요건외에 배당기일전까지 배당신청을 하여야 한다.

⑦ 임대료는 얼마나 인상할 수 있는가

☞ 임대료는 계약당사자간에 자유롭게 정할 수 있으나 연 12%를 한도로 인상할 수 있다. 다만, 감액의 경우는 제한이 없다.

⑧ 전차인의 경우에도 이법의 보호를 받을 수 있는가

☞ 전차인은 전대인에게 계약갱신요구권, 차임등의 증감청구권 및 월차임 시 산정율 제한 등의 권리가 적용된다. 하지만 전대인에 대하여 권리를 행사할 수 있을뿐이며 임대인에게는 그 권리를 주장할 수 없다. 다만 임대인의 동의를 받고 전차한 경우에는 임차인의 계약갱신 요구권 기간내에서 임차인을 대우하여 계약갱신권을 주장할 수 있다.

⑨ 전차인도 확정일자를 받을 수 있는가

☞ 확정일자의 부여대상이 아니다. 전차인은 제3자에 대한 대항력 및 우선변제권 등의 권리가 상가건물임대차보호법에 규정되어 있지 않다. 다만 전차인은 전대인이 임차인으로서 사업자등록 및 확정일자를 받아 우선변제권을 득한 경우 임차인의 임대보증금에 대하여 민법 규정의 채권자대위권을 행사하여 적극적으로 채권(임차보증금)을 변제 받을 수 있다.

※ 업무처리 과정에서 전차인과 임차인을 구별할 수 없어 확정일자를 부여 한 경우에도 전차인은 대항력이 발생하지 않으므로 우선변제권을 얻을 수 없다.


## 8. 확정일자의 적용방법과 효력은

① 이 법의 적용을 받으려면 어떻게 해야 하나

☞ 건물을 인도받고 사업자등록신청을 하고 임대차계약서상 확정일자를 받아야 한다. 본법 시행령 공포일 현재 사업자등록이 되어 있는 임차 사업자는 관할세무서에 사업자등록정정신고서(확정일자신청 겸용서식) 및 임대차계약서 원본을 지참하고 관할세무서에서 확정일자를 받으면 된다(확정일자의 효력은 2002.11.1부터 발생).

본법 시행령 공포일 후 사업자등록을 신청하는 신규사업자는 사업자등록신청서 및 임대차계약서 원본을 세무서에 제출하고 확정일자를 받으면 된다.

② 상가건물임대차보호법 시행일인 2002.11.1 이전에 임차인이 받은 확정일자는 언제부터 효력이 있나

☞ 이 법 시행일인 2002.11.1 이전이라도 시행령이 공포되는 날부터 기존 임차인을 대상으로 세무서에서 확정일자를 부여한다.  그러나 확정일자의 효력은 이 법 시행일인 2002.11.1부터 발생하며 그 이전에 금융기관의 저당권 등이 설정되었다면 후순위로 변제받게 된다.

③ 임차사업장이 넓어 여러 임대인과 각각 계약한 경우 확정일자를 별도로 받아야 하는가

☞ 그렇다. 별도로 확정일자 신청을 하여야 하며 각자의 계약서에 별도의 확정일자를 부여받아야 한다.

④ 전차인도 확정일자 신청이 가능한가

☞ 그렇다. 하지만, 앞에서 언급한 것처럼 전차인은 확정일자 신청을 하여도 상가건물임대차보호법상 우선변제권이 발생하지 않는다.

⑤ 사업자등록신청을 하기 전에 확정일자 신청을 먼저 할 수 있는가

☞ 그렇다. 이 경우 임차인의 우선변제권은 사업자등록의 신청, 건물의 인도(입주), 확정일자의 3가지 요건 중 가장 늦은 날을 기준으로 순위가 결정된다. 그러므로 확정일자신청을 사업자등록보다 먼저 하더라도 실익이 없다.

⑥ 계약연장시 원 계약서의 보증금만 증가되는 경우, 연장된 기간과 증가된 보증금의 증액부분만 별도의 계약서를 작성하였다면 이 별도의 계약서에만 확정일자를 받아도 되나

☞ 그렇다. 계약 연장기간과 추가 증액된 부분만 표기된 별도의 계약서에 확정일자를 받아도 된다.

⑦ 동일 건물내 1층에서 사업을 하다가 2층으로 이전하였다. 임대인이 동일인인 경우 이 법상 기존에 취득한 권리가 그대로 유지되는가

☞ 아니다. 1층과 2층은 별개의 목적물로 인식되며, 2층으로 이전시 1층의 보호받을 권리는 상실되며 2층의 권리가 이전시점에 새롭게 발생하게 되므로 임차인은 사업자등록정정신고 및 새로운 임대차계약서상에 확정일자를 받아야 한다.

⑧ 기존임차인의 확정일자 신청시 2002.10.15 신청자와 2002.10.31 신청자는 우선순위에 차이가 있는가

☞ 차이가 없다. 2002.10.31 이전에 확정일자를 신청한 자는 신청순위와 상관없이 모두 법 시행일인 2002.11.1 동일자로 효력이 발생한다.

⑨ 이 법이 시행되는 2002.11.1 이전에 이미 계약을 한 임차인의 경우 확정일자를 받으려면 어떻게 해야 하나

☞ 본법 시행령 공포일로 부터 임차건물소재지 관할세무서를 찾아가 사업자등록정정신고  및  임대차계약서원본상  확정일자를  받으면 2002.11.1부터 보호를 받는다(대항력, 우선변제권 및 요건에 해당되는 자는 최우선변제권). 다만, 임차인의 계약갱신요구권은 2002.11.1 이후 맺어진 임대차 계약부터 적용된다.

⑪ 확정일자를 받는 것과 전세권등기의 차이는 무엇인가

☞ 확정일자를 받아 두면 임차건물이 경매 또는 공매되는 경우 확정일자보다 후순위 담보권자나 일반채권자보다 우선하여 배당을 받을 수 있다. 대항력과 확정일자를 갖추어 우선변제권을 취득한 임차인과 전세권등기를 한 전세권자는 배당의 우선순위에 있어 동등한 지위를 갖게 된다. 전세권등기가 임대인의 협력 없이는 불가능하고 등기비용이 소요되며 절차가 복잡한 반면, 확정일자는 임대인의 동의가 필요 없으며 신속·간편하게 받을 수 있는 장점이 있다.

⑫ 임차인이 건물소재지 관할세무서장에게 확정일자 신청시 구비할 서류는

☞ 1. 사업자등록을 한 임차인의 경우
  • 임대차계약서 원본, 사업자등록정정신고서(확정일자 신청겸용서식), 사업자등록증 원본, 임대차의 목적이 건물의 일부인 경우에는 해당

부분의 도면 1부

2. 신규사업자로 등록하는 임차인의 경우

- 임대차계약서 원본, 사업자등록신청서(확정일자 신청겸용서식), 임대차 목적물이 건물의 일부인 경우에는 해당부분의 도면 1부

3. 현재 미등록사업자로서 확정일자만 우선 신청하는 경우

- 임대차계약서 원본, 확정일자신청서

위의 구비서류를 준비하여 세무서를 방문하실 때에는 본인 여부를 확인가능한 신분증(주민등록증, 운전면허증 등)을, 대리인인 경우는 위임장과 대리인 신분증을 소지하여야 한다.

⑬ 확정일자 신청시 사업자등록정정신고서를 함께 제출하는 이유는

☞ 임차인의 사업자등록 사항 등이 임대차계약서상의 내용과 다를 경우에는 정확한 공시가 불가능하고, 임차인의 권리인 대항력 등의 효력에 중대한 문제가 발생할 수 있다. 위와 같은 문제를 사전에 방지하기 위하여 임차인이 확정일자 신청시 임대차계약내용을 사업자등록사항과 일치시키기 위하여 사업자등록정정신고를 함께 하도록 하고 있다.

## 9. 적용대상에 대한 질의답변

① 모든 상가건물의 임대차가 2002. 11. 1 부터 시행중인 상가건물임대차 보호법의 적용을 받는지요?

☞ 1. 그렇진 않습니다. 지역별로 차이가 있기는 하지만 임대차 보증금이 얼마인지를 기준으로 이 법의 적용을 받는 임대차인지의 여부가 결정됩니다.  이를 각 지역별로 분류해 보면 다음과 같으며, 기준 보증금 이하의 임대차계약만 이 법의 적용을 받습니다.

2. 만일 임대차 계약에서 보증금 외에 월임대료가 있는 경우에는 그 임대료에 100을 곱한 금액을 합산한 금액이 실제 보증금이 됩니다.

3. 즉, 만일 임대차 계약이 보증금 1억원에 월 120만원이라고 할 경우, 이 계약의 보증금은 1억원 + (월120만원 x 100) = 2억2천만원이 됩

니다.

4. 따라서 상가 임대차 계약이 서울에서 체결된 것이라면 이 법의 적용대상이 되지만, 기타 지역에서 체결된 것이라면 이 법의 적용을 받지 않게 되는 것입니다.

<지역별 보증금>
① 서울특별시 : 2억6천만원
② 수도권(인천,경기도)중 과밀억제권역 : 2억1천만원
③ 광역시(인천광역시 제외) : 1억6천만원
④ 그 밖의 지역 : 1억5천만원

② 처음 약정한 임대차 기간의 종료일이 얼마 남지 않았습니다. 하지만 장사가 잘 돼서 계속 그 건물을 임차하여 장사를 할 수 있는 방법이 있는지요?

☞ 1. 임차인은 임대차기간 만료전 6월부터 1월까지 사이에 임대인에게 임대차 계약의 갱신을 요구할 수 있으며, 이에 대하여 임대인은 정당한 사유가 없는한 임차인의 갱신요구를 거절할 수 없습니다 (법 제10조제1항)

2. 정당한 사유란 임대차와 관련하여 임차인의 과실이 있는 경우로서, 예를 들면 임차인이 3개월의 임대료에 달하도록 차임을 연체한 사실이 있거나, 임대인의 동의 없이 건물의 전부 또는 일부를 전대한 경우 등 입니다.

3. 다만, 법은 임대인 보호를 위해서도 별도의 규정을 마련하고 있습니다. 첫째, 임차인의 계약갱신요구권은 최초의 임대차 기간을 포함한 전체 임대차 기간이 5년을 초과하지 않는 범위에서만 가능합니다. 둘째, 계약갱신시 임대인은 일정 범위 내에서 임차인에게 차임의 증액을 요구할 수 있습니다.

3. 주의 할 것은, 계약갱신을 하기 위해서는 반드시 임차인이 위의 기간 내에 명시적으로 임대인에게 계약 갱신을 요구하여야 한다는 점이며, 후일 소송 등과 관련하여 입증이 문제될 경우를 대비하여 가능한 한 내용증명 우편으로 그 요구를 하는 것이 바람직합니다.

# 제3절 내용증명 체크포인트

## 1. 내용증명 이란

내용증명이란 발송인이 수취인에게 어떤 내용의 문서를 언제 발송하였다는 사실을 우체국에서 공적으로 증명하는 [등기취급우편제도]이다. 내용증명은 개인 상호간의 채권 채무관계나 권리의무를 더욱 명확하게 할 필요가 있을 때  주로 이용되고 있다.

## 2. 작성요령

먼저 A4사이즈 용지의 한쪽면 만을 사용하여 상대방에게 알리고자 하는 내용을 6하원칙에 따라 작성한다. 이때 작성하는 내용을 내용문서라고 하는데 내용문서는 한글 또는 한자로 자획을 명료하게 기재한 문서인 경우에 한하여 취급이 가능하며 공공의 질서 또는 선량한 풍속에 반하는 내용문서는 취급하지 아니한다.

내용문서 작성시 문자나 기호를 정정 삽입 또는 삭제할 때에는 정정 삽입 또는 삭제의 문자와 정정 삽입 또는 삭제한 글자수를 난외의 빈자리나 끝부분 빈곳에 기재하고 그곳에 발송인의 인장이나 지장을 찍어야 한다. 이때 정정 또는 삭제된 문자나 기호를 명확하게 알아볼 수 있도록 그 자체를 남겨두어야 한다. 그리고 내용문서의 서두와 끝부분에는 발송인 및 수취인의 주소 성명을 반드시 기재하여 누가 누구에게 발송한 내용문서임이 확실히 나타나야 한다.

## 3. 발송절차

내용문서의 작성이 완료되면 2부를 복사한 후(내용문서의 매수 가 2매 이상일 경우에는 합철한 부분에 발송인의 인장이나 지장으로 각각 계인)원본과 함께 우체국 접수창구에 제출한다.

만약 발송인이 내용문서의 성질상 원본을 보내기 어려울 경우에는 복사본 3부만을 제출하여도 된다. 내용문서 원본과 복사된 등본 2통에 대하여 소정의 증명절차가 끝나면 원본을 수취인에게 발송하여야 한다.

수취인에게 보낼 원본은 내용문서에 기록된 발송인 및 수취인의 주소 성명을 동일하게 기재한 봉투에 넣고 우체국 취급직원이 보는 곳에서 이를 봉함하여 등기접수하면 된다.

## 4. 이용범위 및 재증명 청구

내용증명취급은 국내우편의 특수취급이기 때문에 외국으로 발송하는 우편물에는 이용할 수 없다. 다만 국내에 거주하는 외국인이 국내 우편물로서는 발송이 가능하다.

내용증명우편물 발송 후 발송인이나 수취인이 내용문서의 등본이나 원본을 분실하였거나 새로운 등본이 필요할 때에는 당해 내용증명우편물을 발송한 다음날로부터 3년까지는 발송우체국에서 내용증명의 열람이나 재증명을 청구할 수 있다.


## 5. 유의사항

내용증명은 단지 내용과 발송사실만을 우편관서에서 증명해줄 뿐이고 법적효력은 사법기관의 판단사항이므로 내용증명 발송만으로 법적효력이 인정되는 것은 아니다.

내용증명은 본안소송 제기에 앞서 의무의 이행을 촉구하거나 증거력을 확보하기 위한 수단 등으로 개인상호간에 주로 이용되고 있다.

# ... 저자 소개 ...


♣ **이종갑**

세무사

부산 동래고등학교 졸업
부산외국어대학교 경영학과 졸업
제36회 세무사시험 합격

전) 한국세무사고시회 이사
　　안양세무대리인연합회 연수이사
　　동안양세무사협의회 운영위원
　　효제·남인천·남양주세무서 강의
　　수원삼성프로축구단 세무자문
　　미래세무법인 파트너

현) 세무법인 진명 지사장
　　법무법인 동명 세무자문
　　삼성생명 LT사업부 세무자문
　　자산 재테크·세테크 전문세무사
　　개인병의원 전문세무사

♣ **차동주**

세무사

광주 송원고등학교 졸업
고려대학교 경영학과 졸업
제36회 세무사시험 합격

전) 차동주 세무회계사무소 대표
　　세무공무원 조사요원시험 강사
　　시사서울 세무자문위원
　　토요경제 세무자문위원

현) 세무법인 진명 지사장
　　미래에셋증권 금융프라자 세무자문
　　부동산·재산제세 전문세무사
　　개인병의원 전문세무사

* 책 내용에 대한 질의 : semoo21@hanmail.net

병의원
강의 · 컨설팅
────────────────
전화
02-562-4355

## 개인병의원 세무실무

| | | |
|---|---|---|
| 발행일 | ● | 제1판1쇄  2005년 4월 15일 |
| | | 제2판1쇄  2007년 1월 15일 |
| | | 제3판1쇄  2009년 3월 10일 |
| 저자 | ● | 이종갑 · 차동주 |
| 발행인 | ● | 강석원 |
| 발행처 | ● | 한국재정경제연구소 (코페하우스) |
| 출판등록 | ● | 제2-584호(1988.6.1) |
| 주소 | ● | 서울특별시 강남구 대치동 889-5 |
| 전화 | ● | (02) 562-4355 |
| 팩스 | ● | (02) 552-2210 |
| 전자메일 | ● | book@kofe.kr |
| 웹사이트 | ● | www.kofe.kr |

**kofe**
* 코페하우스는 한국재정경제연구소의 도서출판 브랜드입니다.

ISBN 978-89-85808-66-8 (13320)          값 20,000원